U0293270

高等院校计算机应用系列教材

计算思维与人工智能基础

付 菊 孙连山 主 编
郭文强 任喜伟 副主编

清华大学出版社
北 京

内 容 简 介

本书是高校计算思维通识教育类课程的入门教材，以基于计算机的问题求解为主线，以计算思维能力培养为目的，从全新的视角组织教学内容，突出计算理论与计算机科学方法。全书共7章，分别介绍了计算与计算思维、信息表示、计算机系统、程序设计基础——Python编程入门、信息传递与信息安全、人工智能基础、机器学习等内容。

本书内容丰富、结构清晰、语言简练、图文并茂，具有很强的实用性和可操作性，可作为高等学校本科生的第一本计算机课程教材，也可作为大中专院校计算机课程的教材或教学参考书。对各类计算机教育者、从事计算机各方面工作的人员，本书也是一本很有价值的参考书。

图书在版编目(CIP)数据

计算思维与人工智能基础 / 付菊，孙连山主编. —北京：清华大学出版社，2022.9
高等院校计算机应用系列教材
ISBN 978-7-302-61717-4

Ⅰ. ①计… Ⅱ. ①付… ②孙… Ⅲ. ①计算方法－思维方法－高等学校－教材②人工智能－高等学校－教材 Ⅳ. ①O241②TP18

中国版本图书馆CIP数据核字(2022)第155926号

责任编辑：王 定
封面设计：高娟妮
版式设计：思创景点
责任校对：成凤进
责任印制：从怀宇

出版发行：清华大学出版社
网　　址：http://www.tup.com.cn，http://www.wqbook.com
地　　址：北京清华大学学研大厦A座　　邮　　编：100084
社 总 机：010-83470000　　邮　　购：010-62786544
投稿与读者服务：010-62776969，c-service@tup.tsinghua.edu.cn
质 量 反 馈：010-62772015，zhiliang@tup.tsinghua.edu.cn
印 装 者：三河市科茂嘉荣印务有限公司
经　　销：全国新华书店
开　　本：185mm×260mm　　**印　　张：**14.75　　**字　　数：**341千字
版　　次：2022年9月第1版　　**印　　次：**2022年9月第1次印刷
定　　价：59.80元

产品编号：092650-01

前言

PREFACE

随着信息社会的快速发展和计算机技术在各行各业的深入应用，以人工智能、区块链、物联网、云计算、大数据等为代表的新一代信息技术正与各传统学科深度交叉融合。在新形势下，“计算思维”已经成为新工科的核心思维之一。大学计算机基础类课程如何适应新形势的变化，如何在加强计算思维能力培养的同时将新一代信息技术更好地融入课程内容，是许多高校教师不断探索的目标。

为此，我们组织编写了这本《计算思维与人工智能基础》教材，从初学者的角度组织教学内容，基本思路是以计算思维为导向，以问题求解所依赖的计算机系统为基础，以Python程序设计为桥梁，延伸到新一代信息技术的相关内容，展示计算机科学的基础概念、原理和方法。根据以上设计思路，本教材的内容共分为7章。

第1章介绍了计算与自动计算，计算的本质，计算思维的定义、特征、基本概念以及应用。

第2章介绍了数制的概念、转换，数值信息编码，字符信息编码以及多媒体信息编码。

第3章介绍了计算模式的演变，从逻辑门到处理器的演变，机器执行程序的过程，资源竞争与调度，云计算与大数据的基础知识。

第4章介绍了程序设计语言的基础知识，并以Python为例，介绍了搭建Python开发环境的步骤，Python基础语法，Python函数的定义、调用过程、编程，Python常用的标准库。

第5章介绍了计算机网络的概念、分类、设备，信息节点身份标识，TCP/IP协议，网络资源共享协议，物联网，网络安全与信息安全，区块链技术及应用等。

第6章介绍了人工智能的定义、发展、研究内容与应用领域，知识和知识表示，知识推理，搜索策略等。

第7章介绍了机器学习的基本概念与分类，机器学习系统的基本结构，机器学习的一般过程，包括样本和样本空间，任务分类，数据预处理，损失函数，模型选择，泛化、误差及拟合，正则化，优化算法以及评估验证等。

本书定位于问题导向，在结构设计上，每章开头都采用了“问题导入”，每章结尾都设置了“思考习题”，构成了具有鲜明特色的问题导向框架。通过这一系列环节的设计，形成了一个科学问题链，引领读者在学习的过程中分析问题、深入思考，掌握“问题求解”方法。

本书内容全面，由浅入深，同时紧密结合新一代信息技术的发展，并采用计算机专业写作手法，避免了交叉过于通俗而专业讲解不足的问题。本书可以适应多层次分级教学，以满足不同学时教学和适应不同基础学时的学习。在教学中，可以根据实际教学学时数和学生的基础选择教学内容。

本书由付菊和孙连山任主编并通稿，郭文强和任喜伟任副主编，吕舒、刘斌、程雪红、李翔、方辉参与编写，其中付菊、孙连山、任喜伟负责第 1～3 章的编写，任喜伟、吕舒、刘斌、程雪红、李翔负责第 4～5 章的编写，郭文强、付菊、孙连山、方辉负责第 6～7 章的编写。在本书编写过程中，陕西科技大学计算思维与人工智能基础课程团队的各位老师提出了许多非常好的建议，在此表示感谢！

由于作者水平有限，书中不足之处在所难免，敬请同行和读者批评指正。

本书免费提供教学课件，读者可通过扫描下列二维码下载学习。

教学课件

编　者

2022 年 5 月

CONTENTS

第 1 章

计算与计算思维

问题导入

计算与计算机无处不在

什么是计算机？计算机是否限定于人们常见的台式机和笔记本型电脑？其实不然。

(1) 多种形态的计算机。计算机自 20 世纪 40 年代诞生以来，已经发生了很多、很大的变化，从最初大如楼房的“电子管计算机”，到普通个人使用的“台式计算机”；从便于携带的“笔记本型电脑”，到如今人们随身携带的各种电子设备，如智能手机、平板电脑、导航仪、可穿戴设备等。

(2) 内嵌于设施/设备中的各种计算机。随着现代化技术的发展，各种服务设施如汽车、火车、飞机、轮船等，各种设备如制造业的机床、医疗诊断用的 CT(断层扫描仪)等，也都内嵌了各种各样的计算机来计算并控制设施/设备的运行。各种机器的“大脑”(计算机控制系统)就是计算机。目前，计算机控制系统已经成为体现设施/设备智能化、尖端化程度的关键点和竞争点。

(3) 计算机不仅包括硬件，还包括软件。计算机不仅包括看得见摸得着的硬件，还包括摸不着但看得见的可操作的软件。计算机软件(software，也称软件)是计算机系统中的程序及其文档，是计算机硬件与用户之间的接口界面，用户主要通过软件与计算机进行交流。

图 1-1 以“华为应用”和“淘宝网”为例，绘制了两个软件应用场景图。其中左图反映的是“华为应用”中相关产品的生态系统，它聚集了众多软件供应商，为其终端设备开

发并提供软件，并通过“华为商城”聚集和销售软件产品。用户通过购买华为的终端设备进而连接到“华为商城”，通过“应用商店”购买开发商提供的软件。这种销售渠道提供了软件开发、软件销售与软件购买、软件分发与软件更新等一系列不需要借助传统媒介(例如纸质说明书、光盘等)的新方式，即一切通过网络来提供和服务。这种生态体系体现了软件的一种作用。右图反映的是“淘宝网”的典型电子商务应用场景。它一方面聚集了众多实体商品供应商在网上开店，并进行网上店铺的管理；另一方面聚集了众多的用户，用户通过浏览网上店铺及其中的商品，进行商品购买与支付等。此类基于互联网销售实体商品的场景，体现了计算机软件的另一种应用。

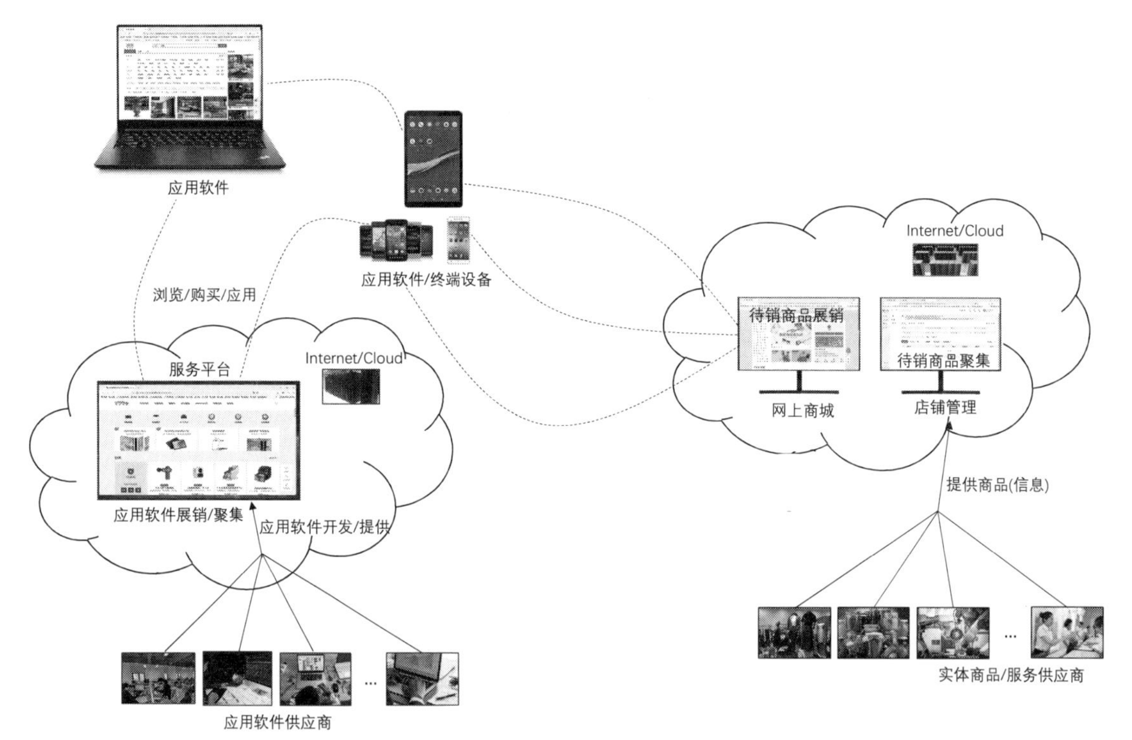

图 1-1　软件应用场景

以上两个应用场景表明，现代计算机系统已经改变了人们很多生活与工作习惯。从这个角度而言，计算机硬件只是一个载体，即用户赖以使用软件的载体，而软件则体现了计算机的丰富功能。同样的计算机硬件，装载不同的计算机软件则将拥有不同的功能。

(4) 计算机是能够执行“程序”的机器。简单来讲，计算机就是能够执行“程序”，完成各种各样“自动计算”的机器，包括了硬件和软件。硬件是构成计算机的各个元件、部件和装置，软件则是指运行于硬件上的各种“程序”。

1.1 计算与自动计算

简单的计算，如我们从小开始学习和训练的算术运算：2+5＝7，3×6＝18，9−3＝6，6÷2＝3……，是由数值和运算符形成运算式，按运算符的计算规则对数值进行计算并获得结果。我们不断学习和训练两方面的内容：一是用各种运算符及其组合来表达对数值的变换，即熟悉各种运算式；二是能按照运算符的计算规则对前述的运算式进行计算并得到正确的结果。这种运算式的计算是需要人来完成的，可被称为人计算。

在实际应用中，计算规则可以学习与掌握，但应用计算规则进行计算则可能超出了人的计算能力，即人知道规则但却没有办法得到计算结果。要解决这个问题，一种方法是研究复杂计算的各种简化的等效计算方法，使人可以计算并求得结果，这是数学家要研究的内容；另一种方法是设计简单的规则，让机器重复地执行来自动完成计算，即采用机器来代替人按照计算规则自动计算，这就是计算机科学家要研究的内容——如何实现自动计算。

1.1.1 计算机的早期历史

人类自古以来就在不断地发明和改进计算工具，从古老的“结绳计数”到算盘、计算尺、手摇计算机，再到1946年第一台电子计算机诞生，经历了漫长的岁月，推动着计算技术的发展。从总体上来看，计算技术的发展经历了计算工具→计算机器→现代计算机等三个历史阶段。

1. 计算工具

人类最早的计算工具也许是手指和脚趾，因为这些计算工具与生俱来，无需任何辅助设备。但手指和脚趾只能实现计算，不能存储计算结果，并且局限于0～20的数值计算。

1937年，在摩拉维亚(捷克东部)地区，人们发现了一根40万年前(旧石器时代)幼狼的前肢骨，有7英寸长，上面“逢五一组”，有55道很深的刻痕，这是迄今为止所发现的人类发展史上最早的计数工具。1963年，在山西朔州峙峪旧石器遗址出土了一些2.8万年前的兽骨，这些兽骨上刻有条痕，并且有“分组”的特点，说明当时的人们对数目已经有了一定的认识。

(1) 十进制计数法。在人类古代计数体系中，除巴比伦文明的楔形数字为十六进制，玛雅文明为二十进制外，几乎全部为十进制。公元3400年，古埃及已有十进制计数法，但是只有1～10的数字符号，没有“位值”(数符位置不同，表示的值不同)的概念。

在陕西半坡遗址(距今6000年以上)出土的陶器上，已经辨认的数字符号有“一”“二”“三”…“十三”等，如图1-2所示。

商朝时，已经有了比较完备的文字记数系统。在商代甲骨文中，已经有了一、二、三、

四、五、六、七、八、九、十、百、千、万这 13 个记数单字。在商代的一片甲骨文上可以看到，“547 天”记为“五百四旬又七日”，这是最早表明中国人使用十进制计数法和“位值”概念的典型案例。

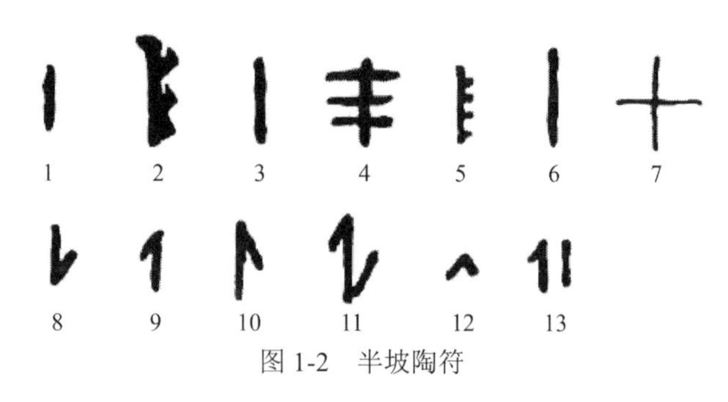

图 1-2　半坡陶符

(2) 算筹。算筹是中国古代最早的计算工具之一，成语“运筹帷幄”中的“筹”就是指算筹。南北朝科学家祖冲之(公元 429—500 年)借助算筹，成功地将圆周率计算到了小数点后第 7 位(图 1-3 左图为数字的算筹表示法)。算筹可能起源于周朝，在春秋战国时期已经非常普遍了。根据史书记载和考古材料发现，古代算筹实际上是一些差不多长短和粗细的小棍子。

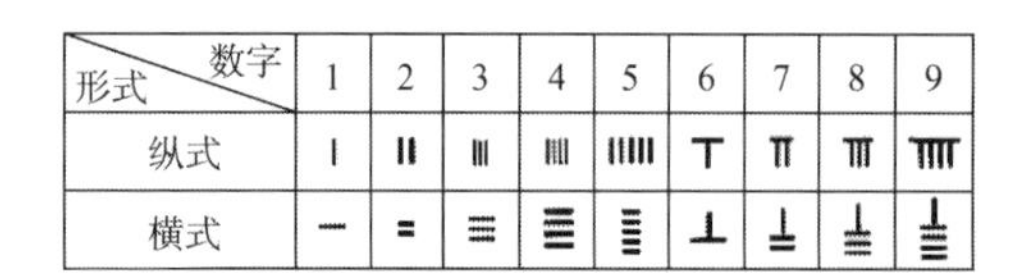

形式＼数字	1	2	3	4	5	6	7	8	9
纵式	𝍠	𝍡	𝍢	𝍣	𝍤	𝍥	𝍦	𝍧	𝍨
横式	𝍩	𝍪	𝍫	𝍬	𝍭	𝍮	𝍯	𝍰	𝍱

图 1-3　数字的算筹表示法(左图)和算盘(右图)

(3) 九九乘法口诀。中国使用“九九乘法口诀”(简称“九九表”)的时间较早，在《荀子》《管子》《战国策》等古籍中，能找到“三九二十七”“六八四十八”“四八三十二”“六六三十六”等语句。可见早在春秋战国时期，九九表已经开始流行了。九九表广泛用于算筹中进行乘法、除法、开方等运算，到明代改良用在算盘上。中国发现最早的九九表实物是湖南湘西出土的秦简木牍，上面详细记录了九九乘法口诀。与今天的乘法口诀不同，秦简上的九九表不是从“一一得一”开始，而是从“九九八十一”开始，到“二半而一”结束。

九九表是早期算法之一，它的特点是：只用一到十这 10 个数符；九九表包含了乘法的交换性，如只需要“八九七十二”，不需要“九八七十二”；九九表只有 45 项口诀。

(4) 算盘。“算盘”一词并不专指中国的穿珠算盘，如图 1-3 右图所示。从文献资料看，许多文明古国都有过各种形式的算盘，如古希腊的算板、古印度的沙盘等。但是，它们的影响和使用范围都不及中国发明的穿珠算盘。从计算角度看，算盘主要有以下进步。

① 建立了一套完整的算法规则，如“三下五去二”。

② 具有临时存储功能(类似于计算机中的内存)，能连续运算。

③ 出现了五进制，如上档一珠当五。

④ 使用方便，工作可靠。

2013 年，中国穿珠算盘被联合国公布为人类非物质文化遗产。

2. 计算机器

算盘作为主要计算工具流行了相当长的一段时间，直到 18 世纪，欧洲科学家兴起研究计算机器的热潮。当时，法国数学家笛卡尔(Rene Descartes)预言：“总有一天，人类会造出一些举止与人一样的‘没有灵魂的机械’来。”

(1) 机器计算的萌芽。1614 年，苏格兰的数学家约翰 • 纳皮尔(John Napier)发明了对数，对数能够将乘法运算转换为加法运算(他还发明了简化乘法运算的纳皮尔运算)。

1623 年，德国的谢克卡德(Wilhelm Schickard)教授在给天文学家开普勒(Johannes Kepler)的信中，设计了一种能做四则运算的机器(注：没有实物佐证)。

1630 年，英国的威廉 • 奥特雷德(William Oughtred)发明了圆形计算尺。

(2) 帕斯卡加法器。1642 年，法国数学家帕斯卡(Blaise Pascal)制造了一台能进行 6 位十进制加法运算的机器，如图 1-4 左图所示。这台机器在巴黎博览会展出期间引起了轰动。加法器发明的意义远远超出了机器本身的使用价值，它证明了以前认为需要人类思维的计算过程，完全能够由机器自动化实现。从此欧洲兴起了制造“思维工具”的热潮，帕斯卡的加法器没有存储器，用现在的观点来看，它是不可编程的机器。

故宫博物院收藏有 6 台帕斯卡型加法器，估计是康熙年间来华的法国传教士与我国科学家共同研制的。清代对计算器有很大的改进，它可以做四则运算(与莱布尼茨计算机相似)，并且将最初帕斯卡加法器的 6 位数计算扩展到了 12 位数计算。

(3) 莱布尼茨的二进制思想。1964 年，德国科学家莱布尼茨(Gottfried Wilhelm Leibniz)研制了一台机器，这台机器能够驱动轮子和滚筒执行更复杂的加减乘除运算，如图 1-4 右图所示。莱布尼茨描述了一种能够解代数方程的机器，并且能够利用这种机器生成逻辑上的正确结论。他希望这台机器能够使科学知识的产生变成全自动的推理演算过程，这反映了现代数理逻辑演绎和证明的思想。

图 1-4　帕斯卡发明的加法器(左图)和莱布尼茨发明的四则运算机器(右图)

1679 年，莱布尼茨在《1 与 0，一切数字的神奇渊源》的论文手稿中断言：“二进制是具有世界普遍性的、最完美的逻辑语言。”1701 年，他写信给北京的神父闵明我(Domingo Fernández Navarrete，西班牙)和白晋(Joachim Bouvet，法国)，告知自己发明的二进制可以解释中国《周易》中的阴阳八卦，莱布尼茨希望这能够引起他心目中“算术爱好者”康熙皇帝的兴趣。莱布尼茨的二进制具有四则运算功能，而八卦则没有这项功能，因此它们本质上并不相同。

(4) 巴贝奇自动计算机器。18 世纪末，法国数学界调集了大批数学家组成人工手算流水线，经过长期的艰苦工作，终于完成了 17 卷《数学用表》的编制。但是手工计算的数据表格出现了大量错误，这极大地刺激了英国剑桥大学的著名数学家查尔斯·巴贝奇(Charles Babbage)。巴贝奇经过整整 10 年的反复钻研，终于在 1822 年研制出第一台差分机。差分机由英国政府出资，工匠克里门打造，有约 25 000 个零件，重达 4 吨。1862 年，伦敦世博会展出了巴贝奇的差分机。差分机是现代计算机设计的先驱。

巴贝奇的设计思想是利用“机器”将计算到表格印刷的过程全部自动化，全面消除人为错误(如计算错误、抄写错误、校对错误、印刷错误等)。差分机是一种专门用来计算特定多项式函数值的机器，“差分”的含义是将函数表的复杂计算转化为差分运算，用简单的加法代替平方运算。差分机专用于编辑三角函数表、航海计算表等。

1837 年，巴贝奇开始专心设计一种由程序控制的通用分析机。他先后提出过大约 30 种不同的分析机设计方案，并对各种方案都绘出了图纸，图纸上零件数量多达几万个。巴贝奇希望分析机能自动计算有 100 个变量的复杂算题，每个数达 25 位，速度达到每秒钟运算一次。巴贝奇的朋友爱达(Ada)女士在描述分析机时说：“我们可以毫不过分地说，分析机编织的代数图案就像杰卡德(Jacquard)提花机编织的鲜花和绿叶一样。在我们看来，这里蕴含了比差分机更多的创造性。”

分析机是第一台通用型计算机，它具备现代计算机的基本特征。分析机采用蒸汽机作为动力，驱动大量齿轮结构进行计算工作。分析机由四部分组成。

① 存储器，巴贝奇将其称为“堆栈”(store)，采用齿轮式寄存器保存数据，存储器大约可以存储 1000 个 50 位的十进制数。

② 运算器，巴贝奇将其命名为“工场”(Mill)，它包含一个算术运算单元，可以进行四则运算、比较、求平方根等运算，为了加快运算速度，巴贝奇设计了进位机制。

③ 输入和输出部分，分析机采用穿孔卡片读卡器进行程序输入，采用打孔输出数据。

④ 进行程序控制穿孔卡片，分析机采用与杰卡德提花机类似的穿孔卡片作为程序载体，用穿孔卡片上有孔或无孔来表示一个位的值，它可以运行“条件”“转移”“循环”等语句，程序类似于今天的汇编语言。

分析机的设计思想非常具有前瞻性，在当今计算机系统中依然随处可见，如采用通用型计算机设计，而非专用机器(差分机是专用机器)；核心引擎采用数字式设计，而非模拟式设计；软件与硬件分离设计(通过穿孔卡片变成)，而非一体化设计(如 ENIAC 通过导线和开关编程)。阿兰·麦席森·图灵(Alan Mathison Turing)在《计算机器与智能》一文中评价道：“分析机实际上是一台万能数字计算机。”巴贝奇以他天才的思想，划时代地提出了类似于现代计算机的逻辑结构，他也因此被人们公认为“计算机之父”。分析机将抽象的代数关系看成可以由机器实现的实体，而且可以机械地操作这些实体，最终通过机器得出计算结果。这实现了最初由亚里士多德和莱布尼茨描述的“形式的抽象和操作”。

在多年研究和制造实践中，巴贝奇创作了世界上第一部计算机专著《分析机概论》。分析机的设计理论非常先进，它是现代程序控制计算机的雏形。但遗憾的是，这台分析机直到巴贝奇去世也没有制造出来。

(5) 布尔与数理逻辑。英国数学家布尔(George Boole)终身没有接触过计算机，但他的研究成果却为现代计算机设计提供了重要的数学方法。布尔在《逻辑的数学分析》和《思维规律的研究——逻辑与概率的数学理论基础》两部著作中，建立了一个完整的二进制代数理论体系。

布尔的贡献在于：

① 将亚里士多德的形式逻辑转化成一种代数运算，实现了莱布尼茨对逻辑进行代数演算的设想。

② 用 0 和 1 构建了二进制代数系统(布尔代数)，为现代数字计算机提供了数学方法。

③ 用二进制语言描述和处理各种逻辑命题，将人类的逻辑思维简化为二进制代数运算，推动了现代数理逻辑的发展。

3. 现代计算机

现代计算机是指利用电子技术代替机械或机电技术的计算机，经历了许许多多科学家 70 多年的接力发展，其中最重要的代表人物有英国科学家阿兰•麦席森•图灵(Alan Mathison Turing)和美籍匈牙利科学家冯•诺依曼(John von Neumann)，图灵是计算机科学理论的创始人，而冯•诺依曼则是计算机工程技术的先驱人物。

美国计算机协会(ACM)于 1966 年设立了“图灵奖”，目的是奖励对计算机事业做出重要贡献的个人；国际电子和电气工程师协会(IEEE)于 1990 年设立了冯•诺依曼奖，目的是表彰在计算机科学和技术领域具有杰出成就的科学家。

(1) ENIAC 计算机。第二次世界大战时期，宾夕法尼亚大学莫尔学院 36 岁的莫克利(John Mauchly)教授和他的学生埃克特(Presper Eckert)成功地研制出了 ENIAC 计算机。ENIAC 采用大约 18 000 个电子管，10 000 个电容器，7000 个电阻，1500 个继电器，耗电 150kW，重达 30t，占地面积 170m^2，如图 1-5 所示。

(2) 冯•诺依曼与 EDVAC 计算机。1944 年，冯•诺依曼专程到莫尔学院参观了还未完成的 ENIAC 计算机，并参加了为改进 ENIAC 而举行的一系列专家会议。他提出了 EDVAC 计算机设计方案。

1945 年，冯•诺依曼发表了计算机史上著名的 *First Draft of a Report on the EDVAC* (EDVAC 计算机报告的第一份草案)论文，这篇手稿为 101 页的论文被称为“101 报告”。在 101 报告中，冯•诺依曼提出计算机的五大结构，以及存储程序的设计思想，奠定了现代计算机的设计基础。

图 1-5　ENIAC 资料图

1952 年，EDVAC 计算机投入运行，它主要用于核武器理论计算。EDVAC 的改进主要有以下两点：

① 为充分发挥电子元件的高速性能，采用了二进制。

② 将指令和数据都存储起来，让机器自动执行程序。

现代计算机诞生后，基本元器件经历了电子管、晶体管、中小规模集成电路、大规模和超大规模集成电路等发展阶段(有专家认为它们是四代计算机)。计算机运算速度显著提高，存储容量大幅增加。同时，软件技术也有了较大发展，出现了操作系统、编译系统、高级程序设计语言、数据库等系统软件，计算机应用开始进入到许多领域。

1.1.2　电子计算机

1946 年，世界上第一台电子计算机在美国宾夕法尼亚大学诞生。之后短短的几十年里，电子计算机经历了几代的演变，并迅速渗透到人类生活和生产的各个领域，在科学计算、工程设计、数据处理以及人们的日常生活中发挥着巨大的作用。电子计算机被公认为是 20 世纪最重大的工业革命成果之一。

计算机是一种能够存储程序，并按照程序自动、高速、精确地进行大量计算和信息处理的电子机器。科技的进步促使计算机的产生和迅速发展，而计算机的迅速发展又反过来促进了科学技术和生产水平的提高。电子计算机的发展和应用水平，已经成为衡量一个国家科技水平和经济实力的重要标志。

1. 电子计算机的发展

计算机的发展阶段通常以构成计算机的电子器件来划分，至今已经历了四代，目前正在向第五代过渡。每一个发展阶段在技术上都是一次新的突破，在性能上都是一次质的飞跃。电子计算机的分代如表 1-1 所示。

表 1-1　电子计算机的分代

阶　　段	特　　征	图　　示
第一代电子管计算机(1946—1958 年)	(1) 采用电子管元件，体积庞大，耗电量高，可靠性差，维护困难； (2) 计算速度慢，一般为每秒一千次到一万次运算； (3) 使用机器语言，几乎没有系统软件； (4) 采用磁鼓、小磁芯作为存储器，存储空间有限； (5) 输入/输出设备简单，采用穿孔纸带或卡片； (6) 主要用于科学计算	
第二代晶体管计算机(1959—1964 年)	(1) 采用晶体管元件，体积大大缩小，可靠性增强，寿命延长； (2) 计算速度加快，达到每秒几万次到几十万次运算； (3) 提出了操作系统的概念，出现了汇编语言，产生了 Fortran 和 COBOL 等高级程序设计语言和批处理系统； (4) 普遍采用磁芯作为内存储器，磁盘、磁带作为外存储器，容量大大提高； (5) 计算机应用领域扩大，除科学计算外，还用于数据处理和实时过程控制	
第三代集成电路计算机(1965—1970 年)	(1) 采用中小规模集成电路软件，体积进一步缩小，寿命更长； (2) 计算速度加快，可达每秒几百万次运算； (3) 高级语言进一步发展，操作系统的出现使计算机功能更强，计算机开始广泛应用在各个领域； (4) 普遍采用半导体存储器，存储容量进一步提高，而体积更小、价格更低； (5) 计算机应用范围扩大到企业管理和辅助设计等领域	
第四代大规模和超大规模集成电路计算机(1971 年至今)	(1) 采用大规模(large scale integration，LSI)和超大规模集成电路(very large scale integration，VLSI)元件，与第三代计算机相比体积进一步缩小，在硅半导体上集成了几十万甚至上百万个电子元器件，可靠性更好，寿命更长； (2) 计算速度加快，可达每秒几千万次到几十亿次运算； (3) 软件配置丰富，软件系统工程化、理论化，程序设计部分自动化； (4) 发展了并行处理技术和多机系统，微型计算机大量进入家庭，产品更新速度加快； (5) 计算机在办公自动化、数据库管理、图像处理、语言识别和专家系统等各个领域大显身手，计算机的发展进入了以计算机网络为特征的时代	

20 世纪 80 年代曾提出第五代计算机的概念：用超大规模集成电路和其他新型物理元件组成的可以把信息采集、存储、处理、通信与人工智能结合在一起的智能计算机系统。这种计算机能面向知识处理，具有形式化推理、联想、学习和解释的能力，并能直接处理声音、文字、图像等信息。目前，已经在研究的有超导计算机、光子计算机、量子计算机、生物计算机、纳米计算机、神经计算机、智能计算机等。

2. 电子计算机的分类

科学技术的发展带动了计算机类型的不断变化，形成了不同种类的计算机。不同的应用需要不同类型的计算机支持。最初计算机按照结构原理分为模拟计算机、数字计算机和混合式计算机三类，按用途又可以分为专用计算机和通用计算机两类。专用计算机是针对某类应用而设计的计算机系统，具有经济、实用、有效等特点(例如铁路、飞机、银行使用的专用计算机)。通常所说的计算机是指通用计算机，例如学校教学、企业会计做账和家用计算机都是通用计算机。

对于通用计算机而言，通常按照计算机的运行速度、字长、存储容量等综合性能进行分类，有以下几种。

(1) 超级计算机。超级计算机就是常说的巨型机，主要用于科学计算，运算速度在每秒亿万次以上，数据存储容量很大，结构复杂、价格昂贵。超级计算机是国家科研的重要基础工具，在军事、气象、地质等诸多领域的研究中发挥着重要的作用。目前，国际上对高性能计算机最权威的评测机构是世界超级计算机协会的 TOP500，每年公布一次世界 500 强排行榜。2022 年 5 月 30 日，第 59 届国际超算大会发布的最新 TOP500 榜单中，我国的神威太湖之光位列第六，天河二号位列第九，共 173 台超级计算机进入 TOP500，占全球 34.6%，排名第一。

(2) 微型计算机。大规模集成电路与超大规模集成电路的发展是微型计算机得以产生的前提。日常使用的台式计算机、笔记本型计算机、掌上型计算机等都是微型计算机。目前微型计算机已经广泛应用于科研、办公、学习、娱乐等社会生产、生活的方方面面，是发展最快、应用最为普遍的计算机。

(3) 工作站。工作站也是微型计算机的一种，它是一种高档的微型计算机。工作站通常配置有容量很大的内存储器和外存储器，主要面向专业应用领域，具备强大的数据运算与图形、图像处理能力。工作站主要是为了满足工程设计、科学研究、软件开发、动画设计、信息服务等专业领域而设计开发的高性能微型计算机。需要注意：这里所说的工作站不同于计算机网络系统中的工作站，后者是网络中的任一用户节点，可以是网络中的任何一台普通微型机或终端。

(4) 服务器。服务器是指在网络环境下为网上众多用户提供共享信息资源和各种服务的高性能计算机。服务器上需要安装网络操作系统、网络协议和各种网络服务软件，主要用于为用户提供文件、数据库、应用及通信方面的服务。

(5) 嵌入式计算机。嵌入式计算机是嵌入到对象体系中，实现对象体系智能化控制的专用计算机系统。例如车载控制设备、智能家居控制器，以及日常生活中使用的各种家用电器都采用了嵌入式计算机。嵌入式计算机系统以应用为中心，以计算机技术为基础，并且软硬件可裁剪，适用于对应系统的功能、可靠性、成本、体积、功耗有严格要求的场合。

1.1.3 量子计算机

量子计算机是一类遵循量子力学规律进行高速数学和逻辑运算、存储及处理量子信息的物理装置。当某个装置处理和计算的是量子信息，运行的是量子算法时，它就是量子计算机。

在传统经典计算机中，信息是用一串 0 和 1 形成的比特编码。10 比特可以给出 2^{10} 或 1024 种 0 和 1 组合，代表 0 到 1023 之间的一个数。相比之下，一个量子位能够同时代表 0 和 1(即叠加态)，因此，10 个量子位能同时编码全部 1024 个数字。量子位可从具有不同量子态的物理学系统中产生。用激光或微波操纵这些系统，能产生两个或更多个的量子叠加态。将许多量子连接起来即可编码大量数据，如图 1-6 所示。

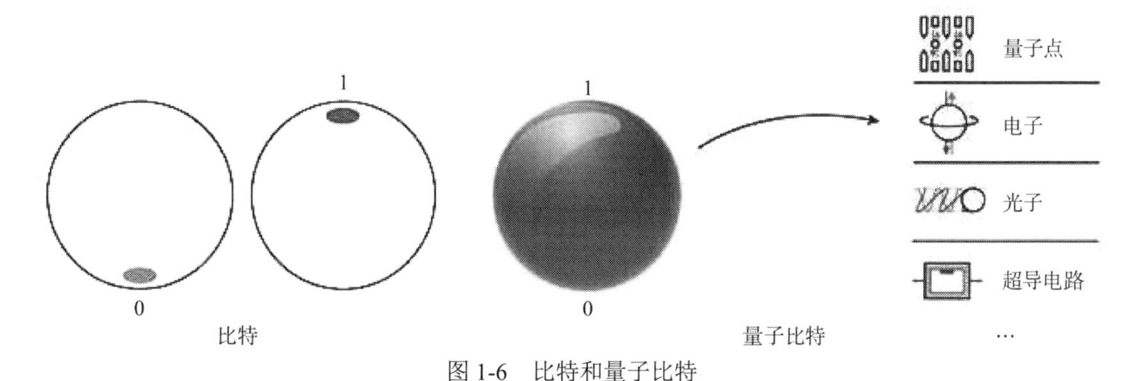

图 1-6　比特和量子比特

经典计算机以单个比特为基础运行，得出或为 0 或为 1 的结果。相比之下，量子比特调用所有量子位的整个叠加态，将之转化为两个依然能编码所有数字的叠加态。在这些操作中，量子系统必须被保护起来不受干扰，避免量子态以外的改变而导致叠加态错误或消失，如图 1-7 所示为经典逻辑门与量子逻辑门的对比。

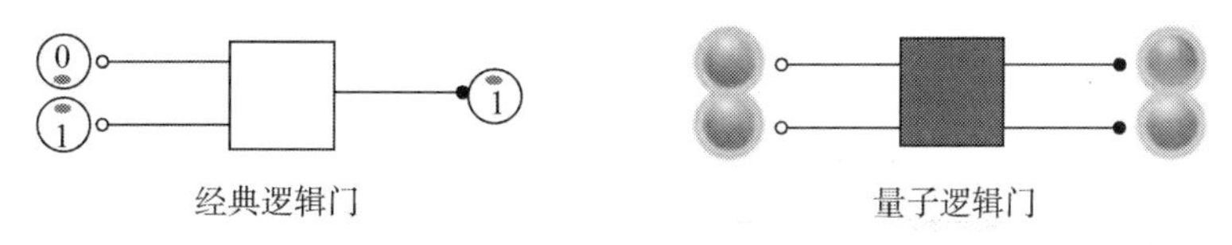

图 1-7　经典逻辑门和量子逻辑门

算法是为解决一个问题而进行的一系列操作。量子算法能够利用叠加态带来的平行性，这意味着它可以同时分析所有可能性，而不是一个一个分析——就像能同时扫描多张名片来寻找某个名字一样。量子算法给出每张名片为“正确”名片的概率。迭代几次之后，目标名片的累积概率将会比别的名片都高。即使需要运行多次，这种算法也比经典搜索快得多。数据库越大，其优势也越大，如图 1-8 所示。

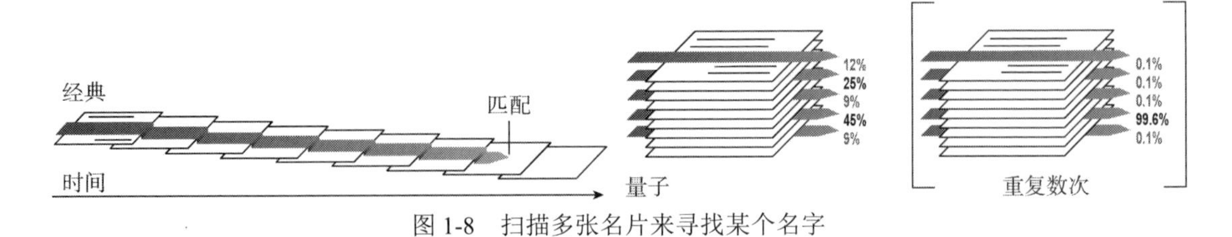

图 1-8　扫描多张名片来寻找某个名字

目前，量子计算机还不会取代经典计算机，但量子计算机在执行对经典计算机来说太过复杂的任务方面表现出众，比如在巨大的数据库中展开搜索，或者对大数进行质因数分解。后者难度极高，因此成为保护人们在线活动的加密技术的基础。最简短的经典计算机要花数千年才能求出的质因数，一台量子计算机只需要数周即可求出。量子态也可用于构建更安全的通讯系统。应用量子计算机的一种方式是用它来计算其他量子系统的行为。例如，量子计算机可被用于全面理解分子的化学性质，要做到这一点，需要了解其电子的量子力学特性；或用于寻找蛋白折叠的最优结构。

2017 年 5 月 3 日，中国科学院潘建伟团队构建的光量子计算机实验样机的计算能力已超越早期计算机。此外，中国科研团队完成了 10 个超导量子比特的操纵，成功打破了目前世界上最大位数的超导量子比特的纠缠和完整的测量记录。

2020 年 6 月 18 日，中国科学院宣布，中国科学技术大学的潘建伟、苑震生等在超冷原子量子计算和模拟研究中取得重要进展——在理论上提出并实验实现原子深度冷却新机制的基础上，在光晶格中首次实现了 1250 对原子高保真度纠缠态的同步制备，为基于超冷原子光晶格的规模化量子计算与模拟奠定了基础。这一成果于 2020 年 6 月 19 日在线发表于学术期刊《科学》上。

2020 年 12 月 4 日，中国科学技术大学宣布本校潘建伟等人成功构建了 76 个光子的量子计算原型机“九章”，求解数学算法高斯玻色取样只需 200 秒，而目前世界最快的超级计算机要用 6 亿年。这一突破使中国成为全球第二个实现“量子优越性”的国家。12 月 4 日，国际学术期刊《科学》发表了该成果，审稿人评价这是“一个最先进的实验”“一个重大成就”。

2021 年 2 月 8 日，中科院量子信息重点实验室的科技成果转化平台合肥本源量子科技公司，发布了具有自主知识产权的量子计算机操作系统“本源司南”。

1.2 计算的本质

计算的本质是用符号模拟现实世界。而计算机的本质是通过不断执行计算来模拟现实世界。当我们要求解一个问题时，是因为要“计算”才去找“计算机”，还是因为要使用“计算机”才考虑如何“计算”？当然是前者。计算才是根本，因为计算机是没有生命的，人需要考虑它能做和不能做的事情。

1.2.1 计算的概念

人类的进化促成了计算的产生，社会的进步和科学技术的发展推动着计算的不断演变和发展。计算存在于人们的学习和生活中，一直伴随着我们，例如计算路径有多远、花了多少钱……这些现象的本质有一个共同点：凡是可计算的前提是事物之间存在某种关系。

通常我们对计算的感觉只是个抽象的数学概念，而实施计算又是非常具体的规则，那么，计算的科学定义是什么？

1. 计算的定义

计算是构建在一套公理体系上的、不断向上演化的规则，例如四则运算 $3+2=5$，$3\times4=12$，$8\div4=2$，$9-(2\times4)=1$……它的公理体系应该是由数字、基本运算符、组合规则三部分组成。抽象地描述计算应该是基于规则的符号集合的变换过程，即从一个按规则组织的符号集合开始，再按照既定的规则一步步地改变这些符号集合，经过有限步骤之后得到一个确定的结果。

从熟悉的函数概念来理解计算，一个任意的函数变换就是一个计算。例如，对于函数 $y=f(x)$，当给出一个 x 值，通过按规则的计算就可以得到结果 y 值。从数学的意义上说，这个函数是一系列可能的输入和输出的二元组，通过确定的函数计算使每一个输入值得到相应的输出结果。

又如：①两数求和的函数，它的输入是成对的数值，通过求和计算，它的输出就是两个输入数值的和；②排序函数，对于每一个输入表，通过排序计算，会得到有相同条目的但已经按照预定的规则排好序的输出表。

由此可见，计算的形式是相同的，但计算的内容则与所解决的问题相关。所以计算永远是面向问题的，不存在任何一种包揽万物的计算。所以说“计算思维是人的，而不是计算机的思维”。

2. 计算的分类

在计算这个问题上有两种范式：①计算理论的研究，侧重于从数学角度证明表达能力和正确性，比较典型的图灵机、Lambda 演算、Pi 演算都属于这个范畴；②计算模型的研究，侧重于对真实系统的建模和刻画，比如冯 • 诺依曼模型、BSP 模型、LogP 模型等。

计算与人类总是在同步前进。曾经，人们对计算的理解只是传统的算术行为或者单纯的数值计算，所有计算工具也只为完成数值计算而产生。随着科学技术的发展和社会需求的牵引，计算的概念被极大地泛化，由于现代学科包罗万象、分类繁多，每个学科都需要进行大量的计算，使得冠以“计算”的词语层出不穷。计算不再仅仅指数值计算，还包括非数值计算以及各种应用推动的数据处理的过程。例如，从技术的角度有云计算及大数据、数据库、多媒体数据处理等；从应用的角度有生物计算、量子计算、网格计算、仿真计算、社会计算、情感计算等。

3. 计算的过程

在图灵机模型中(详见 3.1.1)，计算就是计算者(人或机器)对一条无限长的纸带上的符号串执行指令，一步步地改变纸带上某位置的符号(如图 1-9 所示)，经过有限步骤，最后得到一个满足预先规定的符号串的变换过程。这个模型的关键是形式化方法，即用“纸带符号串→控制有限步骤→读/写头→结果”这一形式成功地表述了计算这一过程的本质。

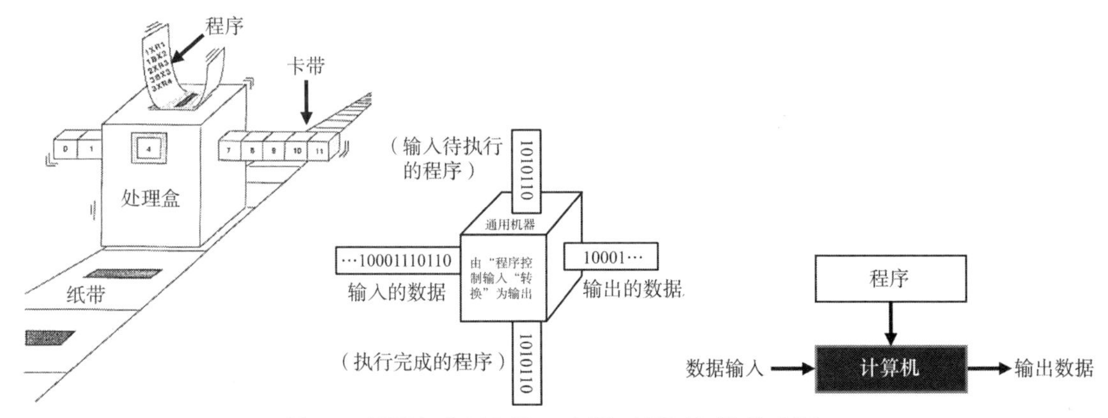

图 1-9　图灵机装置和原理(左图)及图灵机模型(右图)

以计算机下棋为例说明，一个简单的井字棋如图 1-10 所示。计算机的计算主要是建立在一个状态空间树(博弈树)的搜索方式上。在博弈过程中，计算机需要操作的数据对象是每走一步棋后形成的新的棋盘状态(格局)，对每一个格局来说，它的下一步棋都有若干不同的走法，这样一层一层就形成了一个状态空间树。计算机按照事先约定的判断规则(算法)就可以得到自己的选择，这就是计算机下棋的形式化描述过程。

从计算机下棋的例子可见，计算很像一个解释器，我们将数据和代码放入其中，经过解释器的运行，最后得到一个结果。下棋对弈过程中每一步的计算，其输入就是前一步棋完成后形成的棋盘状态，而输出就是行动决策，如图 1-11 所示。这个过程中最重要的是建立解释器的计算模型，而这个模型就是一种建立在数学描述之上的形式化方法，和图灵机的“纸带符号串→控制有限步骤→读/写头→结果”一样。

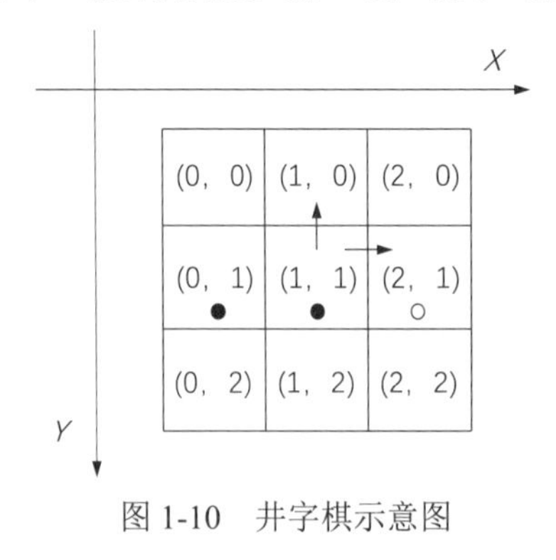

图 1-10　井字棋示意图

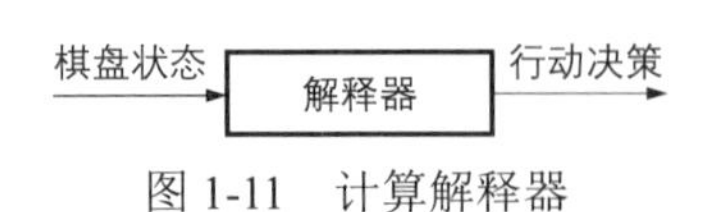

图 1-11　计算解释器

不同的解释器对应着不同的计算模型，比如符号计算和数值计算，就各自对应自己的解释器，通过不同的计算模型得出各自需要的结果。它们的计算模型不同，但是本质是相同的：计算过程符号化。

图灵论题的另一意义在于：揭示了计算所具有的执行过程的本质特征，或者说计算思维的过程性特征，因为并非所有的问题都可以用这种机械方式最终得到解决。

无论计算的本质是什么，一个不可忽视的事实是：对各种不同计算的实现，首先是人的计算思维活动，是计算的过程化、形式化思维活动的表达，体现为算法、程序或软件。其实，计算的本质就是通过演化产生新的信息，计算机只是将演化规则实现而已。

1.2.2 可计算与不可计算

理论思维是科学方法的重要组成部分，而理论源于数学，数学的定义是理论思维的灵魂，定理和证明则是它们的精髓。

1. 什么问题不可计算

由图灵的研究结论可以引出一个关于“可计算性”的定义：一个可计算问题是“当且仅当它在图灵机上经过有限步骤之后可以得到正确的结果”，这一结论就是著名的图灵论题。根据这一论题，通常人们把所面临的问题分为可计算问题与不可计算问题两大类。那么什么问题不可计算？

例如，图灵“停机”问题就是不可计算的：给定一段计算机程序和一个特定的输入，判断该程序最终是否能够停机。事实上，如果该问题可计算，那么编译程序可以在运行程序之前判断该程序是否存在死循环，而计算机无法分辨死循环程序和一个只是“运行很慢”的程序。

实际上，无法用计算机解决的问题有无穷多，停机问题只是其中一个。例如，“判断一台计算机是否有病毒程序”这个问题也是不可计算的。因为到目前为止，所有的病毒检测程序都是对比和查找已有的病毒，对于不断出现的新病毒并没有确切的算法能够检测。这就如同医生只能对已有的疾病做出诊断，而对未来可能出现的新型疾病以及疾病的变种却无法预知。如果要证明一个问题不可计算，方法应该是：证明它如果可以计算，那么停机问题就可以计算。

2. 问题的可计算性判断

与不可计算问题一样，可计算问题也有无穷多种。判断哪些问题可计算，这是计算机科学中的一个基本问题。在数学与计算机科学中，有一个“能行过程”的概念，它主要是针对所要解决的问题是否存在能行方法，以此来判断可计算问题是否实际可解。

无论是在数学上还是工程上，解决问题的过程就是问题状态发生变化的过程。如果以参数形式来描述问题状态，那么解决问题的过程就可以看作是一个参数变化的过程，如表 1-2 所示。这个过程中，如果输入参数和输出结果的对应关系是明确的，则说明这个过程是可行的，也就是说这个问题是可计算的。

表 1-2　解决问题的参数变化过程

过程时间	问题状态	参数形式
开始	初始状态	输入参数
结束	结束状态	输出结果

对于某些问题，允许存在一些输入参数，但却不存在明确的输出结果。在这种情况下考虑其能行方法，只针对有效输入即可。如果存在针对有效输入的能行方法，那么该问题也是可计算的。

通常，如果要说明一个问题是可计算的，就必须给出该类问题存在能行过程的证明。例如，设 m 和 n 是两个正整数，且 $m>n$。求 m 和 n 的最大公约数的欧几里得算法，可以通过以下过程表示。

步骤 1：以 n 除 m 得余数 r。　　//求余数

步骤 2：若 $r=0$，则输出答案 n，过程终止；否则转到步骤 3。　　//判断余数是否为 0

步骤 3：把 m 的值变为 n，n 的值变为 r，重复上述步骤。　　//变换参数值

上述过程由 3 个步骤组成，输入参数为正整数 m 和 n；每个步骤后的描述是明确的，并且可以证明过程终止时输出数据为 m 和 n 的最大公约数。过程的每一个步骤都可以通过一些可实现的基本运算(判断)完成，整个过程经过有穷步后终止。因此，求 m 和 n 的最大公约数的欧几里得算法是一个能行的过程，即求 m 和 n 的最大公约数的问题是可计算的。

1.2.3　计算的复杂性

对于数学和计算机应用科学来说，平常我们关心的是计算机需要花多长时间去解决一个问题，即可计算且能在有限时间有解。换句话说，就是这个问题有多复杂？

可计算未必能有完全解。因为这里的可计算问题仅仅是来自理论思维上的可计算，图灵机模型中的“有限步骤”是一个过于宽松的限制，它甚至包括了需要计算好几百年才能完成的问题。所以图灵机模型只能看作是概念模型，却不是实际上的“通用机”。因此，还需对可计算问题的复杂性进行判断。

20 世纪 70 年代，库克(Stephen Cook)将可计算问题进一步分为可解和难解两类：一个问题是实际可计算的，当且仅当它能够在图灵机上经过多项式步骤得到正确结果。这就是著名的库克论题，它界定了计算机的实际计算能力限度。超过这个限度的问题一般被认为是难解问题，其中一个典型的难解问题是汉诺塔问题。

印度有一个古老的传说：在贝拿勒斯(位于印度北部)的圣庙里，有一块黄铜板上插着三根宝石针，如图 1-12 所示。印度教的主神梵天在创造世界的时候，在最左侧一根针上从下到上地穿好了由大到小的 64 片金片，这就是所谓的汉诺塔。

不论白天黑夜，总有一个僧侣按照下面的法则移动金片：一次只移动一片，不管在哪根针上，小片必须在大片上面。僧侣们预言，当所有的金片都从梵天穿好的那根针上移到最右侧那根针上时，世界就将在一声霹雳中消失，而梵塔、庙宇和众生也都将同归于尽。

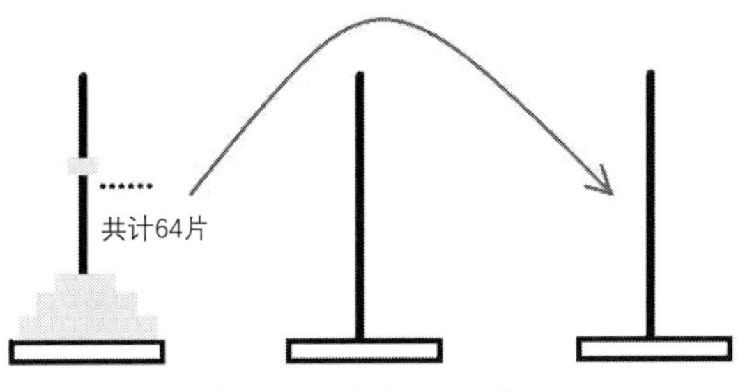

图 1-12　汉诺塔问题

考虑一下把 64 片金片由一根针上移动到另一根针上，并且始终保持上小下大的顺序，那么需要多少次移动呢？这里需要用递归的方法，假设有 n 片金片，移动次数是 $f(n)$，显然有：

$f(1)=1$，$f(2)=3$，$f(3)=7$，且 $f(k+1)=2f(k)+1$。

此后不难证明 $f(n)=2^n-1$。假设有 64 片，即当 $n=64$ 时，共需多长时间或者说共需要移动多少次？按每秒钟移动一次计算，一个平年 365 天有 31 536 000 秒，闰年 366 天有 31 622 400 秒，平均每年有 31 556 952 秒，总共需要 18 446 744 073 709 551 615 秒，即 5845.54 亿年以上。而地球存在至今也不过 45 亿年，太阳系的预期寿命据说也就百亿年，真的过了那么久，地球上的一切生命，连同梵塔、庙宇可能都已经不知去向了。

由上面的例子可见，衡量可解问题的复杂度是计算机运行程序时要执行的运算数量，这个数量是决定所用时间的关键。例如，用程序对一个数列排序，这个问题可计算，但是问题复杂度却依赖于数列中元素的个数，如果元素个数也有 5000 多亿，就很难有解了。

1.3 计算思维

人们尝试在许多学科领域中应用计算思维解决问题。当人们提出易被计算机解决或者通过大数据分析探寻内部规律的难题时，表明他们正在运用计算思维进行思考。计算思维带动了计算生物学、计算化学等领域的发展，同时也带来了能够运用在文学、社会研究和艺术方面的全新技术。计算思维很早就已来到我们身边，存在于我们生活各处。

例如，计算尺的发明是受到人们将复杂运算转换为简单计算的思维的启发，也就是把乘法变为加法来计算，如图 1-13 所示。

$$\begin{array}{r} 8 \\ \times\quad 25 \\ \hline 40 \\ +\quad 16 \\ \hline 200 \end{array}$$

图 1-13　乘法变加法

又如，图灵提出用机器来模拟人们用纸笔进行数学运算的过程，他把这样的过程看成两个简单的动作：①在纸上写或擦除某一个符号；②把注意力从纸上的一个位置移动到另一个位置。图灵构造出这台假想的、被后人称为“图灵机”的机器可用十分简单的装置模拟人类所能进行的任何计算过程。

1.3.1 什么是计算思维

如何绘制人类完整的 DNA 序列？威廉•莎士比亚的著作是否全部是亲笔所著？是否能编写出可自主作曲的智能电脑程序？以上这三个现实问题有什么共性吗？要想回答这些问题，需要使用所谓的计算思维。那么，什么是计算思维呢？

1. 计算思维的定义

2006 年 3 月，美国卡内基梅隆大学(CMU)周以真(Jeannette M. Wing)教授在美国计算机权威期刊 *Communications of the ACM* 上提出并定义了计算思维(computational thinking)。周以真认为：计算思维是运用计算机科学的基础概念进行问题求解、系统设计以及人类行为理解等涵盖计算机科学之广度的一系列思维活动。

国际教育技术协会(ISTE)和计算机科学教师协会(CSTA)在 2011 年给计算机思维做了一个可操作性的定义，即计算机思维是一个问题解决的过程，该过程有以下几个特点。

(1) 拟定问题，并能够利用计算机和其他工具的帮助来解决问题。

(2) 符合逻辑地组织和分析数据。

(3) 通过抽象(如模型、仿真等)再现数据。

(4) 通过算法思想(一系列有序的步骤)，支持自动化的解决方案。

(5) 分析可能的解决方案，找到最有效的方案，并且有效地应用这些方案和资源。

(6) 将该问题的求解过程进行推广，并移植到更广泛的问题中。

2. 计算思维的特征

周以真教授对计算思维的基本特征进行了如下描述。

(1) 计算思维是人的，不是计算机的思维方式。计算思维是人类求解问题的思维方法，而不是要使人类像计算机那样思考。

(2) 计算思维是数学思维和工具思维的相互融合。计算机科学本质上源于数学思维，但是受计算设备的限制，迫使计算机科学家必须进行工程思考，不能只是数学思考。

(3) 计算思维建立在计算过程的能力和限制之上。需要考虑哪些事情人类比计算机做得好？哪些事情计算机比人类做得好？最根本的问题是：什么是可计算的？

(4) 为了有效地求解一个问题，我们可能要进一步问：一个近似解是否就够了呢？是否允许漏报和误报？计算思维就是通过简化、转换和仿真等方法，把一个看似困难的问题，重新阐述成一个我们知道如何解决的问题。

(5) 计算思维采用抽象和分解的方法，将一个庞杂的任务分解成一个适合计算机处理的问题。计算思维选择合适的方式对问题进行建模，使其易于处理。在我们不必理解系统每一个细节的情况下，就能够安全地使用或调整一个大型的复杂系统。

由此可以看出：计算思维以设计和构造为特征，是运用计算机科学的基本概念，进行问题求解、系统设计的一系列思维活动。

1.3.2 计算思维的应用

计算思维是一个高度跨学科的内容，我们可以在任何学科中找到其相关的应用，如表 1-3 所示。

表 1-3 计算思维在各个领域中的应用

计算思维概念	应用领域
将问题分解为多个部分或步骤	文学：通过对韵律、韵文、意象、结构、语气、措词与含义的分析来分析诗歌
识别并发现模式或趋势	经济：寻找国家经济增长和下降的循环模式
开发解决问题或任务步骤的指令	烹饪艺术：撰写供他人使用的菜谱
将模式和趋势归纳至规则、原理或见解中	数学：找出二阶多项式分解法则
	化学：找出化学键(类型)及(分子间)相互作用规律

在表 1-3 中，所有技能都是计算思维涉及的技能或概念，这些技能被应用到文学、经济、烹饪艺术和音乐中。就本质来说，计算思维是计算机科学家的基本技能和思维方式。然而我们可以将它应用在任何学科领域或主题，并且，可以在设计流程或算法以解决问题过程中，随时应用这些思维技巧。

那么如何绘制人类基因序列呢？答案是借助算法与电脑程序给 DNA 中数以百万计的碱基对进行排序。如何破解莎士比亚著作之谜呢？答案是通过计算机分析莎士比亚作品的词汇、主题和风格，能够确认莎士比亚确实编著了自己名下所有的作品，实至名归。至于如何实现智能作曲的问题，则可以通过计算思维发现已有音乐作品的存在方式与规律，编写程序，生成全新的音乐作品。今天的人类所面临的全球重大问题，都需要跨学科来解决。

在计算机科学中，抽象是一种被广泛使用的计算思维方法。在本书中介绍的冯•诺依曼体系结构就是对现代计算机体系结构的一种抽象认识。在冯•诺依曼体系结构中，计算机由内存、处理单元、控制单元、输入设备和输出设备等五部分组成。这一体系结构屏蔽了实现上的诸多细节，明确了现代计算机应该具备的重要组成部分及各部分之间的关系，是计算机系统的抽象模型，为现代计算机的研制奠定了基础。

此外，借助于数学抽象(即数学模型)，我们可以编写程序。程序设计就是把客观世界问题的求解过程映射为计算机的一组动作。用计算机能接受的形式符号记录我们的设计，然后运行实施。动作完成，得出的数据往往也不是问题解的形式，而是解的映射。例如，在交通控制程序中用高级语言输出的红、绿、黄信号灯多半是 1、2、3 这样的数字信号。

1.4 习题

1. 简述电子计算机发展的几个阶段，以及每个阶段的主要特征。
2. 简述计算思维的概念、计算思维的本质，并举例说明。
3. 计算的本质是什么？
4. 如何判断一个问题的可计算与不可计算？

第2章

信息表示

问题导入

万事万物符号化是计算与自动化的前提

把字母 A 输入计算机，计算机存储的是 01000001，再把一个算式例如 12+72=、一段录音、一张照片输入计算机，计算机存储的也是 0 和 1 这样的信息，这是为什么呢？你知道自己的名字在计算机中是如何存储的吗？如果还是以 0 和 1 的形式存储，你习惯吗？答案一定是否定的。那为什么计算机要用 0 和 1 来存储信息呢？

(1) 万事万物的符号化。现实世界的任何事物，若要由计算机系统进行计算，首先需要将其语义符号化。语义符号化是指将现实世界的各种现象及其语义用符号表达，进而进行基于符号计算的一种思维。将语义表达为不同的符号，便可以采用不同的工具(或数据方法)进行计算；将符号赋予不同语义，则能计算不同的现实世界问题。

(2) 符号化的抽象层次。符号化是一种抽象过程，这种抽象是有层次的，而且可能是多层次的。图 2-1 所示为符号化及其计算最基本的两个层次。

① 自然、社会问题的符号化结果用字母、符号及其组合表达，所有的计算都是针对字母、符号的计算，即基于字母、符号进行计算。例如，用数学符号表达，然后进行数学计算(将问题抽象为一组变量 x, y, z 等，然后对 x, y, z 等进行各种函数变换 $f(x, y, z)$)；或者用逻辑符号表达，然后进行逻辑推理；或者用中文或英文自然语言表达(中文文字或英文字母表达)等。

② 将字母、符号表达为 0 和 1(数值性信息用二进制表达，非数值性信息用 0、1 编码

表达)，所有的计算都是基于0和1的计算。当转换为0和1后，也就都可以被机器自动计算。因此当前的电子计算机器基本都是基于0和1计算的机器。

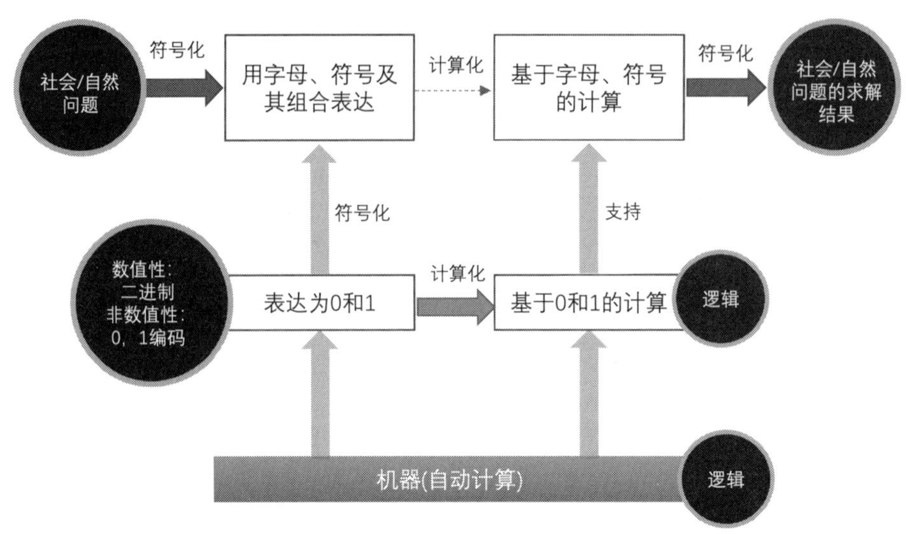

图 2-1　符号化及其计算的层次

所以只要使用计算机，都会以0和1的形式解决问题。五彩缤纷的现实世界要在计算机中表达，各种各样的信息需要计算机处理，都要首先完成0和1的数字化转换，这就是计算思维的符号化规则、形式化方法。对于我们而言，无论是把信息输入计算机还是计算机将结果呈现在我们面前，基本上都是以自然方式或者是以接近自然的方式进行。那么计算机使用的二进制与我们习惯的自然方式之间的转换工作由谁做？何时做？怎么做？计算信息数字化的基本方法是什么？主要依据是什么？本章将讨论这些问题。

2.1 数制

在计算机中，信息是以数据的形式表示和使用的，计算机能表示和处理的信息包括数值型数据、字符型数据及音频和视频数据等，而这些信息在计算机内部都是以二进制的形式表示的。也就是说，二进制是计算机内部存储、数据处理的基本形式，信息要在计算机中存储并表达，都需要转换成二进制数。计算机之所以能区分这些不同的信息，是因为它们采用不同的编码规则。了解这个表达和转换的过程，可以使我们掌握实现计算机计算的基本原理，并认识计算机各种外部设备的基本工作原理和作用。

在使用计算机时，二进制数最大的缺点是数的书写特别冗长。例如，十进制数的100 000写成二进制数为11 000 011 010 100 000。为了解决这个问题，在计算机的理论和应用中还使用两种辅助的进位制，即八进制和十六进制。二进制和八进制、二进制和十六进制之间的转换都比较简单。

2.1.1 数制的概念

在计算机中必须采用某一方式来对数据进行存储或表示，这种方式就是计算机中的数制。数制，即进位计数制，是人们利用数字符号按进位原则进行数据大小计算的方法。在计算机的数制中，数码、基数和位权这 3 个概念是必须掌握的。

(1) 数码：一个数制中表示基本数值大小的不同数字符号。例如，十进制有 10 个数码，即 0、1、2、3、4、5、6、7、8、9。

(2) 基数：一个数值所使用数码的个数。例如，二进制的基数为 2，十进制的基数为 10。

(3) 位权：一个数值中某一位上的 1 所表示数值的大小。例如，十进制的 123，1 的位权是 100，2 的位权是 10，3 的位权是 1。

1. 十进制数

十进制数的基数为 10，使用十个数字符号表示，即在每一位上只能使用 0、1、2、3、4、5、6、7、8、9 这十个符号中的一个，最小为 0，最大为 9。十进制数采用“逢十进一”的进位方法。一个完整的十进制的值可以由每位所表示的值相加，权为 10^i($i=-m\sim n$，m、n 为自然数)。例如十进制数 9801.37 可以用以下形式表示：

$$(9801.37)_{10}=9\times10^3+8\times10^2+0\times10^1+1\times10^0+3\times10^{-1}+7\times10^{-2}$$

2. 二进制数

二进制数的基数为 2，使用两个数字符号表示，即在每一位上只能使用 0、1 这两个符号中的一个，最小为 0，最大为 1。二进制数采用“逢二进一”的进位方法。

一个完整的二进制数的值可以由每位所表示的值相加，权为 2^i($i=-m\sim n$，m、n 为自然数)。例如二进制数 110.111 可以用以下形式表示：

$$(110.11)_2=1\times2^2+1\times2^1+0\times2^0+1\times2^{-1}+1\times2^{-2}$$

3. 八进制数

八进制数的基数为 8，使用八个数字符号表示，即在每一位上只能使用 0、1、2、3、4、5、6、7 这八个符号中的一个，最小为 0，最大为 7。八进制数采用“逢八进一”的进位方法。

一个完整的八进制数的值可以由每位所表示的值相加，权为 8^i($i=-m\sim n$，m、n 为自然数)。例如八进制数 5701.61 可以用以下形式表示：

$$(5701.61)_8=5\times8^3+7\times8^2+0\times8^1+1\times8^0+6\times8^{-1}+1\times8^{-2}$$

4. 十六进制数

十六进制数的基数为 16，使用十六个数字符号表示，即在每一位上只能使用 0、1、2、

3、4、5、6、7、8、9、A、B、C、D、E、F这十六个符号中的一个，最小为0，最大为F。其中A、B、C、D、E、F分别对应十进制的10、11、12、13、14、15。十六进制数采用“逢十六进一”的进位方法。

一个完整的十六进制数的值可以由每位所表示的值相加，权为16^i($i=-m\sim n$，m、n为自然数)。例如十六进制数70D.2A可以用以下形式表示。

$$(70D.2A)_{16}=7\times16^2+0\times16^1+13\times16^0+2\times16^{-1}+10\times16^{-2}$$

表2-1所示给出了4种进制数以及具有普遍意义的r进制的表示方法。

表 2-1　不同进制数的表示方法

数　　制	基　　数	位　　权	进位规则
十进制	10(0～9)	10^i	逢十进一
二进制	2(0、1)	2^i	逢二进一
八进制	8(0～7)	8^i	逢八进一
十六进制	16(0～9、A～F)	16^i	逢十六进一
r进制	r	r^i	逢r进一

直接用计算机内部的二进制数或者编码进行交流时，冗长的数字和简单重复的0和1既繁琐又容易出错，所以人们常用八进制和十六进制进行交流。八进制和二进制的关系是：$2^3=8$，这表示一位八进制数可以表达三位二进制数；十六进制和二进制的关系是：$2^4=16$，这表示一位十六进制数可以表达四位二进制数。这两种进制降低了计算机中二进制数书写的长度。二进位制和八进位制、二进位制和十六进位制之间的换算也非常直接、简便，所以八进位制、十六进位制已成为人机交流中常用的计数法。表2-2所示列举了4种进制数的编码以及它们之间的对应关系。

表 2-2　不同进制数的对应关系

十进制	二进制	八进制	十六进制
0	0	0	0
1	1	1	1
2	10	2	2
3	11	3	3
4	100	4	4
5	101	5	5
6	110	6	6
7	111	7	7
8	1000	10	8
9	1001	11	9
10	1010	12	A

(续表)

十进制	二进制	八进制	十六进制
11	1011	13	B
12	1100	14	C
13	1101	15	D
14	1110	16	E
15	1111	17	F

2.1.2 数制的转换

为了便于书写和阅读，用户在编程时常会使用十进制、八进制、十六进制来表示一个数。但在计算机内部，程序与数据都采用二进制来存储和处理，因此不同进制的数之间常常需要相互转换。不同进制之间的转换工作由计算机自动完成，但熟悉并掌握进制间的转换原理有利于我们了解计算机。常用数制间的转换关系如图 2-2 所示。

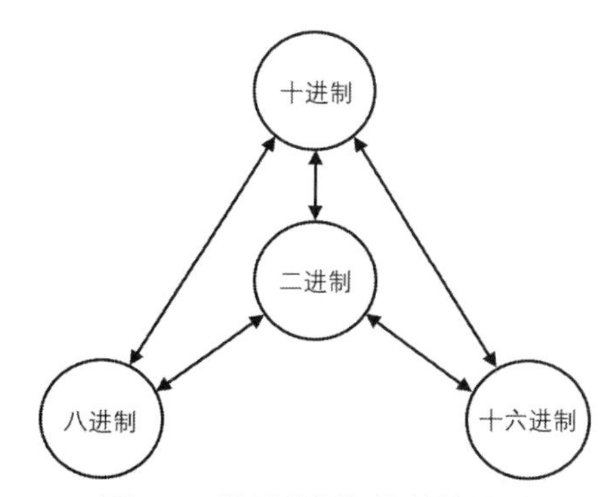

图 2-2 常用数制间的转换关系

1. 二进制数与十进制数转换

在二进制数与十进制数的转换过程中，要频繁地计算 2 的整数次幂。表 2-3 所示为 2 的整数次幂与十进制数值的对应关系。

表 2-3 2 的整数次幂与十进制数值的对应关系

2^n	2^9	2^8	2^7	2^6	2^5	2^4	2^3	2^2	2^1	2^0
十进制数值	512	256	128	64	32	16	8	4	2	1

表 2-4 所示为 2 的负整数次幂与十进制小数的对应关系。

表 2-4 2 的负整数次幂与十进制小数的对应关系

2^n	2^{-1}	2^{-2}	2^{-3}	2^{-4}	2^{-5}	2^{-6}	2^{-7}	2^{-8}
十进制分数	1/2	1/4	1/8	1/16	1/32	1/64	1/128	1/256
十进制小数	0.5	0.25	0.125	0.0625	0.03125	0.015625	0.0078125	0.00390625

二进制数转换成十进制数时，可以采用按权相加的方法，这种方法是按照十进制数的运算规则，将二进制数各位的数码乘以对应的权再累加起来。

【例 2-1】将$(1101.101)_2$按位权展开转换成十进制数。

二进制数按位权展开转换成十进制数的运算过程如表 2-5 所示。

表 2-5 二进制数按位权展开过程

二进制数	1	1	0	1	1	0	1	
位权	2^3	2^2	2^1	2^0	2^{-1}	2^{-2}	2^{-3}	
十进制数值	8 +	4 +	0 +	1 +	0.5 +	0 +	0.125	=13.625

【例 2-2】将$(1101.1)_2$转换为十进制数。

$$\begin{aligned}(1101.1)_2 &= 1\times2^3+1\times2^2+0\times2^1+1\times2^0+1\times2^{-1}\\ &=8+4+0+1+0.5\\ &=13.5\end{aligned}$$

2. 十进制数与二进制数转换

十进制数转换为二进制数时，整数部分与小数部分必须分开转换。整数部分采用除以 2 取余法，就是将十进制数的整数部分反复除以 2，如果相除后余数为 1，则对应的二进制数位为 1；如果余数为 0，则相应位为 0；逐次相除，直到商小于 2 为止。转换整数时，第一次除法得到的余数为二进制数低位，最后一次余数为二进制数高位。

小数部分采用乘 2 取整法，就是将十进制小数部分反复乘 2；每次乘 2 后，所得积的整数部分为 1，相应二进制数位为 1，然后减去整数 1，余数部分继续相乘；如果积的整数部分为 0，则相应二进制数位为 0，余数部分继续相乘；直到乘后小数部分等于 0 为止。如果乘积的小数部分一直不为 0，则根据数值的精度要求截取一定位数即可。

【例 2-3】将十进制 18.8125 转换为二进制数。

整数部分除以 2 取余，余数作为二进制数，从低位到高位排列。小数部分乘 2 取整，积的整数部分作为二进制数，从高位到低位排列。竖式运算过程如图 2-3 所示。

运算结果为$(18.8125)_{10}=(10010.1101)_2$。

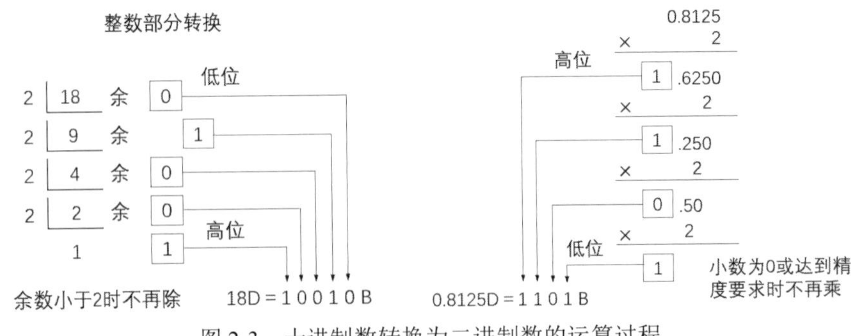

图 2-3 十进制数转换为二进制数的运算过程

3. 二进制数与十六进制数转换

对于二进制整数，自右向左每 4 位分一组，当整数部分不足 4 位时，在整数前面加 0 补足 4 位，每 4 位对应 1 位十六进制数；对二进制小数，自左向右每 4 位分为一组，当小数部分不足 4 位时，在小数后面(最右边)加 0 补足 4 位，每 4 位二进制数对应 1 位十六进制数，即可得到十六进制数。

【例 2-4】将二进制数 111101.010111 转换为十六进制数。

$(111101.010111)_2=(00111101.01011100)_2=(3D.5C)_{16}$，转换过程如图 2-4 所示。

0011	1101	0101	1100
3	D	5	C

图 2-4　二进制数转换为十六进制数

4. 十六进制数与二进制数转换

将十六进制数转换成二进制数非常简单，只要以小数点为界，向左或向右每 1 位十六进制数用相应的 4 位二进制数表示，然后将其连在一起即可完成转换。

【例 2-5】将十六进制数 4B.61 转换为二进制数。

$(4B.61)_{16}=(01001011.01100001)_2$，转换过程如图 2-5 所示。

4	B	6	1
0100	1011	0110	0001

图 2-5　十六进制数转换为二进制数

2.2 数值信息编码

前面讨论了不同数制之间的相互转换方法。在实际应用过程中，还存在以下问题。

(1) 数值的正负如何区分？

(2) 如何确定实数中小数点的位置？

(3) 如何对正、负号进行编码？

(4) 如何进行二进制数的算术运算？

下面将主要介绍和学习这些问题。

人们在日常生活中接触到的数据类型包括数值、字符、图形、图像、视频、音频等多种形式，总体上归结为数值型数据和非数值型数据两大类。由于计算机采用二进制编码方式工作，在使用计算机来存储、传输和处理上述各类数据之前，必须解决用二进制序列表示各类数据的问题。

在计算机中，所有的数值数据都用一串 0 和 1 的二进制编码来表示。这串二进制编码称为该数据的“机器数”，数据原来的表示形式称为“真值”。根据是否带有小数点，数值型数据分为整数和实数。对于整数，按照是否带有符号，分为带符号整数和不带符号整数；对于实数，根据小数点的位置是否固定，分为定点数和浮点数。

2.2.1 带符号整数的编码

如果二进制数的全部有效位都用以表示数的绝对值，即没有符号位，那么这种方法表示的数叫作无符号数。大多数情况下，一个数既包括表示数的绝对值部分，又包括表示数的符号部分，这种方法表示的数叫作带符号数。在计算机中，总是用数的最高位(左边第一位)来表示数的符号，并约定以 0 代表正数，以 1 代表负数。

为了区分符号和数值，同时便于计算，人们对带符号整数进行了合理编码。常用的编码形式有以下 3 种。

1. 原码

原码表示法简单易懂，分别用 0 和 1 代替数的正号和负号，并置于最高有效位上，绝对值部分置于右端，中间若有空位填上 0。例如，如果机器字长为 8 位，十进制数 15 和−7 的原码表示如下。

$$[15]_{原}=00001111$$

$$[-7]_{原}=10000111$$

这里应注意以下几。

(1) 用原码表示数时，n 位(含符号位)二进制数所能表示的数值范围是$-(2^{n-1}-1)$～$(2^{n-1}-1)$。

(2) 原码表示直接明了，而且与其所表示的数值之间转换方便，但不便进行减法运算。

(3) 0 的原码表示不唯一，正 0 位 00000000，负 0 位 10000000。

2. 反码

正数反码表示与其原码表示相同，负数的反码表示是把原码除符号位以外的各位取反，即 1 变为 0，0 变为 1。

$$[15]_{反}=00001111$$

$$[-7]_{反}=11111000$$

这里应注意以下几点。

(1) 用反码表示数时，n位(含符号位)二进制数所能表示的数值范围与原码一样，是$-(2^{n-1}-1)$～$(2^{n-1}-1)$。

(2) 反码也不便进行减法运算。

(3) 0 的反码表示不唯一，正 0 位 00000000，负 0 位 11111111。

3. 补码

正数的补码表示与其原码表示相同，负数的补码表示是把原码除符号位以外的各位取反后末位加 1。

$$[15]_{补}=00001111$$

$$[-7]_{补} = 11111001$$

对于补码应注意以下几点。

(1) 用补码表示数时，n 位(含符号位)二进制数所能表示的数值范围是$-2^{n-1} \sim (2^{n-1}-1)$。

(2) 补码表示数据不像原码那样直接明了，很难直接看出它的真值。

(3) 0 的补码表示唯一，为 00000000(对于某数，如果对其补码再求补码，可以得到该数的原码)。

由以上 3 种编码规则可见，原码表示法简单易懂，但它的最大缺点是加减法运算复杂。这是因为，当两数相加时，如果是同号则数值相加；如果是异号，则要进行减法。而在进行减法时还要比较绝对值的大小，然后用大数减去小数，最后还要给结果选择符号。为了解决这些矛盾，人们才找到了补码表示法。反码主要的作用是为了求补码，而补码则可以把减法转化成加法运算，使得计算机中的二进制运算变得非常简单。

2.2.2 带符号实数的编码

在自然描述中，人们把小数问题用一个“.”表示，例如 1.5。但对于计算机而言，除了 0 和 1 没有别的形式，而且计算机“位”非常珍贵，所以小数点位置的表示采取“隐含”方案。这个隐含的小数点位置可以是固定的或者可变的，前者称为定点数(fixed-point-number)，后者称为浮点数(float-point-number)。

1. 定点数表示法

定点数表示法包括定点小数表示法和定点整数表示法。

(1) 定点小数表示法：将小数点的位置固定在最高数位的左边，如图 2-6 所示。定点小数能表示所有数位都是小于 1 的纯小数。因此，使用定点小数时要求参加运算的所有操作数、运算过程中产生的中间结果和最后运算结果，其绝对值均应小于 1；如果出现大于或等于 1 的情况，定点小数格式就无法正确地表示出来，这种情况称为“溢出”。

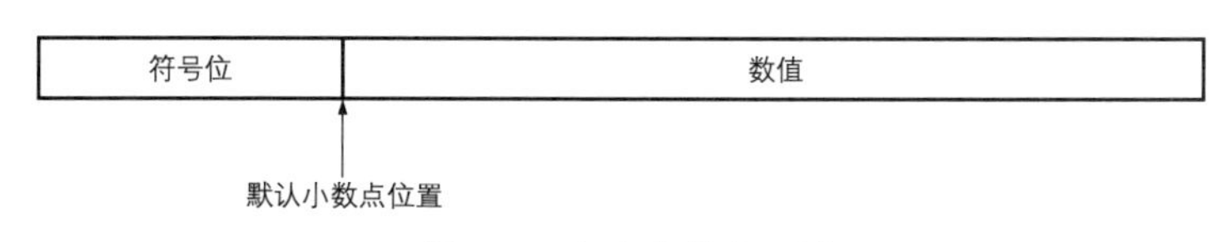

图 2-6　定点小数表示法

(2) 定点整数表示法：将小数点的位置固定在最低有效位的右边，如图 2-7 所示。对于二进制定点整数，所能表示的所有数都是整数。

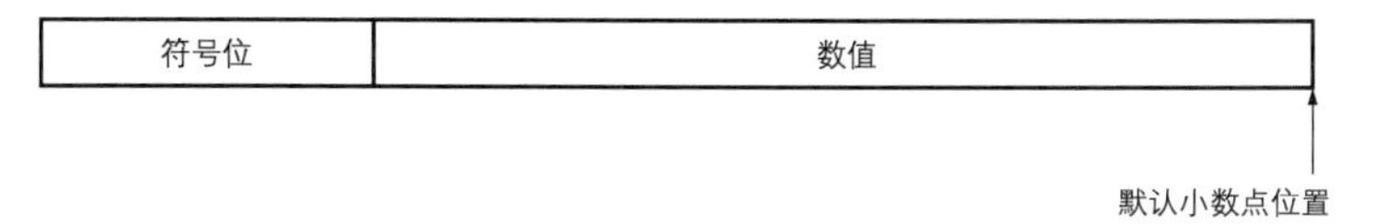

图 2-7　定点整数表示法

由上可见，定点数表示法具有直观、简单、节省硬件等特点，但表示数的范围较小，缺乏灵活性。所以现在很少使用这种定点数表示方法。

2. 浮点数表示法

实数是既有整数又有小数的数，实数有很多种表示方法，例如 3.1415926 可以表示为 0.31415926×10，0.031415926×10^2，31.1415926×10^{-1} 等。在计算机中，如何表示 10^n？解决方案是：一个实数总可以表示成一个纯小数和一个幂之积(纯小数可以看作是实数的特例)，例如，$123.45=0.12345\times10^3=0.012345\times10^4=\cdots\cdots$

由上式可见，在十进制中，一个数的小数点的位置可以通过乘以 10 的幂次来调整。二进制也可以采用类似的方法，例如 $0.01001=0.1001\times2^{-1}=0.001001\times2^1$。即在二进制中，一个数的小数点位置可以通过乘以 2 的幂次来调整，这就是浮点数表示的基本原理。

假设有任意一个二进制数 N 可以写成 $M\cdot2^E$。式中，M 称为数 N 的尾数，E 称为数 N 的阶码。由于浮点数中是用阶表示小数点实际的位置，所以同一个数可以有多种浮点表示形式。为了使浮点数有一种标准表示形式，也为了使数的有效数字尽可能多地占据尾数部分，以便提高表示数的精确度，规定非零浮点数的尾数最高位必须是 1，这种形式称为浮点数的规格化形式。

计算机中 M 通常都用定点小数形式表示，阶码 E 通常都用整数表示，其中都有 1 位用来表示其正负。浮点数的一般格式如图 2-8 所示。

阶符	阶码	数符	尾数

图 2-8　浮点数表示法

阶码和尾数可以采用原码、补码或其他编码方式表示。计算机中表示浮点数的字长通常为 32 位，其中 7 位作为阶码，1 位作为阶符，23 位作为尾数，1 位作为数符。

在计算机中按规格化形式存放浮点数时，阶码的存储位数决定了可表达数值的范围，尾数的存储位数决定了可表达数值的精度。对于相同的位数，用浮点法表示的数值范围比定点法要大得多。所以目前的计算机都采用浮点数表示法，也因此被称为浮点机。

浮点数是指一个数的小数点的位置不是固定的，而是可以浮动的。浮点数标准，也称 IEEE 二进制浮点数算术标准(IEEE 754)，是 20 世纪 80 年代以来最广泛使用的浮点数运算标准，为许多 CPU 与浮点运算器所采用。这个标准定义了表示浮点数的格式(包括负零-0)与反常值，一些特殊数值(无穷(Inf)与非数值(NaN))，以及这些数值的“浮点数运算符”等内容。

2.3 字符信息编码

计算机除了用于数值计算以外，还要处理大量非数值信息，其中字符信息占有很大比重。字符信息包括西文字符(字母、数字、符号)和汉字字符等。它们需要进行二进制数编码后，才能存储在计算机中并进行处理，如果每个字符对应一个唯一的二进制数，这个二进制数就称为字符编码。

2.3.1 西文字符编码

西文字符与汉字字符由于形式不同，编码方式也不同。

ASCII(美国信息交换标准码)制定于 1967 年，是基于拉丁字母的一套电脑编码系统，主要用于显示现代英语和其他西欧语言，是最通用的信息交换标准。由于当时数据存储成本很高，专家们最终决定采用 7 位字符编码，如表 2-6 所示。

表 2-6 7 位 ASCII 编码表

$D_3D_2D_1D_0$ \ $D_6D_5D_4$	000	001	010	011	100	101	110	111
0000	NUL	DLE	SP	0	@	P	、	p
0001	SOH	DC1	!	1	A	Q	a	q
0010	STX	DC2	"	2	B	R	b	r
0011	ETX	DC3	#	3	C	S	c	s
0100	EOT	DC4	$	4	D	T	d	t
0101	ENQ	NAK	%	5	E	U	e	u
0110	ACK	SYN	&	6	F	V	f	v
0111	BEL	ETB	'	7	G	W	g	w
1000	BS	CAN	(	8	H	X	h	x
1001	HT	EM	)	9	I	Y	i	y
1010	LF	SUB	*	:	J	Z	j	z
1011	VT	ESC	+	;	K	[	k	{
1100	FF	FS	,	<	L	\	l	|
1101	CR	GS	-	=	M	]	m	}
1110	SO	RS	.	>	N	^	n	～
1111	SI	US	/	?	O	_	o	DEL

ASCII 编码用 7 位二进制数对 1 个字符进行编码。由于基本存储单位是字节(8b)，计算机用 1 个字节存放 1 个 ASCII 字符编码。

【例 2-6】 Hello 的 ASCII 编码。

查找 ASCII 表可知，Hello 的 ASCII 码如图 2-9 所示。

H	e	l	l	o
1001000	1100101	1101100	1101100	1101111

图 2-9 Hello 的 ASCII 编码查询结果

【例 2-7】 求字符 *A* 和 *a* 的 ASCII 编码，Python 指令如下：

```
>>>ord('A')                #计算字符 A 的 ASCII 编码
65                         #输出字符 A 的十进制编码
>>>chr(97)                 #计算 ASCII 编码=97 的字符
'a'                        #输出字符
```

2.3.2 中文字符编码

汉字个数繁多，字形复杂，其信息处理与通用的字母、数字类信息处理有很大差异。

1. 双字节字符集

常用的7位二进制编码形式的ASCII码只能表示128个不同的字符，扩展后的ASCII字符集也只能表示256个字符，无法表示除英语以外的其他文字符号。为此，硬件和软件制造商联合设计了一种名为Unicode的代码。它有32位，最多能表示2^{32}=4 294 967 296个符号；代码的不同部分被分配用于表示世界上不同语言的符号，还有些部分用于表示图形和特殊符号。

Unicode 字符集广受欢迎，被许多程序设计语言和计算机系统所采用。为了与 ASCII字符集保持一致，Unicode 字符集为 ASCII 字符集的超集，即 Unicode 字符集的前 256 个字符集与扩展的ASCII字符集完全相同。

亚洲国家常用文字符号有大约2万多个，如何容纳这些文字并保持和ASCII码的兼容呢？8位编码无论如何也满足不了需要，解决方案是采用双字节字符集(DBCS)编码，即用2个字节定义1个字符，理论上可以表示2^{16}=65 535个字符。当编码值低于128时为ASCII码，编码值高于128时，为所在国家语言符号的编码。

【例2-8】早期双字节汉字编码中，1个字节最高位为0时，表示一个标准的ASCII码；字节最高位为1时，用2个字节表示一个汉字，即有的字符用1个字节表示(如英文字母)，有的字符用2个字节表示(如汉字)，这样可以表示2^{16-2}=16 384个汉字。

双字节字符集虽然缓解了亚洲语言码字不足的问题，但也带来了新的问题。

(1) 在程序设计中处理字符串时，指针移动到下一个字符比较容易，但移动到上一个字符就非常危险了，于是程序设计中s++或s--之类的表达式不能使用了。

(2) 一个字符串的存储长度不能由它的字符数来决定，必须检查每个字符，确定它是双字节字符，还是单字节字符。

(3) 丢失1个双字节字符中的高位字节时，后续字符会产生“乱码”现象。

(4) 双字节字符在存储和传输中，高字节还是低字节在前面有统一标准。

互联网的出现让字符串在计算机之间的传输变得非常普遍，于是所有的混乱都集中爆发了。非常幸运的是Unicode(国际统一码)字符集适时而生。

2. 汉字编码

汉字个数繁多，字形复杂，其信息处理与通用的字母、数字类型信息处理有很大差异。首先，键盘上对应的是西文字符，没有汉字，因此不能利用键盘直接输入，对此，人们提出用汉字的输入码来对应汉字。其次，计算机只识别由0和1组成的代码，ASCII码是英文信息处理的标准编码，汉字信息处理也必须有一个统一的标准编码。中国国家标准总局颁布了《信息交换用汉字编码字符集——基本集》(代号GB2312—80)，即国际码；由于国际码与ASCII码均为二进制编码，为了区分它们，引入机内码(机器内部编码)；汉字字形变化复杂，需要用对应的字库来存储字形码，方便输出汉字。图2-10所示为以“字”为例的汉字信息处理过程。

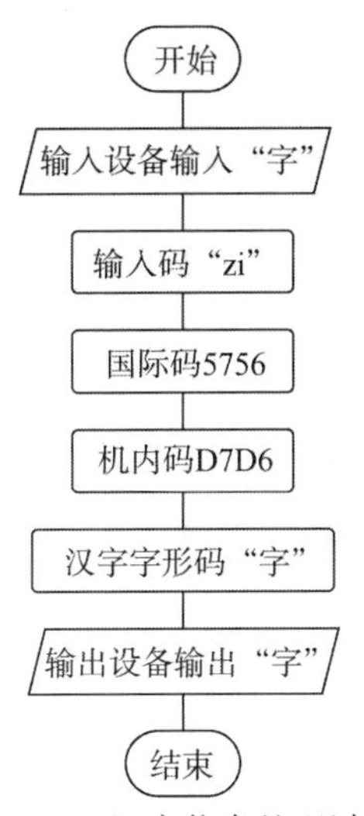

图 2-10　汉字信息处理过程

(1) 汉字输入码。汉字输入码是指在键盘上利用数字、符号或拼音字母输入汉字的代码，如区位码、首尾码、快速首尾码、五笔字型码、电报码、仓颉码、声韵、拼音码及笔形码等。

(2) 汉字国际码。国际码中有 6763 个汉字和 682 个其他基本图形字符，共计 7445 个字符。国际码规定，所有的国标汉字和符号组成一个 94×94 的矩阵。在该矩阵中，每一行称为一个“区”，每一列称为一个“位”。所以，该矩阵有 94 个区号(01～94)和 94 个位号(01～94)。

国际码中每个汉字用 2 字节(每个字节 7 位代码，最高位为 0)表示。第一个字节表示汉字在国际字符集中的区编号，第二个字节表示汉字在国际字符集中的位编号。国际码是汉字编码的标准，其作用相当于西文处理用的 ASCII 码。

显然，一个汉字操作系统若支持多种汉字输入方式，则在内部必须具有不同的汉字输入码和汉字国际码的对照表。这样，在系统支持的输入方式下，不论选定哪种汉字输入方式，每输入一个汉字输入码，便可以根据对照表转换成唯一的汉字国际码。

(3) 汉字机内码。汉字机内码是指一个汉字被计算机系统内部处理和存储而使用的代码。由于国际码的表示方法和 ASCII 码在计算机内会产生冲突，为了保证中西文兼容，就将国际码的每个字节的最高位(第 8 位)置 1，来保证 ASCII 码和国际码在计算机内的唯一性。因此，汉字操作系统将国标码的每个字节的最高位均置为 1，标识为汉字机内码，简称汉字内码。2 字节汉字机内码如图 2-11 所示。

图 2-11　机内码示意图

(4) 汉字字形码。汉字字形码又称为汉字字模，它是指一个汉字供显示器和打印机输出的字形点阵代码。例如，“英”字的汉字点阵代码如图 2-12 所示。

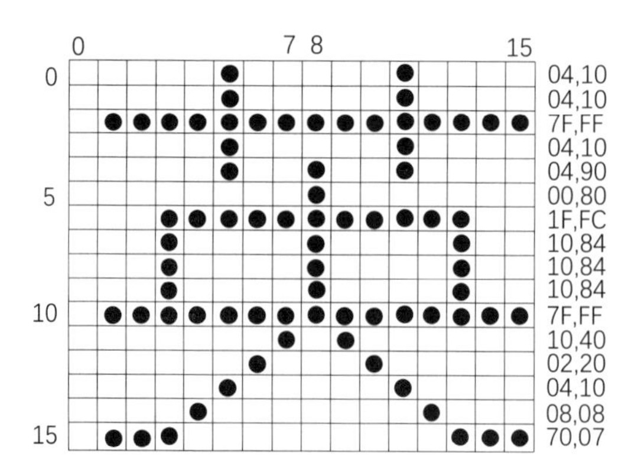

图 2-12　字形点阵及编码

汉字点阵按使用要求有不同的规模。点阵规模小，分辨率差，字形不美观，但占用存储空间小，易于实现。点阵规模大，分辨率高，字形美观，但所用存储空间也大。汉字字形码的另一种编码方式是根据汉字的笔画和走向编制的矢量图形，它占用的内存空间较小，并且可以无限放大。

3. 点阵字体编码

ASCII 码和 GB 2312 汉字编码主要解决了字符信息的存储、传输、计算、处理(录入、检索、排序等)等问题，而字符信息在显示或打印输出时，需要另外对“字形”进行编码。通常将字体(字形)编码的集合称为字库，将字库以文件的形式存放在硬盘中，在字符输出(显示或打印)时，根据字符编码在字库中找到相应的字体编码，再输出到外设(显示器或打印机)中。汉字的风格有多种形式，如宋体、黑体、楷体等。因此计算机中有几十种中、英文字库。由于字库没有统一的标准，同一字符在不同计算机中显示或打印时，可能字符形状会有所差异。字体编码有点阵字体和矢量字体两种类型。

点阵字体是将每个字符分成 16×16 的点阵图像，然后用图像点的有无(一般为黑白)表示字体的轮廓。点阵字体最大的缺点是不能放大，一旦放大后字符边缘就会出现锯齿现象，如图 2-13 所示。

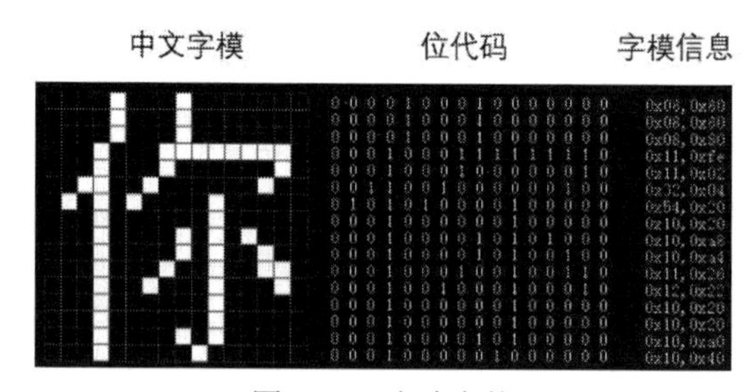

图 2-13　点阵字体

4. 矢量字体编码

矢量字体保持的是每个字符的数学描述信息，在显示或打印矢量字体时，要经过一系列的运算才能输出结果。矢量字体可以无限放大，笔画轮廓仍然保持圆滑。

字体绘制可以通过 FontConfig+FreeType+PanGo 三者协作来完成，其中 FontConfig 负责字体管理和配置，FreeType 负责单个字体的绘制，PanGo 则完成对文字的排版布局。

矢量字体有多种格式，其中 TrueType 字体应用最为广泛。TrueType 字体是一种字体构造技术，要让字体在屏幕上显示，还需要字体驱动引擎，如 FreeType 就是一种高效的字体驱动引擎。FreeType 是一个字体函数库，它可以处理点阵字体和多种矢量字体。

如图 2-14 所示，矢量字体重要的特征是轮廓(outline)和字体精调(hint)控制点。

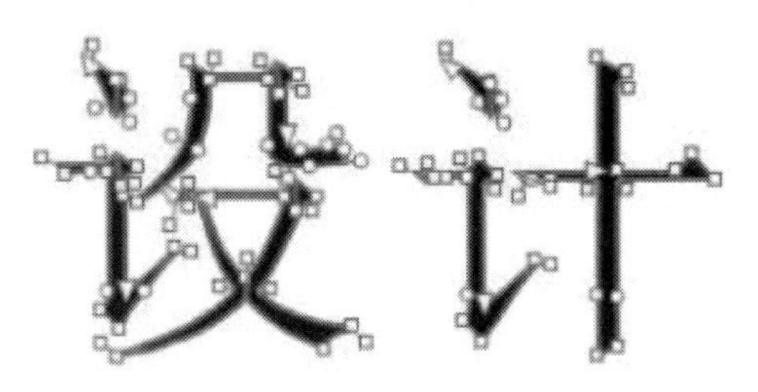

图 2-14　矢量字体

轮廓是一组封闭的路径，它由线段或贝塞尔(Bézier)曲线(二次或三次贝塞尔曲线)组成。字形控制点有轮廓锚点和精调控制点，缩放这些点的坐标值将缩放整个字体轮廓。

轮廓虽然精确描述了字体的外观形式，但是数学上的精确对人眼来说并不见得合适。特别是字体缩小到较小的分辨率时，字体可能变得不好看，或者不清晰。字体精调就是采用一系列技术，用来精密调整字体，让字体变得更美观，更清晰。

计算机大部分时候采用矢量字体显示。矢量字体尽管可以任意缩放，但字体缩得太小时仍然存在问题，比如字体会变得不好看或者不清晰，即使采用字体精调技术，效果也不一定好，或者这样处理太麻烦了。因此，小字体一般采用点阵字体来弥补矢量字体的不足。

矢量字体的显示大致需要经过以下步骤：加载字体→设置字体大小→加载字体数据→字体转换(旋转或缩放)→字体渲染(计算并绘制字体轮廓、填充色彩)等。可见在计算机显示一整屏文字时，计算工作量比我们想象的要大得多。

2.4 多媒体信息编码

除了文字信息以外，图形、图像、声音等多媒体信息的数字化编码技术又是怎样的呢？

2.4.1 图形图像信息数字化

利用图形、图像恰当地表示和传达信息，已经成为今天利用多媒体方式交流信息的重要需求。这除了与图形、图像可以承载大量而丰富的信息有关以外，还有一个重要原因是图形、图像具有生动而直观的视觉特性，从而为人类构建了一种形象的思维模式。那么什么是图形、图像信息数字化呢？首先来了解图形与图像的概念。

在计算机中，图形、图像是一对既有联系又有区别的概念。它们都是一幅图，但图的产生、处理、存储方式不同。图形是由直线、圆等图元组成的画面，以矢量图形文件形式存储。计算机存储的是生成图形的指令，因此不必对图形中的每一点进行数字化处理。图像是一种模拟信号，例如照片、海报、书信、简历中的插图等。如果将这种模拟图像用电信号表示，所显示的波形是连续变化的波形信号。计算机中的图像是对现实中模拟图像的数字化处理结果。

图像数字化方法有两种：①直接由扫描仪、数字照相机、摄像机等输入设备捕捉的真实场景画面产生的映像，数字化后以位图形式存储；②对模拟图像经过特殊设备的处理，如量化、采样等，转化成计算机可以识别的二进制数表示的数字图像。可见，将模拟图像转换为数字图像的过程就是图像信息的数字化过程，这个过程主要包含采样、量化和编码三个步骤。

那么，图像信息又是如何编码的呢？由于计算机总是以数字的方式存储与工作，它把图像按行与列分割成 $m \times n$ 个网格，然后将每个网格的图像表示为该网格的颜色平均值的一个像素，也就是说，用一个 $m \times n$ 的像素矩阵来表达一幅图像，m 与 n 称为图像的分辨率。显然分辨率越高，图像就会越精细，失真也就越小。图 2-15 所示是一个单色图像编码示意图，即像素点包含的颜色只有黑色和白色两种，所以只要用 0 来表示对应的黑色，用 1 来表示对应的白色，就表达了一个简单的单色图像。

计算机将如何编码？由于计算机只能用有限长度的二进制位来表示颜色，图 2-15 中每个像素点的颜色只能是所有可表达的颜色中的一种，颜色数越多，用以表示颜色的位数就越长。这就是说编码是和二进制位数紧密相关的。

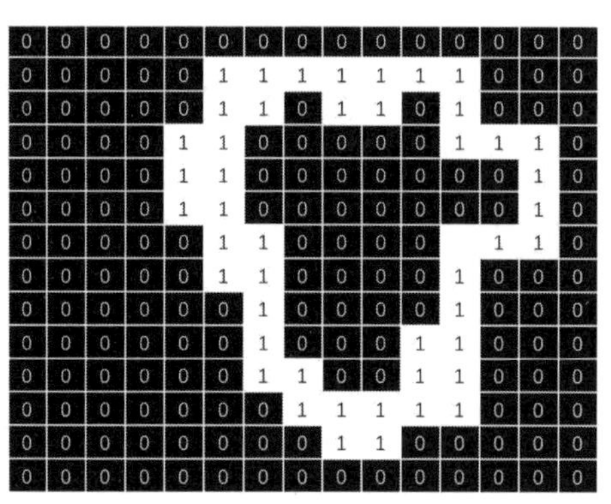

图 2-15　单色图像编码示意图

2.4.2　声音信息数字化

声音是多媒体技术研究中的一项重要内容。用二进制数字序列表示声音，是利用现代信息技术处理和传递声音信号的前提。

现实中的声音是具有一定振幅和频率且随时间变化的声波，通过话筒等转化装置可以将其变成光滑连续的声波曲线，这是模拟电信号。声音的强弱体现在声波压力的大小上，音调的高低体现在声音的频率上。这种模拟信号无法由计算机直接处理，所以必须先对其进行数字化，即将模拟的声音信号变换成计算机所能处理的二进制数的形式，然后利用计算机进行存储、编辑或处理。

将模拟声音信号转变为数字声音信号的过程称为声音的数字化，与图像信息数字化一样，其过程也包括采样、量化和编码 3 个步骤。

(1) 采样是指在模拟音频的波形上每隔一定的间隔取一个幅度值。

(2) 量化则是将采样得到的幅度值进行离散、分类并赋值(量化)的过程，如图 2-16 所示。

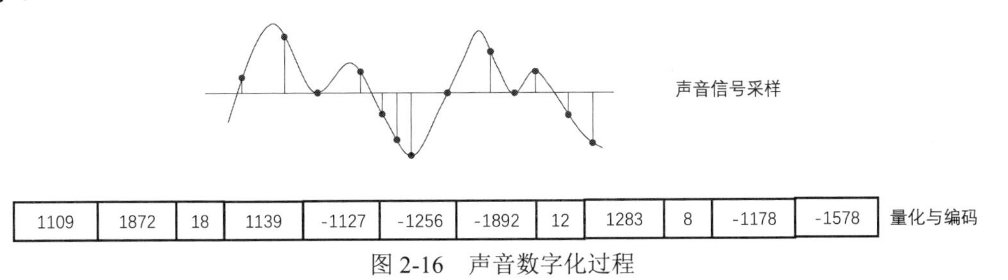

图 2-16　声音数字化过程

(3) 编码就是将量化后的整数值用二进制数来表示。如果将声音分成 32 级，量化值为 0～31，则只需要用 5 个二进制数来编码；若量化值为 0～127，每个样本就要用 7 个二进制数来编码。

2.5 习题

1. 简述二进制有什么特点，仅基于计算考虑，二进制有什么优势？
2. 简述什么是补码，为什么要使用补码？
3. 简述常见的汉字编码标准有哪些。
4. ASCII 码是什么编码，它与汉字编码有什么区别？
5. 如果要计算 3−8，请写出计算机运算过程。
6. 将二进制数 11011.011 根据按权展开的方法转换成十进制数。
7. 将十进制数 0.5 转换为对应的二进制数。
8. 将二进制数 1101000.0010011 转换为对应的十六进制数。
9. 关于基本 ASCII 码在计算机中的表示方法，准确的描述应该是(　　)。
   A. 使用 8 位二进制数，最低位为 1
   B. 使用 8 位二进制数，最高位为 1
   C. 使用 8 位二进制数，最低位为 0
   D. 使用 8 位二进制数，最高位为 0

10. 如果字符 C 的十进制 ASCII 码值是 67，则字符 H 的十进制 ASCII 码值是(　　)。

A. 77　　B. 75　　C. 73　　D. 72

11. 如果字符 A 的十进制 ASCII 码值是 65,则字符 H 的十六进制 ASCII 码值是(　　)。

A. 48　　B. 4C　　C. 73　　D. 72

12. 某编码方案用 10 位二进制数进行编码，最多可编(　　)个码。

A. 1000　　B. 10　　C. 1024　　D. 256

第3章

计算机系统

问题导入

计算机系统是一个复杂的系统

计算机系统包括什么？各部分如何工作？资源如何调度以提高系统整体性能？

现代计算机系统由硬件、软件、数据和网络构成。硬件是指构成计算机系统的物理实体，是看得见摸得着的实物。软件是控制硬件按指定要求进行工作的程序集合，虽然摸不着，但却是系统的灵魂。网络既是将个人与世界互联互通的基础手段，又是有着无尽资源的开放资源库。数据是软件和硬件处理的对象，是人们工作、生活、娱乐所产生、所处理和所消费的对象。在信息社会中，人们关注的核心应该是数据本身，以及数据的产生、处理管理、聚集和分析、挖掘、使用，通过数据的聚集可累积经验，通过聚集数据的分析和挖掘可发现知识、创造价值，而这又离不开各种各样的计算机器。数据处理模型如图3-1所示。

图3-1　数据处理模型

3.1 计算模式的演变

3.1.1 图灵机模型

20 世纪 30 年代，图灵提出了一种图灵机模型，奠定了计算机的理论基础。后来，正是因为有了图灵机模型，才发明了人类有史以来最伟大的工具——计算机。图灵认为，计算就是计算者(人或机器)对一条两端可无限延长的纸带上的一串 0 或 1 执行指令，一步步地改变纸带上的 0 或 1，经过有限的步骤，最后可以得到一个满足预先规定的符号串的变换过程。图灵机模型是一个适用于普通计算机的模型，如图 3-2 所示。它在数据处理模型的基础上增加了程序元素。程序是用来告诉计算机对数据进行处理的指令集合。

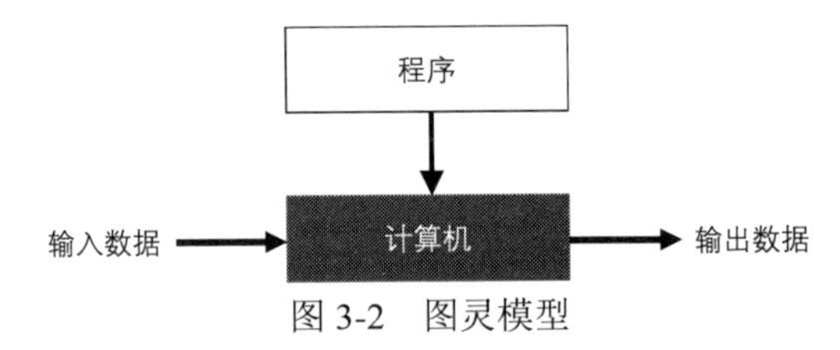

图 3-2　图灵模型

在图灵机模型中，输入数据和程序共同决定输出数据。对于相同的输入数据，改变程序，将产生不同的输出数据；对于相同的程序，改变输入数据，输出数据将不同；如果输入数据和程序都相同，输出数据将不变。通用图灵机是对现代计算机的首次描述，只要提供合适的程序，通用图灵机就可以做任何运算。基于图灵模型建造的计算机在存储器中只存储数据，不存储程序，程序通过操作一系列开关或配线来实现。

图灵机由以下几个部分组成：一条两端可无限延长的纸带，一个读写头，以及一个可控制读写头工作的控制器。图灵机的纸带被划分为一系列均匀的方格，每个方格中可填写一个符号；读写头可以沿纸带方向左右移动(一次只能移动一格)或停留在原地，并可以在当前方格上进行读写；控制器是一个有限状态自动机，拥有预定的有限个互不相同的状态并能根据输入改变自身的状态(即从一种状态转换成另一种状态)。在任何时候，它只能处于这些状态中的一种。当然，控制器还可以控制读写头左右移动并读写，如图 3-3 所示。

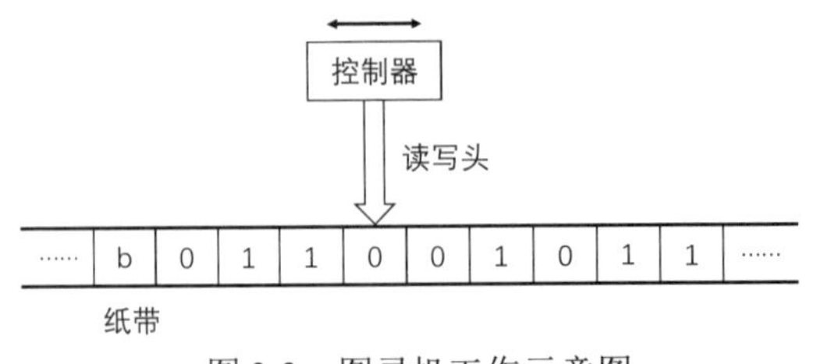

图 3-3　图灵机工作示意图

尽管纸带可以无限长，但写进纸带方格中的符号不可能无限多，通常是一个有穷字母表，可设为$\{C_0,C_1,C_2,\cdots,C_n\}$。控制器的状态有若干种，可用集合$\{Q_0,Q_1,Q_2,\cdots,Q_m\}$来表示。控制器的状态页就是图灵机的状态，通常将图灵机的初始状态设为 Q_0，在每个具体的图灵机中还要确定一个结束状态 Q'。

我们平时用笔在纸上做乘法运算的过程与一台图灵机的运转是非常相似的——在每个时刻，我们只将注意力集中在一个地方，根据已经读到的信息移动笔尖，在纸上写下符号；而指示我们写什么怎么写的则是早已经背好的乘法表和简单的加法。如果将一个用纸笔做乘法的人看成一台图灵机，用于记录的纸张就是纸带，这个人和他手上的笔就是读写头，大脑的精神状态就是读写头的状态，而笔算乘法的规则，包括乘法表、列式的方法等则是状态转移表。

可见，图灵机模型并不复杂，但其计算能力很强。理论上，现代电子计算机能进行的计算，图灵机都能做到；反过来却不一定。实际上，现代计算机的核心模型(不考虑外部设备)如图 3-4 所示。可以看出，它与图灵机几乎一模一样。

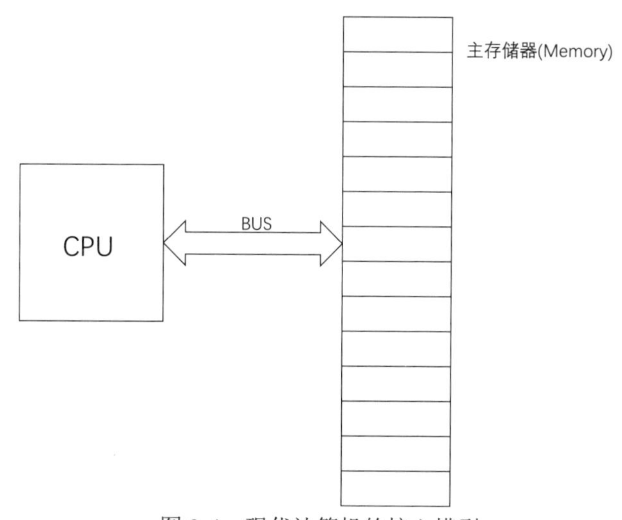

图 3-4　现代计算机的核心模型

一个图灵机拥有若干个不同的状态(其中一个为初态，一个为终态)，状态之间可以相互转移，也就是说，图灵机可以由一种状态转换到另一种状态。状态转移的条件有两个：图灵机的当前状态、当前读入的状态。状态转移的结果有三个：一是图灵机状态发生了变化，二是纸带上写入了新的符号，三是向左或向右移动了读写头。状态转移的依据自然是状态转移指令。

图灵机的状态转移可以形象地用状态转移图来描述。图 3-5 给出了一个简单的图灵机的状态转移图。

图 3-5 中，图灵机只有三个状态(A、B 和 C)，图中给出了读入字符后所引起的状态改变。每行的表达式(x/y/L、x/y/R 和 x/y/N)显示了：控制器读入 x 后，它写符号 y(改写 x)，并将读写头移到左边(L)、右边(R)或不动(N)。注意：既然纸带上的符号只有空白字符或数字 1，那么控制器读到的要么是空白符号，要么是数字 1，状态转移线的起点显示的是当前状态，终点(箭头)显示的是下一个状态。

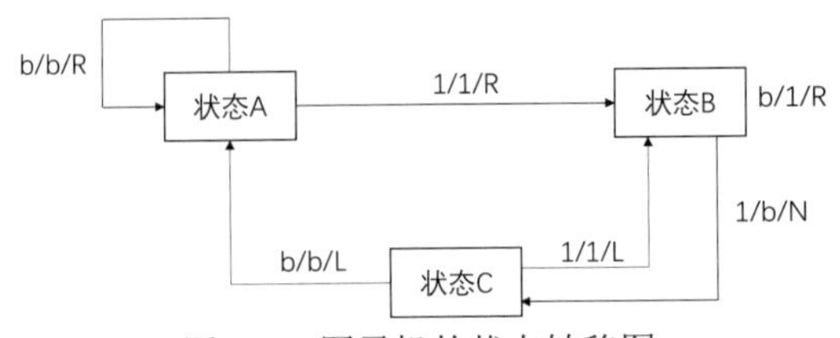

图 3-5　图灵机的状态转移图

我们可以建立一个表，表中每一行代表一条状态转移指令，表有 5 栏：当前状态、读入符号、写入符号、读写头的移动方向和下一个状态(如表 3-1 所示)。既然机器只能经历有限个状态，那么我们就能创建一个简单的图灵机的指令集(符号 b 表示空符号)。

表 3-1　状态转移表(指令集)

当前状态	读入符号	写入符号	移动方向	新状态
A	b	b	R	A
A	1	1	R	B
B	b	1	R	B
B	1	b	N	C
C	b	b	L	A
C	1	1	L	B

把一行中的 5 列值放在一起，用括号括起来，就可以看成一条指令。对于这台简单的图灵机，它只有 6 条指令：

① (A, b, b, R, A)

② (A, 1, 1, R, B)

③ (A, b, 1, R, B)

④ (B, 1, b, N, C)

⑤ (C, b, b, L, A)

⑥ (C, 1, 1, L, B)

例如，第 2 条指令(A, 1, 1, R, B)的作用是：如果图灵机处于状态 A，读到了符号 1，它就用一个新的 1 改写原来的符号 1，读写头向右移到下一个符号上，机器的状态转移到状态 B，即从状态 A 转换成了状态 B。

那么，图灵机如何完成给定的计算呢？图灵机从给定纸带上的某起始点出发，依据状态转移指令、当前状态及其当前读入的符号，决定写入什么符号以及如何改变自身状态及移动读写头。以此类推，其动作序列完全由其当前状态及指令组来决定。图灵机的计算结果是从图灵机停止时纸带上的信息得到的。为了讲解方便，我们假设图灵机只能接收两个符号：空白字符(用符号 b 表示)和数字 1。进一步假设计算仅涉及正整数，并且整数的大小用 1 的个数来表示。例如，整数 4 表示为 1111(即 4 个 1)，7 表示为 1111111(即 7 个 1)，没有 1 的地方表示 b。

图 3-6 给出了这种记录数据方式的一个例子。左边的空白字符 b 定义了存储在纸带上的正整数的开始，整数用 1 构成的串表示。右边的空白字符 b 定义了整数的结束。如果纸带上存有多个整数，它们用至少一个空白符隔开。

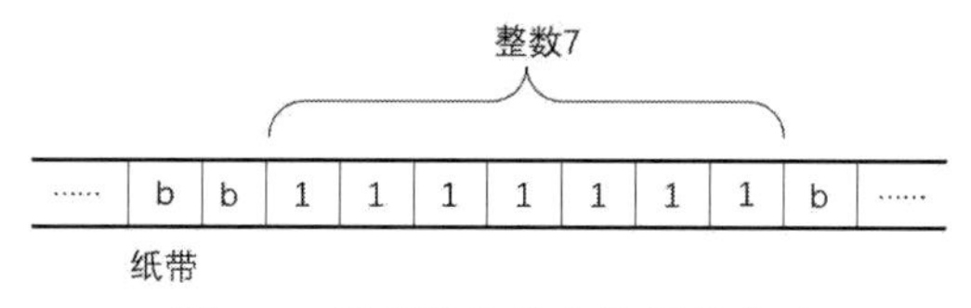

图 3-6　图灵机纸带上数据的表示

现在用一个简单的实例展示图灵机的计算过程。假定要计算 4+3＝？。开始时，图灵机的状态如图 3-7 所示。

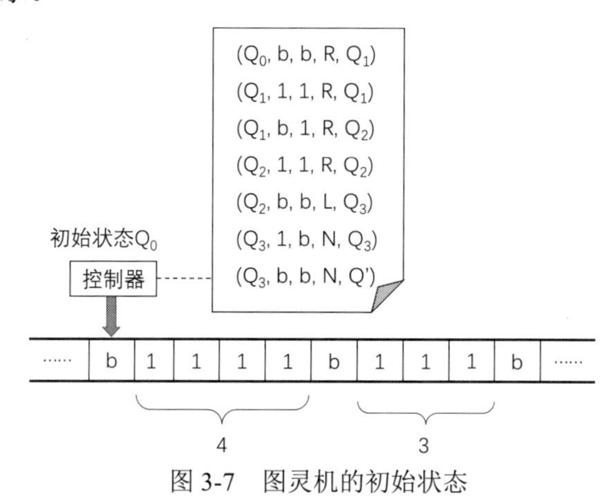

图 3-7　图灵机的初始状态

根据图灵机的工作原理，计算过程如图 3-8～图 3-19 所示。可见，图灵机是从过程这一角度来刻画计算的本质的，其结构简单、操作运算规则较少，因而被更多的人所理解。

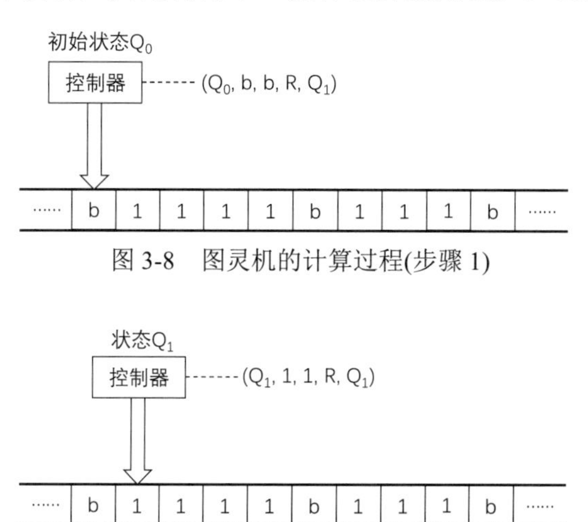

图 3-8　图灵机的计算过程(步骤 1)

图 3-9　图灵机的计算过程(步骤 2)

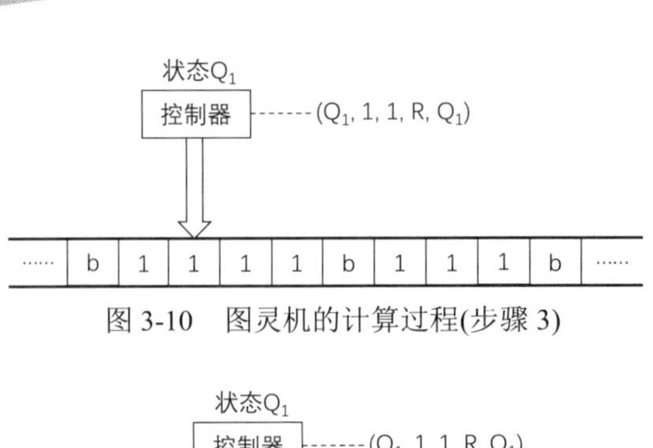

图 3-10　图灵机的计算过程(步骤 3)

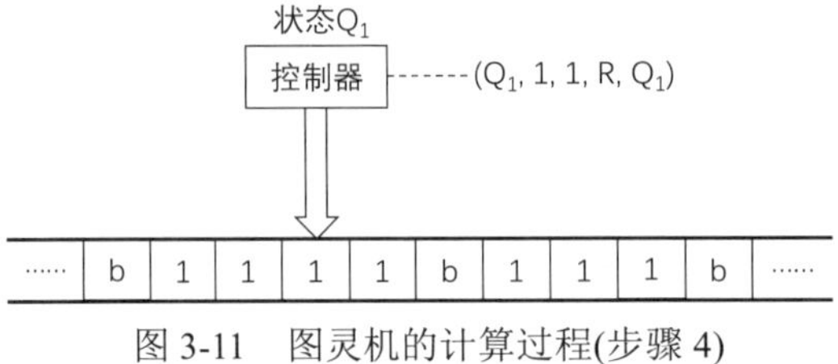

图 3-11　图灵机的计算过程(步骤 4)

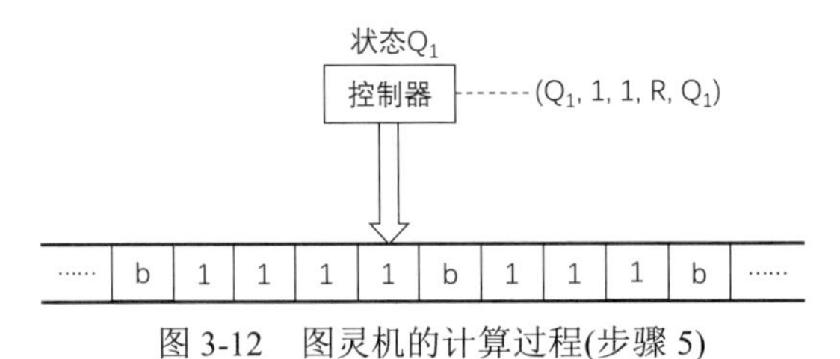

图 3-12　图灵机的计算过程(步骤 5)

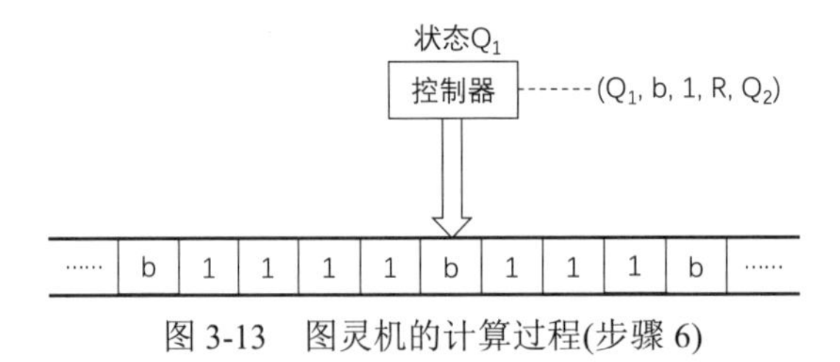

图 3-13　图灵机的计算过程(步骤 6)

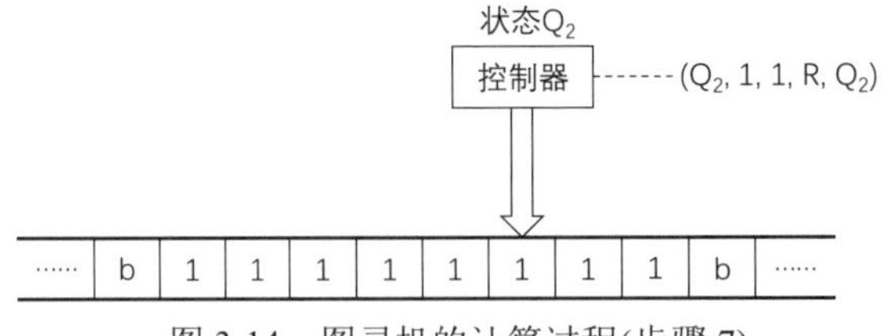

图 3-14　图灵机的计算过程(步骤 7)

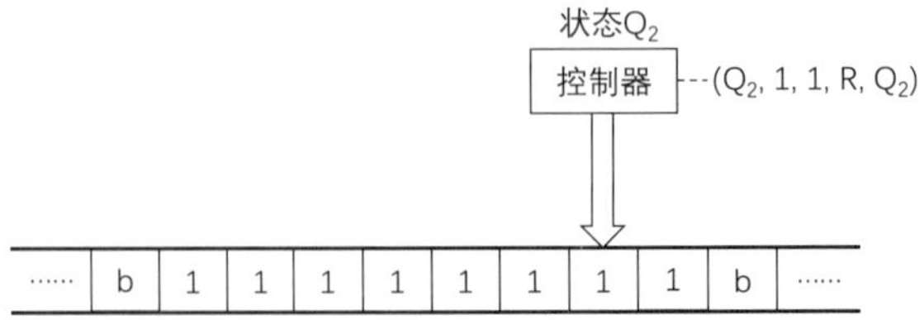

图 3-15　图灵机的计算过程(步骤 8)

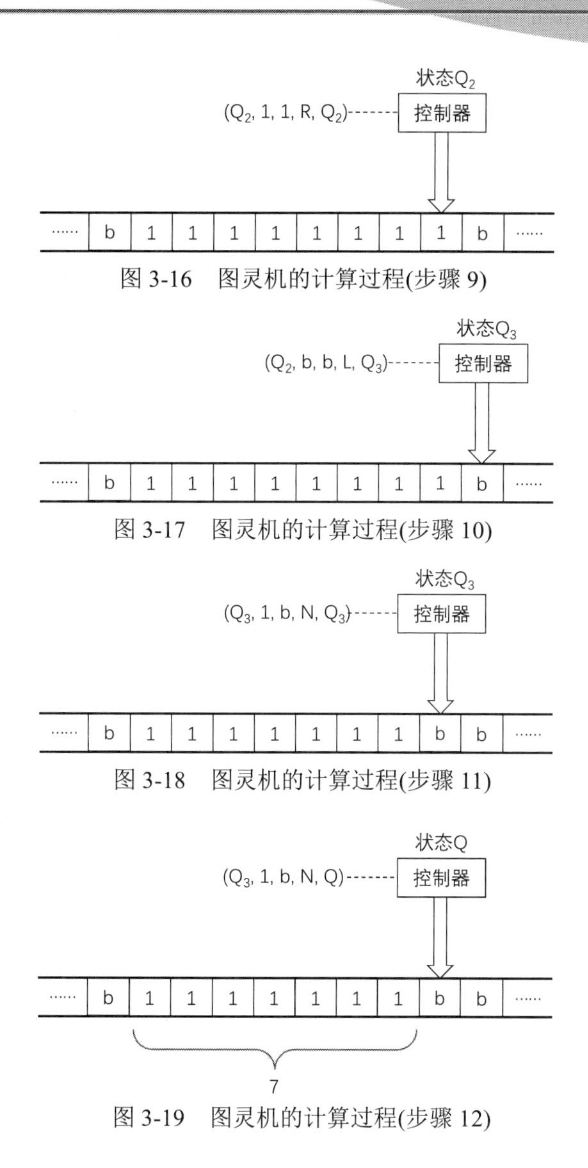

图 3-16 图灵机的计算过程(步骤 9)

图 3-17 图灵机的计算过程(步骤 10)

图 3-18 图灵机的计算过程(步骤 11)

图 3-19 图灵机的计算过程(步骤 12)

3.1.2 冯·诺依曼计算机模型

图灵机模型可以计算任何可计算的问题，但这只是一个假设的模型，如何将这个模型变为实际的机器？

“数据存储”和“采用二进制编码”——数学家冯·诺依曼精彩的思想使他提出的计算机结构延续至今。根据冯·诺依曼的设想，计算机必须具有以下功能。

(1) 接受输入。“输入”是指送入计算机系统的任何东西，也指把信息送进计算机的过程。输入可能由人、环境或其他设备来完成。

(2) 存储数据。具有记忆程序、数据、中间结果及最终运算结果的能力。

(3) 处理数据。数据泛指那些代表某些事实和思想的符号，计算机要具备能够完成各种运算、数据传送等数据加工处理的能力。

(4) 自动控制。能够根据程序控制自动执行，并能根据指令控制机器各部件协调操作。

(5) 产生输出。输出是指计算机生成的结果，也指产生输出结果的过程。

按照以上设想构造的计算机应该由 5 个子系统组成，如图 3-20 所示，这就将前面图 3-2 所示的图灵机模型转换为一个实体的计算机结构。

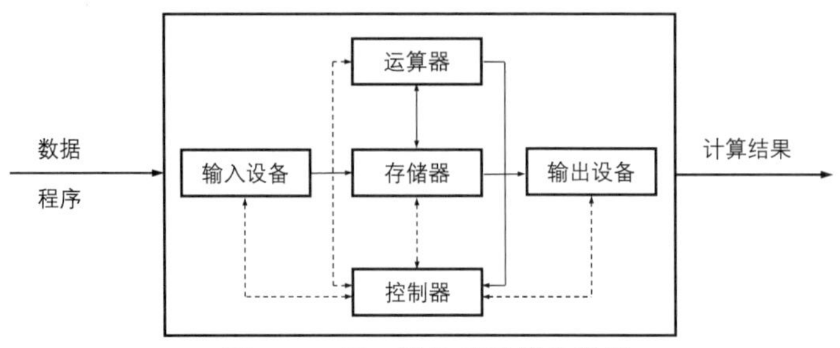

图 3-20　冯 • 诺依曼计算机模型

图 3-20 所示冯 • 诺依曼计算机模型中各子系统所承担的任务如下。

(1) 存储器。存储器是实现“程序内存”思想的计算机部件。冯 • 诺依曼认为：对于计算机而言，程序和数据是一样的，所以可以被事先存储。把运算程序事先存放在这个存储器中，程序设计员只需要在存储器中寻找运算指令，机器就会自行计算，这样，就解决了计算机需要每个问题都重新编程的麻烦。“程序内存”标志着计算机自动运算实现的可能。所以这个结构中的存储器就是用来存放计算机运行过程中所需要的数据和程序。

(2) 运算器。运算器是冯 • 诺依曼计算机的计算核心，它应该完成各种算术运算和逻辑运算，所以也被称为算术逻辑部件(arithmetic logic unit，ALU)。除了计算之外，运算器还应当具有暂存运算结果和传送数据的能力(这一切活动都受控于控制器)。

(3) 控制器。控制器是整个计算机的指挥控制中心，它的主要功能是向机器各个部件发出控制信号，使整个机器自动、协调地工作。控制器管理着数据的输入、存储、读取、运算、操作、输出以及控制器本身的活动。

(4) 输入设备和输出设备。输入设备将程序和原始数据转换为二进制串，并在控制器的指挥下按一定的地址顺序送入内存。输出设备则是用来将运算的结果转换为人们所能识别的信息形式，并在控制器的指挥下由机器内部输出。

按照冯 • 诺依曼的设想设计的计算机，其体系结构就具体到图 3-20 所示的 5 大部分：控制器、运算器、存储器、输入设备和输出设备。在图 3-20 中，实线表示并行流动的一组数据信息，虚线表示串行流动的控制信息，箭头则表示了信息流动的方向。计算机在工作时，5 大部分的基本工作流程是：整个计算机在控制器的统一协调指挥下完成信息的计算与处理，而控制器进行指挥所依赖的程序则是由人所编制的，需要事先通过输入设备将“程序”和需要加工的“数据”一起存入存储器。当计算机开始工作时，通过“地址”从存储器查找到“指令”，控制器按照对指令的解析进行相应的发布命令和执行命令的工作。运算器是计算机的执行部门，根据控制命令从存储器获取“数据”并进行计算，将计算所得的新“数据”存入存储器。计算结果最终经由输出设备完成输出。

在这个系统结构中，控制器和运算器近似计算系统的核心，称为中央处理器(central

processing unit，CPU)。

3.2 从逻辑门到处理器

计算机能处理的所有信息都需要数字化，数字在计算机中是如何存储的？如何用电子元器件实现各类运算？

3.2.1 布尔逻辑和逻辑门

布尔逻辑是计算机最基础的核心理论，为什么这么说呢？因为我们使用的手机、电脑或是其他类型的智能设备都是基于存储芯片和处理芯片，虽然这些芯片的外观和构成都不同，但它们的基本模块却是一样的，都是基于逻辑门构建而成。逻辑门的理论基础就是布尔逻辑，我们可以使用不同的介质材料和制造工艺来实现逻辑门，这不会影响它的逻辑行为。

1. 逻辑运算

(1) 逻辑与。只有结果的条件全部满足时，结果才成立，这种逻辑关系叫作逻辑与。把参与运算的逻辑变量的取值以及逻辑运算的结果以列表的形式给出，就可以得到真值表(true table)，如表 3-2 所示。其中表 3-2 左图所示是使用逻辑值 T 和 F 表示的真值表，表 3-2 右图所示则是使用二进制数据 0 和 1 表示的真值表。

表 3-2 逻辑与运算真值表

A	B	A AND B
F	F	F
F	T	F
T	F	F
T	T	T

A	B	A AND B
0	0	0
0	1	0
1	0	0
1	1	1

(2) 逻辑或。决定结果的条件中只要有任何一个满足要求，结果就成立，这种逻辑关机就叫逻辑或，如表 3-3 所示。表 3-3 左图所示为使用逻辑值 T 和 F 表示的真值表，表 3-3 右图所示则是使用二进制数据 0 和 1 表示的真值表。

表 3-3 逻辑或运算真值表

A	B	A OR B
F	F	F
F	T	T
T	F	T
T	T	T

A	B	A OR B
0	0	0
0	1	1
1	0	1
1	1	1

(3) 逻辑非。逻辑非运算是单目运算，即参与运算的对象只有一个。它的含义非常简单，运算结果就是对条件的“否定”，如表 3-4 所示。

表 3-4　逻辑非运算真值表

A	NOT A
F	T
T	F

A	NOT A
0	1
1	0

以上三种为基本的逻辑关系，实际应用时还有一种常用的逻辑关系，即逻辑异或，用以表述“两者不可兼得”，如表 3-5 所示。

表 3-5　逻辑异或运算真值表

A	B	A XOR B
F	F	F
F	T	T
T	F	T
T	T	F

A	B	A XOR B
0	0	0
0	1	1
1	0	1
1	1	0

逻辑表达式的值随着逻辑变量取值的变化而变化，这种函数关系称为逻辑函数。逻辑函数的一般形式为：$F=f(A，B，C，\cdots\cdots)$。这里，F 是逻辑函数，f 为基本逻辑关系的组合。例如 $F=A+BCD$，我们称 F 是变量 A、B、C、D 的函数，表达式 $A+BCD$ 的值就是 F 的值。不管逻辑表达式有多复杂，逻辑函数的值只能是真(即 1)或假(即 0)，所以人们把这样的逻辑函数叫作二值函数或布尔函数。

2. 逻辑门电路

电子线路以电子信号为处理对象，处理模拟电子信号的电路叫作模拟电路，处理离散信号的电路叫作数字电路。其中数字电路是建立在逻辑代数基础上的，所以也叫作逻辑电路。实现基本逻辑关系的电路是逻辑电路中的基本单元，通常称为门(gate)电路。门电路，顾名思义就像“门”一样，具有打开、关闭的功能和状态，正好与逻辑代数中的逻辑值(真与假)相对应。如果把逻辑函数 $F=f(A，B)$中的自然变量 A 和 B 看成两个输入信号，把因变量 F 看成输出信号，我们就可以设计并制作出图 3-21 所示的门电路，来实现逻辑函数 $F=f(A，B)$的计算功能。

这样的门电路如何设计呢？初学者肯定想问个究竟。为了满足好奇心，不妨以实现“逻辑非运算”的门电路为例加以说明，如图 3-22 所示。通常，逻辑电路规定了一个固定的电压或电流值作为“阈值”，通过“高”或“低”来判断电路的状态。比如，当电压值在 5～7V 之间时，我们认为是高电平，可以用“1”来表示这种状态；当电压值在 0～0.7V 之间时，我们认为是低电平，可以用“0”来表示这种状态。只要选择合适的基极电阻 R_1 和集电极电阻 R_2，使得输入电压为 5V 时，晶体管的集电极和发射极之间就接近于短路，输出电压几乎为 0V；当输入电压约为 0V 时，基极电流为 0，三极管的集电极和发射极相当于开路，输出电压约等于电源电压 5V。也就是说，当输入电压为高电平时，输出信号为低电平；反之，当输入电压为低电平时，输出信号为高电平。如果高电平表示逻辑值“1”，低电平表示逻辑值“0”，则输入与输出之间的关系就是逻辑非的关系。

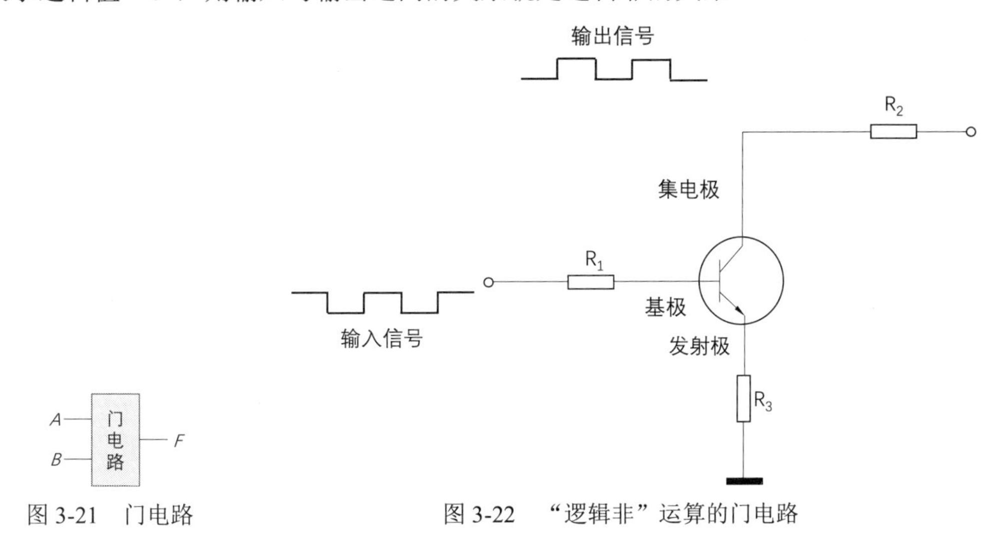

图 3-21　门电路　　图 3-22　“逻辑非”运算的门电路

门电路的设计与实现虽然不是本书所要介绍的重点，但我们应该明白，对应三种基本的逻辑关系，完全可以设计、制作出相应的逻辑门电路，以实现对应的逻辑运算。也就是说，针对逻辑与、逻辑或和逻辑非，有相应的与门、或门和非门。可以把这些门电路看成“黑箱”，知道输入、输出之间的关系就行了，内部电路细节先不管它。为了表达方便，通常用如图 3-23 所示表示与门、或门和非门(不同的书籍采用不同的表示方法，建议遵守 ISO 标准)。

在实际应用中，上述三种基本的门电路还可以进一步组合成与非门、或非门和异或门。其中，与非门是与门和非门的组合，或非门是或门和非门的组合。异或门稍微复杂一点，但也不难，可按公式 $F=A\oplus B=AB+\overline{A}B$ 构造。与非门、或非门和异或门通常如图 3-24 所示。

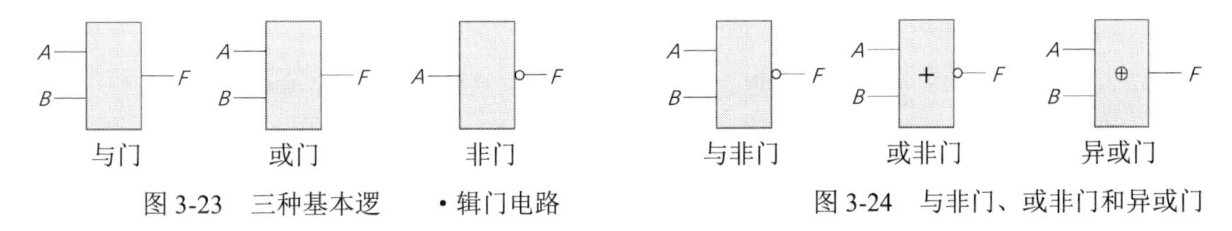

图 3-23　三种基本逻辑门电路　　图 3-24　与非门、或非门和异或门

利用上述基本门电路，可以组合构造出功能各异的数字逻辑电路，包括计算机最核心的部件——中央处理器(CPU)。

3. 基本逻辑运算电路的符号表达

与门、或门、非门、异或门等是构造计算机或数字电路的基本元器件，其实现的是基本的逻辑运算。利用这些门电路可以构造更为复杂的数字电路。为表达数字电路的复杂构造关系，需要用符号来表示这些门电路。

图 3-25 给出了几种门电路的符号表示。

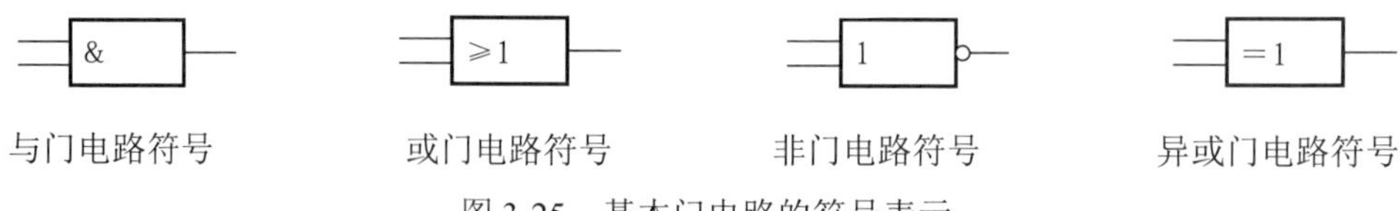

图 3-25　基本门电路的符号表示

门电路通常用一块矩形表示其内部封装了一些数字电路，并按照一定规则完成信号转换。矩形框内书写“&”表示“与门”，书写“≥1”表示“或门”，书写“1”并后带小圆圈表示“非门”，书写“=1”表示“异或门”等。门电路矩形左侧的连线表示输入，右侧的连线表示输出，其表示将输入的信号按照门电路运算规则，转换为输出。

输入线和输出线是门电路与外界连接的渠道，通过将一个门电路的输出，接到另一个门电路的输入，也即将一个逻辑运算和另一个逻辑运算复合，会形成一个复杂的逻辑运算。举例如下。

(1) 与非门是将一个与运算和一个非运算组合起来形成的一种门电路，如图 3-26 左图所示。该电路从左至右，最左侧的 *A*、*B* 是输入，与门的输出“*A* AND *B*”作为非门的输入，非门的输出“NOT(*A* AND *B*)”是该电路最后的输出。

(2) 或非门是将一个或运算和一个非运算组合起来形成的一种门电路，如图 3-26 右图所示，该电路从左至右，最左侧的 *A*、*B* 是输入，或门的输出“*A* OR *B*”作为非门的输入，非门的输出“NOT(*A* OR *B*)”是该电路最后的输出。

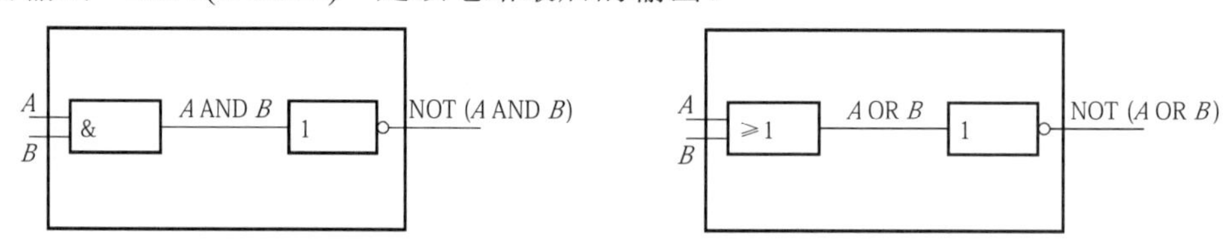

图 3-26　与门和非门组合形成与非门电路(左图)及或门和非门组合形成或非门电路(右图)

(3) 与或非门是将两个与运算、一个或运算和一个非运算组合起来形成的一种门电路，如图 3-27 所示，该电路从左至右，最左侧的 *A*、*B*、*C*、*D* 是输入，两个与门的输出“*A* AND *B*”和“*C* AND *D*”作为或门的输入，或门的输出“(*A* AND *B*)OR(*C* AND *D*)”作为非门的输入，非门的输出“NOT (*A* AND *B*)OR(*C* AND *D*)”是该电路最后的输出。

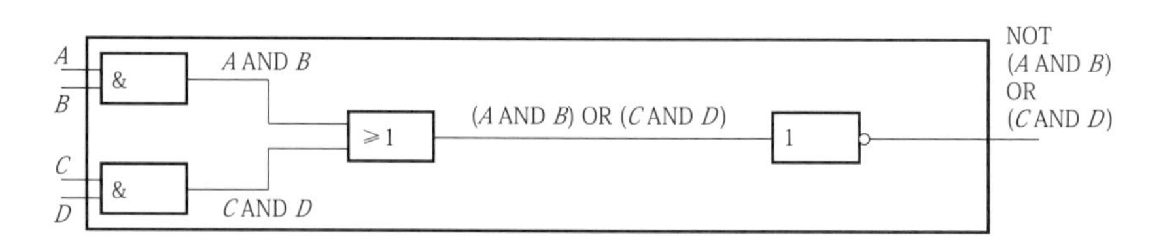

图 3-27　与门、或门和非门组合形成与或非门电路

以上示意了电路的连接关系，这种关系将一个或两个门电路的输出(右侧连线)作为另一个门电路的输入(左侧连线)，经过一个门电路即相当于做一次逻辑运算。因此在本质上，数字电路也可以被看作复杂逻辑运算的另一种符号表达。与非门、或非门及与或非门，也

可以被看作基本的门电路，其简化的门电路符号如图 3-28 所示。

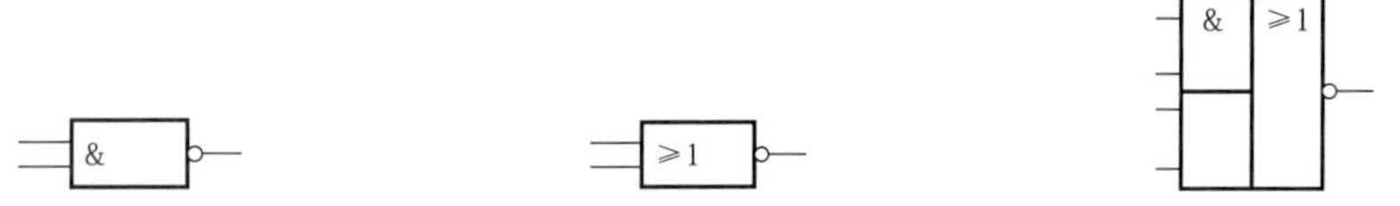

图 3-28　简化的与非门电路符号(左图)或非门电路符号(中图)与或非门电路符号(右图)

4. 用硬件逻辑实现加法器

进一步，我们可以利用门电路来构造加法器这样的复杂电路。

加法器作为数字电路中基本的器件，主要作用是实现两个数的加法运算。加法器有半加器和全加器之分。

(1) 半加器。半加器是实现两个一位二进制数加法运算的电子器件，具有被加数 A 和加数 B 两个输入端、输出端，经常被应用在算术运算电路中，用于计算两个一位二进制数相加，不考虑低位进位。半加器的符号和真值表如图 3-29 所示。

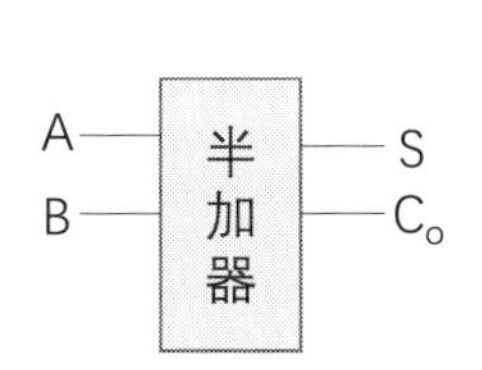

A	B	S	C_o
0	0	0	0
0	1	1	0
1	0	1	0
1	1	0	1

图 3-29　半加器的符号表示(左图)和真值表(右图)

(2) 全加器。全加器(full adder)是用门电路实现两个二进制数相加并求出和的组合线路，称为一位全加器。全加器有 3 个输入端(分别是 A、B 和 C_i)和 2 个输出端(分别是 S 和 C_o)。根据二进制运算。

全加器的符号和真值表如图 3-30 所示。

A	B	C_i	C_o	S
0	0	0	0	0
0	0	1	0	1
0	1	0	0	1
0	1	1	1	0
1	0	0	0	1
1	0	1	1	0
1	1	0	1	0
1	1	1	1	1

图 3-30　全加器的符号表示(左图)和真值表(右图)

如图 3-31 所示为一位加法器示意图，该图用两个异或门、一个与或门和一个非门构造了一个一位加法器。

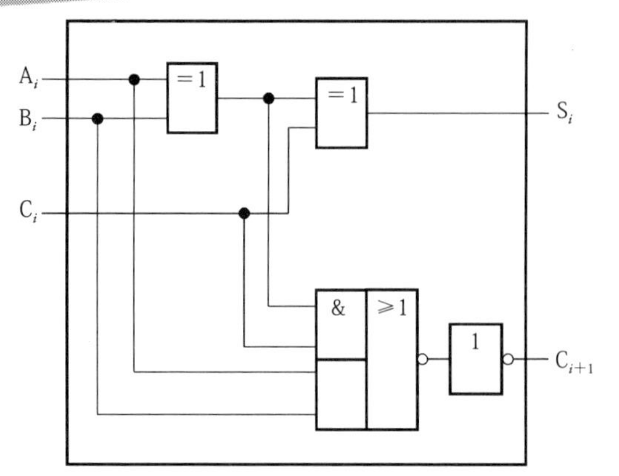

A_i、B_i分别为第 i 位加数和被加数，C_i 为第 i-1 位运算产生的进位；S_i为第 i 位运算的和，C_{i+1} 为产生的进位，“＝1”表示异或运算

图 3-31　加法器的电路实现

图 3-32 所示为用 4 个一位加法器(此时每一个一位加法器都是一个芯片，对外仅能看到其输入线和输出线，即芯片的不同引脚)构造 1 个四位加法器的电路连接示意。4 个芯片分别用作第 0 位的加法、第 1 位的加法、第 2 位的加法和第 3 位的加法，每一个芯片都有 3 个输入线，即“加数”输入线、“被加数”输入线和“进位”输入线；有两个输出线，即“和”输出线和“进位”输出线。连接时按照进位关系，只需将低位(第 i-1 位)芯片产生的进位输出线，与高位(第 i 位)芯片的进位输入线相连：第 0 位的输入进位线 C_0 接地，始终输入 0；第 0 位产生的输出进位线 C_1 与第 1 位的进位输入线 C_1 相连，第 1 位产生的输出进位线 C_2 与第 2 位的输入进位线 C_2 相连……将低位加法器芯片产生的进位输出线连接到高位加法器的进位输入线。

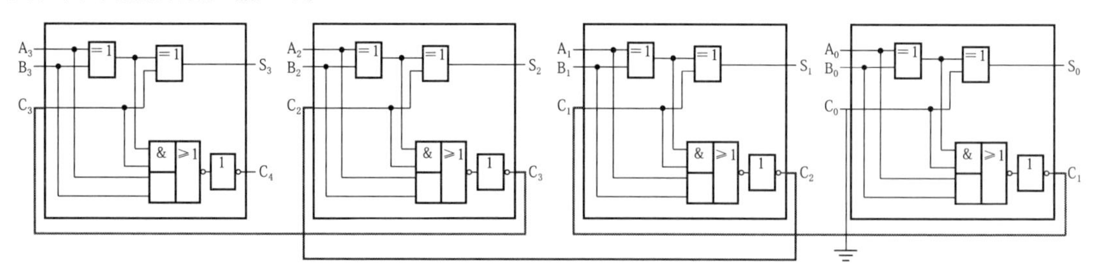

图 3-32　多个一位加法器电路串接形成的多位加法器

由于二进制数之间的算术运算无论是加、减、乘、除，都可转化为若干步的加法运算来进行，而通过该电路又可看到，基于逻辑门电路是可以构造出能够进行加法运算的机器的，因此，有了加法器，再通过“程序”组合加法的实现步骤，便可构造出能够进行复杂算术运算的机器。因此可以说，计算机中的基本部件“算术逻辑运算部件”(算术逻辑单元)最根本的就是逻辑运算：由逻辑运算实现加法器，再由加法器实现算术四则运算的部件，再构造更为复杂的部件等。

3.2.2　算术逻辑单元

算术逻辑单元(arithmetic and logic unit，ALU)是负责实现计算机里的多组算术运算和逻辑运算的组合逻辑电路(在现代计算机中，加法器存在于算术逻辑部件之中)。

在计算机系统中，ALU 执行算术和逻辑运算。它也称为整数单元(integer unit，IU)，是 CPU 或 GPU 内的逻辑电路，是处理器中执行计算的最后一个组件。ALU 能够执行所有与算术和逻辑运算相关的过程，例如加法、减法和移位运算，包括布尔比较(XOR、OR、AND 和 NOT 运算)。ALU 使用的操作数和代码告诉它必须根据输入数据执行哪些操作。当 ALU 完成输入处理后，信息被发送到计算机的内存中。

除了执行与加法和减法相关的计算外，ALU 还可以处理两个整数的乘法计算。因为它们旨在执行整数计算，因此，它的结果也是一个整数。但是，除法运算通常不能由 ALU 执行，因为除法运算可能会产生浮点数的结果。相反，浮点单元(floating-point unit，FPU)通常处理除法运算和其他非整数计算。

虽然 ALU 是处理器中的主要组件，但 ALU 的设计和功能在不同的处理器中可能会有所不同。例如，有些 ALU 设计为仅执行整数计算，而有些则用于浮点数运算。一些处理器包含单个 ALU 来执行操作，而其他处理器可能包含许多 ALU 来完成计算。

ALU 执行的操作如下。

(1) 逻辑运算：逻辑运算包括 NOR、NOT、AND、NAND、OR、XOR 等。

(2) 移位操作：它负责将位的位置向右或向左位移一定数量的位置，也称为乘法运算。

(3) 算术运算：既执行乘法和除法运算，也执行位加法和位减法运算。

3.2.3 寄存器和内存

在前面的内容中，我们介绍了逻辑门可以制作简单的 ALU，它能执行算术运算(arithmetic)和逻辑运算(logic)，ALU 里的 A 和 L 因此得名。当然，计算所得的结果，如果扔掉的话就没什么意义了，得找个办法存起来，这就需要用到计算机的寄存器和内存。

1. 寄存器

寄存器是集成电路中非常重要的一种存储单元，通常由触发器组成。在集成电路设计中，寄存器可分为电路内部使用的寄存器和充当内外部接口的寄存器这两类。内部寄存器不能被外部电路或软件访问，只是为内部电路实现存储功能或满足电路的时序要求。而接口寄存器可以同时被内部电路和外部电路或软件访问，CPU 中的寄存器就是其中一种，作为软硬件的接口，为广泛的通用编程用户所熟知。

寄存器有以下几种类型。

(1) 数据寄存器。用来储存整数数字。在某些简单的 CPU 里，特别的数据寄存器是累加器，作为数学计算之用。

(2) 地址寄存器。持有存储器地址，以及用来访问存储器。在某些简单的 CPU 里，特别的地址寄存器是索引寄存器(可能出现一个或多个)。

(3) 通用目的寄存器。可以保存数据或地址(其结合数据/地址寄存器的功能)。

(4) 浮点寄存器。用来储存浮点数字。

(5) 常数寄存器。用来储存只读的数值(例如 0、1、圆周率等)。

(6) 向量寄存器。用来储存由向量处理器运行 SIMD(single instruction multiple data)指令所得到的数据。

(7) 特殊目的寄存器。用于储存 CPU 内部的数据，例如程序计数器(或称为指令指针)，堆栈寄存器，以及状态寄存器(或称微处理器状态字组)。

(8) 指令寄存器。用于储存现在正在被运行的指令。

(9) 索引寄存器。在程序运行时，用于更改运算对象的地址。

寄存器的功能十分重要，计算机的 CPU 对存储器中的数据进行处理时，往往先把数据取到内部寄存器中，而后再作处理。外部寄存器是计算机中其他一些部件上用于暂存数据的寄存器，它与 CPU 之间通过“端口”交换数据，外部寄存器具有寄存器和内存储器双重特点。

外部寄存器虽然也用于存放数据，但是它保存的数据具有特殊的用途。某些寄存器中各个位的 0、1 状态反映了外部设备的工作状态或方式；还有一些寄存器中的各个位可对外部设备进行控制；也有一些端口作为 CPU 同外部设备交换数据的通路。所以说，端口是 CPU 和外设间的联系桥梁。CPU 对端口的访问也是依据端口的“编号”(地址)，这一点又和访问存储器一样。不过考虑到机器所连接的外设数量并不多，所以在设计机器的时候仅安排了 1024 个端口地址，端口地址范围为 0～3FFH。

2. 内存

内存是计算机中重要的部件之一，它是与 CPU 进行沟通的桥梁。计算机中所有程序的运行都是在内存中进行的，因此内存的性能对计算机的影响非常大。内存(memory)也被称为内存储器，其作用是用于暂时存放 CPU 中的运算数据，以及与硬盘等外部存储器交换的数据。只要计算机在运行中，CPU 就会把需要运算的数据调到内存中进行运算，当运算完成后，CPU 再将结果传送出来，内存的稳定运行也决定了计算机的稳定运行。

在计算机中，内存通常是按存储单元组织的，每个存储单元存放的二进制数位数相同，通常这个位数是字节或者字长(即 8 的整数倍)。在目前的微型计算机系统中，存储单元都是按字节组织的(即 8 位二进制数)。所有存储单元构成了一个存储矩阵，为了方便存取，在这个矩阵中对每个存储单元按一定的顺序编号，图 3-33 中的列地址和行地址(十进制数)标识了所有存储单元的位置，这个编号被称为“地址”。例如，图 3-33 中标出的存储单元地址就是十进制数 612。当计算机要把一个数据存入某存储单元中或从某存储单元中取出时，首先要知道该存储单元的地址，然后才能去访问对应的存储单元，进而进行数据的存或取。

从逻辑角度看，内存的组织如图 3-34 所示，图右列是存储单元的内容，即内存存放的数据或程序；中间一列就是每个存储单元所对应的内存地址，实际上是一组二进制编码；为了便于阅读，将内存地址用十六进制数表示，如图 3-34 左列所示。

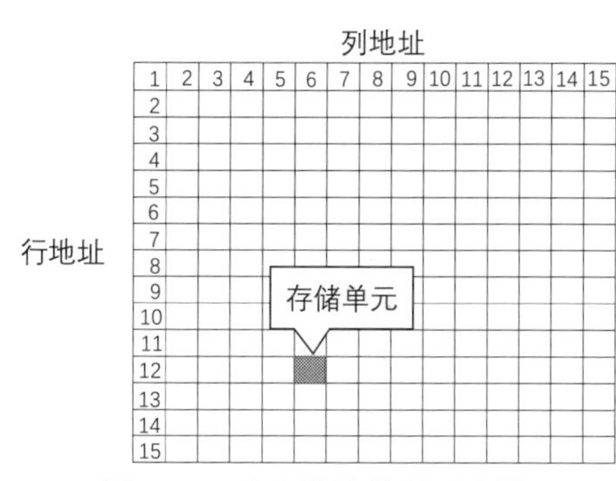

图 3-33　内存地址编码示意图

十六进制内存地址	二进制内存地址	存储单元内容
F000H	1111000000000000	0000010000001100
F001H	1111000000000001	0000100000001101
F002H	1111000000000010	0000110000101110
F003H	1111000000000011	0001000000001110
F004H	1111000000000100	0001000000001100
F005H	1111000000000101	0001100010101101
F006H	1111000000000110	0001110010010010
F007H	1111000000000111	0010111101011101
F008H	1111000000001000	0010010011010110
F009H	1111000000001001	0010100011010011
F010H	1111000000001010	0010110010001100
F011H	1111000000001011	0010000001100010

图 3-34　按地址排列的存储器单元

对内存进行地址编码是内存组织的一个重要方法，它的概念直接影响对计算机的使用。在任何一种程序设计语言中，凡是涉及数据、程序存储的问题，就必然涉及对内存的访问，也就会涉及地址这个概念。所以从应用的角度上，对地址编码思想和方法的理解比对运算器和控制器的了解更重要。

3.2.4　中央处理单元(CPU)

1. CPU 的组成

CPU 是计算机系统的核心，计算机发生的全部动作都由 CPU 控制。CPU 有 3 个组成部分：算术逻辑单元(ALU)、寄存器和控制单元，如图 3-35 所示。

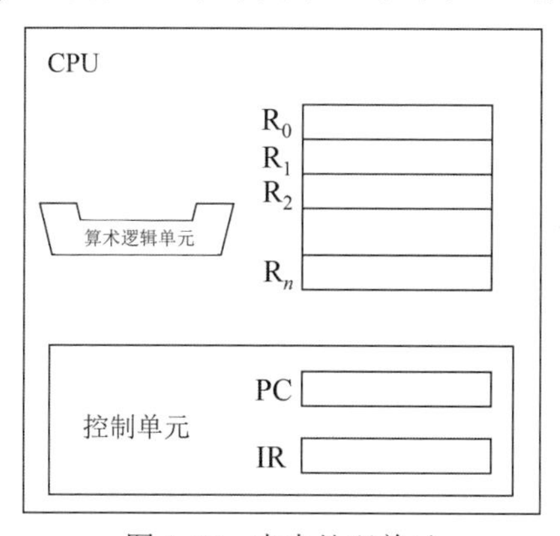

图 3-35　中央处理单元

(1) 算术逻辑单元(ALU)：对数据进行逻辑、移位和算术运算。

(2) 寄存器：用来临时存放数据的高速、独立的存储单元，主要包括数据寄存器、指令寄存器和程序计数器。

(3) 控制单元：对计算机发布命令的“决策机构”，用来协调和指挥整个计算机系统的操作。它是控制计算机有条不紊地自动执行程序的元件。

2. CPU 的主要功能

CPU 的主要功能包括处理指令、执行指令、控制时间和处理数据。

(1) 处理指令：是指控制程序中指令的执行顺序。程序中的指令之间是有顺序的，必须严格按照程序规定的顺序执行，才能保证计算机系统工作的正确性。

(2) 执行指令：一条指令的功能往往是由计算机中的部件执行一系列的操作来实现的。CPU 要根据指令的功能产生相应的操作控制信号，然后发给相应的部件，从而控制这些部件按指令的要求进行动作。

(3) 控制时间：就是对各种操作定时，在一条指令的执行过程中，在什么时间执行什么操作均应受到严格的控制。只有控制时间，计算机才能有条不紊地工作。

(4) 处理数据：就是对数据进行算术运算和逻辑运算，或进行其他信息处理。其功能主要是解释计算机指令，处理计算机软件中的数据，并执行指令。

3. CPU 的工作过程

CPU 的工作过程如下：CPU 从存储器或高速缓存取出指令，放入指令寄存器，并对指令译码，将指令分解成一系列微操作，然后发出各种控制命令，执行微操作系列，从而完成一条指令的执行。指令是计算机规定执行操作的类型和操作数的基本命令。

4. CPU 的性能参数

CPU 的性能参数包括主频、外频、倍频系数和缓存。计算机的性能在很大程度上由 CPU 的性能所决定，而性能主要体现在运行程序的速度上。

(1) 主频：主频也叫时钟频率，单位是兆赫(MHz)或千兆赫(GHz)，用来表示 CPU 运算、处理数据的速度。通常，主频越高，CPU 处理数据的速度越快。

$$\text{CPU 的主频}=\text{外频}\times\text{倍频系数}$$

(2) 外频：外频是 CPU 的基准频率，单位是 MHz。CPU 的外频决定了整块主板的运行速度。通常，在台式计算机中所说的超频都是超 CPU 的外频。但对服务器 CPU 而言，超频是绝对不允许的。因为对 CPU 超频(改变外频)会产生异步运行，造成整个服务器系统不稳定。

(3) 倍频系数：倍频系数指的是 CPU 主频和外频之间的相对比例关系。在相同的外频下，倍频越高，CPU 的频率越高。但实际上，在相同外频的前提下，高倍频的 CPU 本身意义并不大。这是因为 CPU 与系统之间的数据传输速度是有限的，一味追求高主频而得到高倍频的 CPU 会出现明显的“瓶颈”效应，即 CPU 从系统中得到数据的基线速度不能够满足 CPU 运算的速度。

(4) 缓存：缓存是 CPU 的重要指标之一，其结构和大小对 CPU 速度的影响非常大。CPU 缓存的运行频率极高，一般与处理器同频运作，其工作效率远远大于系统内存和硬盘。CPU 缓存可以细分为一级缓存、二级缓存和三级缓存。

3.3 机器如何执行程序

学习了 CPU 如何实现一次计算后，要让计算机完成一系列不同的计算任务，就需要了解计算机的指令系统。

1. 指令

按照“冯・诺依曼计算机”模型，人首先把需要计算机完成的所有工作，以计算机能理解的方式告诉计算机，这种方式就称为计算机指令。人用指令来表达自己的意图，写出求解问题的程序并事先存放在计算机中，计算机运行时由控制器取出程序中的一条条指令分析并执行，控制器就依靠指令来指挥计算机工作。

指令是人对计算机发出的指示和命令，它通知计算机执行某种操作。通常一条指令对应着一种计算机硬件能直接实现的基本操作，如“取数”“存数”“加”“减”等。

指令由人设计而非电子化的机器所固有。它以二进制编码，即一串二进制数排列组合而成的符号串形式表示，其中的所有信息都是计算机硬件能识别的，所以又称为机器指令。一条机器指令至少要告诉计算机两个信息：一是做何种操作，二是操作数在哪里，前者称为指令的操作码，后者称为指令的地址码。

(1) 操作码。操作码是计算机首先要识别的信息，它指出计算机要完成的操作种类，除了上述的“取数”“存数”“加”“减”之外，还有“输入”“输出”“位移”“转移”“逻辑判断”“停机”等所有计算机能完成的基本功能。

(2) 地址码。地址码指出参与运算的数据存放的位置。

常见的计算机指令格式如图 3-36 左图所示。计算机加法指令的符号串如图 3-36 右图所示。它表达了以下三个信息。

① 做加法。

② 相加的两个数一个在运算器里，另一个在内存的存储单元中，并且给出了这个单元的地址。

③ 相加后的结果放回运算器中。

操作码	地址码

000011	0000001010

图 3-36　指令格式(左图)和计算机的一条加法指令(右图)

表 3-6 所示为一个简单机器的指令系统。

表 3-6　简单机器的指令系统

操作码	地址码	功　能
取数	a	将 a 号存储单元的数取出送到运算器
000001	0000001000	

(续表)

操作码	地址码	功　能
存数	β	将运算器中的数存储到 β 号存储单元
000010	0000010000	
加法	γ	运算器中的数加上 γ 号存储单元的数，结果保留在运算器
000011	0000001010	
乘法	δ	运算器中的数乘以 δ 号存储单元的数，结果保留在运算器
000100	0000001001	
打印	θ	打印 θ 号存储单元的数，将其输出
000101	0000001100	
停机		停机指令
000110	0000000000	

例如表 3-6 中所示：

000001 0000001000

是一条机器指令，其中前 6 位“000001”表示该指令是从存储器中取数的指令，而后 10 位“0000001000”则给出了将要读取的数据在存储器中的地址，该条指令说明将存储器中地址为“0000001000”(十进制 8 号)的存储单元内容读到运算器中。类似的指令“000001 00000011100”则说明将存储器中地址为“0000011100”(十进制 28 号)的存储单元内容读到运算器中。操作码不变，地址码变化，则说明操作类别是相同的，而操作数来自不同地址的存储单元。

表 3-6 中给出了几条典型的机器指令，例如“000001”为取数指令，“000010”为存数指令，“000011”为加法指令，“000100”为乘法指令，“000101”为打印指令，“000110”为停机指令等。机器指令有不同的操作数读取机制，例如操作数可以直接出现在指令的地址码部分(被称为立即数)，也可以在指令的地址码部分给出操作数在存储器中的地址，按该地址读取存储单元便可获取操作数(被称为直接寻址)，也可以在指令的地址码部分给出“存放某操作数的存储单元”的地址，即按该地址读取存储单元得到的不是具体的操作数，而是存放实际操作数的存储单元的地址，必须将其作为地址再访问存储器才能获得真正的操作数(被称为间接寻址)。

2. 指令系统

每种计算机都规定了确定数量的指令，这批指令的总和称为计算机的指令系统。不同的指令系统拥有的指令种类和数目不同，组成操作码字段的位数一般取决于计算机指令系统的规模。较大的指令系统就需要更多的位数来表示每条特定的指令，例如，一个指令系统只有 8 条指令，则有 3 位操作码就够了($2^3=8$)，如果有 32 条指令，那么就需要 5 位操作码($2^5=32$)，一个包含 n 位操作码的指令系统最多能够表示 2^n 条指令。

一般来说，任何指令系统都应具有数据传送类、算术运算和逻辑运算类、程序控制类、输入输出类、控制和管理类(停机、启动、复位、清除等)等 5 类功能的指令。指令系统是表征一台计算机性能的重要因素，它的格式与功能不仅影响机器的硬件结构，也直接影响系统软件和机器的适用范围。所以，指令系统在很大程度上决定了计算机的处理能力。指令系统功能越强，人们使用就越方便，但机器的结构也就越复杂。

要使计算机解决特定问题，就需要按照问题要求写出一个指令序列，这个指令序列称为计算机程序，它表达了计算机解决问题需要完成的所有操作。例如，要让计算机自动计算一个算式(8×3+2)×3+6，按式子给出一个算法：

(1) 取出数 3 至运算器中；

(2) 乘以数 8 在运算器中；

(3) 加上数 2 在运算器中；

(4) 乘以数 3 在运算器中；

(5) 加上数 6 在运算器中。

将以上算法参照表 3-6 的指令系统，转换为机器程序。假设数字 3、8、2、6 分别被存储在存储器的 8 号单元、9 号单元、10 号单元和 11 号单元。下面给出相应的机器程序，这段机器程序对照表 3-6 不难读懂。读每一条指令时，注意按位数区分操作码(6 位)和地址码(10 位)，按给出的操作码查阅指令系统(表 3-6 所示)确认其功能，如表 3-7 所示。

表 3-7 用机器指令将机器算法转换为机器程序

机器指令	说 明
000001 0000001000	取出 8 号存储单元格的数(数字 3)至运算器中
000100 0000001001	乘以 9 号存储单元格的数(数字 8)得 3×8 在运算器中
000011 0000001010	加上 10 号存储单元格的数(数字 2)得 3×8+2 在运算器中
000100 0000001000	乘以 8 号存储单元的数(即 3)得(3×8+2)×3 在运算器中
000011 0000001011	加上 11 号存储单元的数(即 6)得 $8×3^2+2×3+6$ 至运算器中
000010 0000001100	将上述运算器中结果存于 12 号存储单元
000101 0000001100	打印 12 号存储单元中的数
000110 0000000000	停机

用机器指令编写的程序即机器程序，是可以被机器直接解释和执行的。在上面的例子中，如果将 8、9、10 和 11 号存储单元的内容换成任何一个数 *x*、*a*、*b* 或 *c*，则该程序仍然能正确地执行计算并得到结果。

3. 程序

程序是由指令构成的(这里指的是机器语言程序)，程序中的指令必须属于该台计算机的指令系统，以便计算机识别并执行。一台计算机的指令是有限的，但用它们可以编写出各种不同的程序，所以其可以完成的任务是无限的。

计算机要实现自动执行连续的操作，需要由其硬件部件和程序共同解决以下 3 个问题。

(1) 通知计算机在什么情况下到哪个地址去取指令的指令。

(2) 对指令进行分析和执行。

(3) 当执行完一条指令后，能自动地去取下一条要执行的指令。

因此，计算机的控制器由指令寄存器、程序计数器、操作控制器、地址生成部件、时序电路等 5 个重要部件组成，如图 3-37 所示。

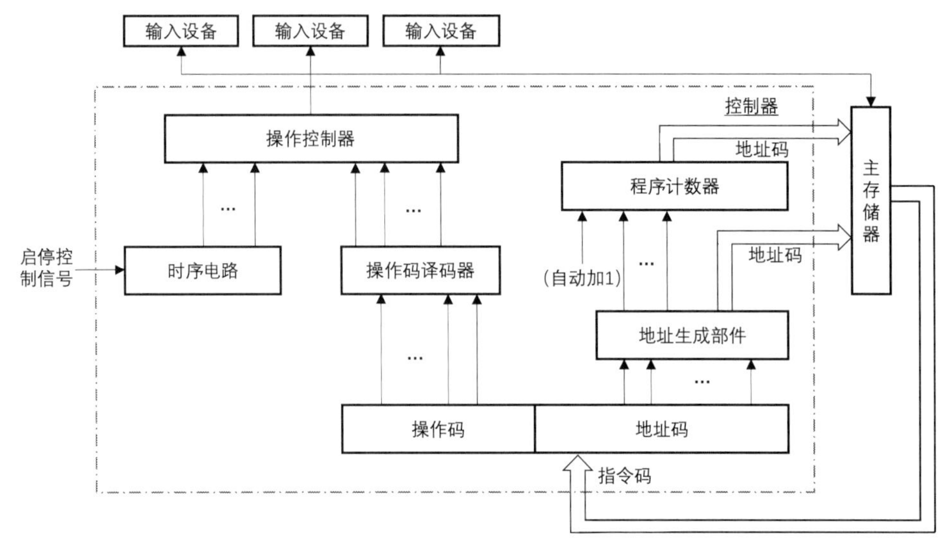

图 3-37　控制器结构与程序自动控制的实现示意图

如图 3-37 所示，程序实现被存放在内存中，当计算机开始工作时，程序中第一条指令的地址号被放置在程序计数器(program counter，PC)中，这是个具有特殊功能的寄存器，能够“自动加 1”，用来自动生成“下一条”指令的地址，所以程序中后续各条指令的地址都由它自动产生，从而实现程序的自动控制。

完成一条指令的操作可以分为以下 3 个阶段。

(1) 取指令。根据程序计数器的内容(指令地址)到内存中取出指令，并放置到指令寄存器(instruction register，IR)中。指令寄存器也是一个专用寄存器，用来临时存放当前执行的指令代码，等待译码器来分析指令。当一条指令被取出后，程序计数器便自动加 1，使之指向下一条要执行的指令地址，为取下一条指令做好准备。

(2) 分析指令。控制器中的操作码译码器对操作码进行译码，然后送往操作控制器进行分析，以识别不同的指令类别及各种获取操作数的方法，产生执行指令的操作命令(也称微命令)，发往计算器需要执行操作的各个部件。

(3) 执行指令。根据操作命令取出操作数，完成指令规定的操作。

以上取指令→分析指令→执行指令→再取下一条指令，依次周而复始地执行指令序列的过程就是程序自动控制的过程，计算机的所有工作就是通过这样一个简单过程实现的。

3.4 资源竞争与调度

下面将着重介绍计算机存储体系、文件系统和操作系统。

3.4.1 存储体系

存储器的作用无疑是计算机自动化的基本保证，因为它实现了“程序存储”的思想。存储器通常由主存储器和辅助存储器两个部分构成，由此组成计算机的存储体系。

1. 主存储器

主存储器又称为内存储器、主存或内存，它和运算器控制器紧密联系，与计算机各个部件进行数据传送。主存储器的存取速度直接影响计算机的整体运行速度，所以在计算机的设计和制造上，主存储器和运算器、控制器是通过内部总线紧密连接的，它们都采用同类电子元件制成。通常，将运算器、控制器和主存储器等三大部分合称为计算机的主机，如图 3-38 所示。

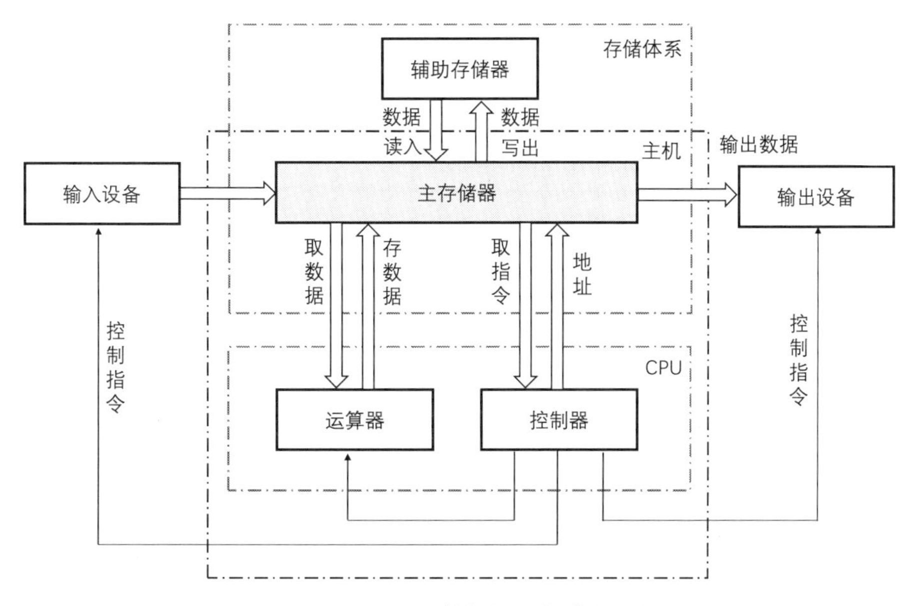

图 3-38　计算机的硬件系统组成

主存储器按信息的存取方式分为以下两种。

(1) 只读存储器(read only memory，ROM)，信息一旦写入就不能更改。ROM 的主要作用是完成计算机的启动、自检、各功能模块的初始化、系统引导等重要功能，只占主存储器很小的一部分。通用计算机中的 ROM 指的是主板(如图 3-39 左图所示)上的 BIOS ROM(其中存储着计算机开机启动需要运行的设置程序)。

(2) 随机存储器(random access memory，RAM)，是主存储器的一部分。当计算机工作时，RAM 能保存数据，但一旦电源被切断，RAM 中的数据将完全消失。通用计算机中的 RAM 有多种存在方式，第一种是大容量低价格的动态存储器(dynamic RAM，DRAM)，作为内存(如图 3-39 右图所示)而存在；第二种是高速小容量的静态存储器(static RAM，SRAM)，作为内存和处理器之间的缓存 CACHE 存在；第三种是互补金属氧化物半导体存储器 CMOS。

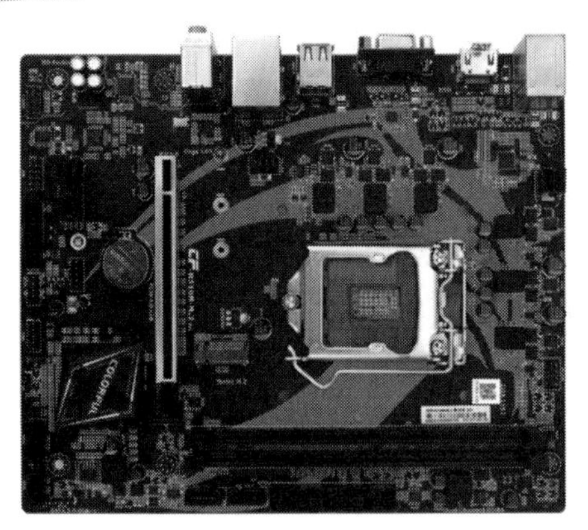

图 3-39　计算机的主板(左图)和主板上安装的内存(右图)

2. 辅助存储器

从主机的角度上，弥补内存功能不足的存储器称为辅助存储器，又称为外部存储器或外存。这种存储器追求的目标是永久性存储及大容量，所以辅助存储器采用的是非易失性材料，例如硬盘(如图 3-40 所示)、光盘、磁带等。

图 3-40　硬盘

目前，通用计算机上常见的辅助存储器——硬盘，大致分为固态硬盘(solid state drive，SSD)、机械硬盘(hard disk drive，HDD)和混合硬盘(hybrid hard drive，HHD)三种，其中机械硬盘是计算机中最基本的存储设备，是一种由盘片、磁头、盘片转轴及控制电机、磁头控制器、数据转换器、缓存等几个部分组成的硬盘，它在工作时，磁头可沿盘片的半径方向运动，加上盘片的高速旋转，磁头就可以定位在盘片的指定位置上进行数据的读写操作，如图 3-41 左图所示；固态硬盘由控制单元和存储单元(FLASH 芯片、DRAM 芯片)组成，相比机械硬盘，其数据的读写速度更快、功耗更低，但容量较小、寿命较短，并且价格更高，如图 3-41 中图所示；混合硬盘是一种既包含机械硬盘，又有闪存模块的大容量存储设备，相比机械硬盘和固态硬盘，其数据存储与恢复速度更快，寿命更长，如图 3-41 右图所示。

图 3-41　机械硬盘的内部(左图)固态硬盘(中图)混合硬盘(右图)

3. 存储器的层次结构

存储器有 3 个重要的指标：速度、容量和每位价格。一般来说，速度越快，位价越高；容量越大，位价越低；而容量越大，速度就越低。计算机主存储器不能同时满足存取速度快、存储容量大和成本低的要求，因此在计算机中必须有速度由慢到快、容量由大到小的多层次存储器，该层次结构如图 3-42 所示。

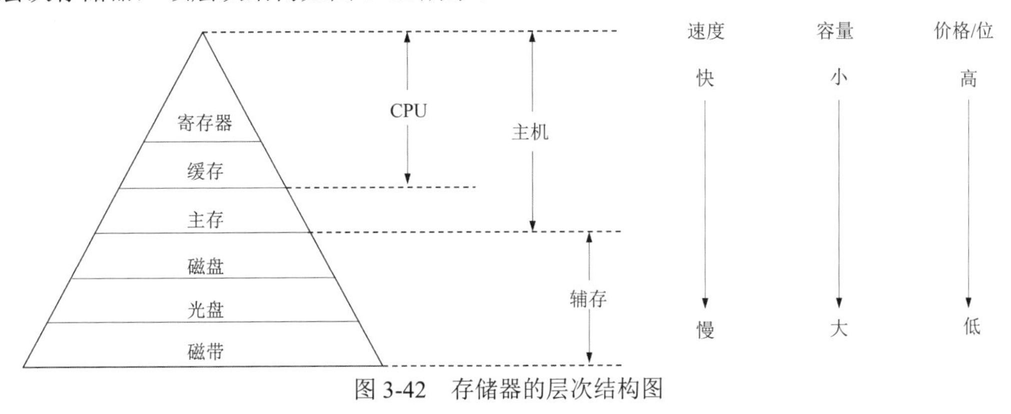

图 3-42　存储器的层次结构图

3.4.2　文件系统

在计算机中，文件系统(file system)是命名文件及放置文件的逻辑存储和恢复的系统。

文件是储存在计算机存储器内的一系列数据的集合，而文件夹则是文件的集合，用来存放单个或多个文件。文件和文件夹都被包含在计算机磁盘内。

存储器、文件和文件夹三者存在着包含和被包含的树形关系，如图 3-43 所示。

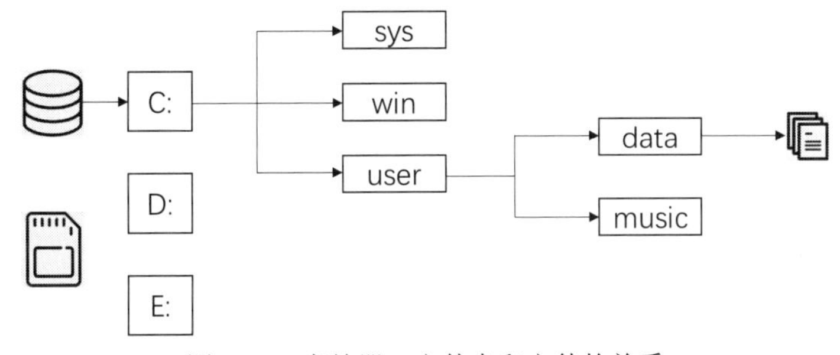

图 3-43　存储器、文件夹和文件的关系

其中，文件是各种保存在计算机磁盘中的信息和数据，如一首歌、一部电影、一份文

档、一张图片、一个应用程序等。在常见的 Windows 系统中，文件主要由文件名、文件拓展名、分隔点、文件图标及文件描述信息等部分组成，如图 3-44 所示。

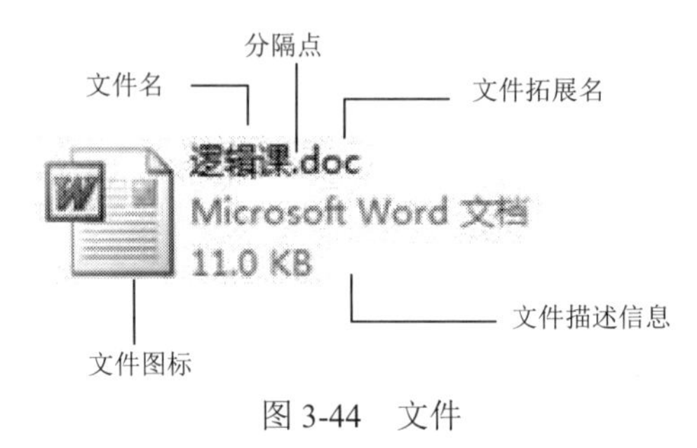

图 3-44　文件

文件的各组成部分作用如下。

(1) 文件名：标识当前文件的名称，用户可以根据需求来自定义文件的名称。

(2) 文件拓展名：标识当前文件的系统格式，如图 3-44 中文件拓展名为 doc，表示这个文件是一个 Word 文档文件。

(3) 分隔点：用来分隔文件名和文件拓展名。

(4) 文件图标：用图例表示当前文件的类型，是由系统里相应的应用程序关联建立的。

(5) 文件描述信息：用来显示当前文件的大小和类型等系统信息。

在 Windows 系统中常用的文件扩展名及其表示的文件类型如表 3-10 所示。

表 3-10　Windows 中常用的扩展名

扩展名	文件类型	扩展名	文件类型
AVI	视频文件	BMP	位图文件
BAK	备份文件	EXE	可执行文件
BAT	批处理文件	DAT	数据文件
DCX	传真文件	DRV	驱动程序文件
DLL	动态链接库	FON	字体文件
DOC	Word 文件	HLP	帮助文件
INF	信息文件	RTF	文本格式文件
MID	乐器数字接口文件	SCR	屏幕文件
MMF	mail 文件	TTF	TrueType 字体文件
TXT	文本文件	WAV	声音文件

文件夹用于存放计算机中的文件，是为了更好地管理文件而设计的。通过将不同的文件保存在相应的文件夹中，可以让用户方便快捷地找到想找的文件。

文件夹的外观由文件图标和文件夹名称组成，如图 3-45 所示。文件夹不但可以存放多个文件也可以创建子文件夹。在 Windows 操作系统中，用户可以逐层进入文件夹，在窗口的地址栏里记录了用户进入的文件夹层次结构。

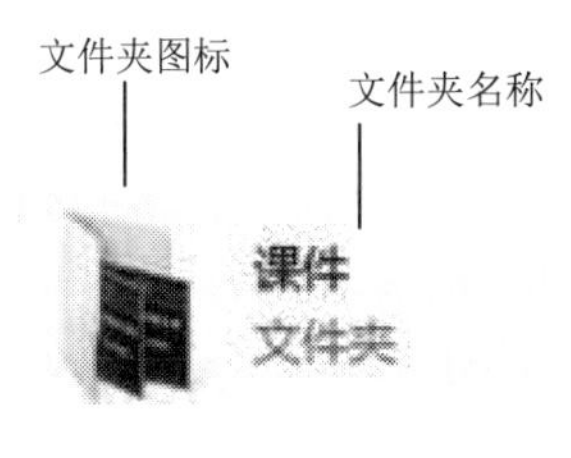

图 3-45　文件夹

3.4.3　操作系统

如果一台计算机要运行多个应用，就会出现资源竞争的问题，那么如何调配这些资源呢？这就需要学习操作系统。

1. 操作系统的概念

操作系统是指控制和管理整个计算机系统的硬件和软件资源，并合理地组织调度计算机的工作和资源分配，以提供给用户和其他软件方便的接口和环境的软件集合。操作系统的 4 个基本特征是并发、共享、虚拟和异步。

(1) 并发(concurrence)：并发是指两个或多个事件在同一时间间隔内发生。操作系统的并发性是指操作系统中同时存在多个运行着的程序。引入进程的目的是使程序能够并发执行。并发和共享是操作系统最基本的两个特征。

(2) 共享(sharing)：资源共享即共享，是指系统中的资源可供内存中的多个并发执行的进程共同使用，可以分为两种资源共享方式：一种是互斥共享方式，即一段时间内仅允许一个进程访问该资源，这样的资源被称为临界资源或是独占资源，例如打印机；另一种是同时访问方式，即一段时间内允许多个进程访问该资源，一个请求分几个时间片间隔完成的效果和连续完成的效果相同，例如磁盘设备。

(3) 虚拟(virtual)：指把一个物理上的实体变为若干个逻辑上的对应物，包括分复用技术(处理器的分时共享)和空分复用技术(虚拟存储器)。

(4) 异步(asynchronism)：在多道程序环境下，允许多个程序并发执行，但是由于资源有限，进程的执行不一定是连贯到底，而是断断续续地执行。

2. 操作系统的功能

如果把用户、操作系统和计算机比作一座工厂，用户就像是雇主，操作系统是工人，而计算机是机器，其操作系统具备管理处理器、存储器、设备、文件的功能。

(1) 处理器管理：在多道程序同时运行的情况下，处理器的分配和运行都以进程(或线程)为基本单位，因而对处理器的管理可以分配为对进程的管理。

(2) 存储器管理：包括内存分配、地址映射、内存保护等。

(3) 文件管理：计算机中的信息都是以文件的形式存在的，操作系统中负责文件管理的部分被称为文件系统，文件管理包括文件存储空间的管理、目录管理和读写保护等。

(4) 设备管理：主要任务是完成用户的 I/O 请求，包括缓冲管理、设备分配、虚拟设备等。

3. 典型操作系统介绍

虽然目前操作系统的种类有很多，但常用的主要有以下三个。

(1) Windows 操作系统：Windows 是目前被广泛应用的一种操作系统，是由微软公司开发的。常见的有 Windows XP、Windows 7、Windows 10 和 Windows 11。

(2) UNIX 操作系统：UNIX 操作系统，是一个强大的多用户、多任务操作系统，支持多种处理器架构，按照操作系统的分类，属于分时操作系统。

(3) Linux 操作系统：Linux 是一套免费使用和自由传播的类 Unix 操作系统，是基于 POSIX 和 UNIX 的多用户、多任务、支持多线程和多 CPU 的操作系统。它能运行主要的 UNIX 工具软件、应用程序和网络协议。

3.5 云计算与大数据

3.5.1 云计算

云计算(cloud computing)是分布式计算的一种，指的是通过网络“云”将巨大的数据计算处理程序分解成无数个小程序，然后通过多部服务器组成的系统进行处理和分析这些小程序，并将得到的结果汇总返回给用户。

云计算将计算资源与物理设备分离，让计算资源“浮”起来，成为一朵“云”，用户可以随时随地根据自己的需求使用云资源。云计算实现了计算资源与物理设施的分离，数据中心的任何一台设备都只是资源的一部分，不专属于任何一个应用，一旦资源池设备出现故障，就马上退出一个资源池，进入另外一个资源池。云计算的服务模式称为 SPI (SaaS——软件即服务、PaaS——平台即服务、IaaS——基础设施即服务)。

不同于传统计算机，云计算引入了一种全新的方便人们使用计算资源的模式，即云计算能让人们方便、快捷地自助使用远程计算资源。计算资源所在地成为云端(也称云基础设施)，输入/输出设备称为云终端。云终端就在人们触手可及的地方，而云端位于“远方”(与地理位置远近无关，需要通过网络才能到达)，两者通过计算机网络连接在一起。云终端与云端之间是标准的 C/S 模式，即客户端/服务端模式——客户端通过网络向云端发送请求消息，云端计算处理后返回结果。

1. 云计算平台和服务模式

云计算平台也称为云平台，能够以快速、简单和可扩展的方式创建和管理大型、复杂的 IT 基础设施。云计算平台可以划分为 3 类，包括以数据存储为主的存储型云平台，以数据处理为主的计算型云平台，以及计算和数据存储处理兼顾的综合云计算平台。

云计算平台的系统结构图如图 3-46 所示，其服务模式有以下几种。

软件即服务
模式：通过浏览器将应用程序作为服务，提供给成千上万的用户
产品：Google Apps　Office 365　Zoho　用友软件　焦点科技
软件：HTML　JavaScript　CSS　Flash　Google Map

平台即服务
模式：为计算服务商提供系统应用平台或平台增值服务
产品：Baidu　微软Azure　Force.com　网宿科技　阿里云
软件：数据备份　托管服务　并行处理　应用服务器　分布式缓存

基础设施即服务
模式：将最基本的计算资源和存储资源，通过虚拟化的方法以服务的形式提供给用户
产品：亚马逊ECC　IBM蓝色云　思科UCS　浪潮信息　华胜天成
软件：系统虚拟化　分布式存储　关系数据库　Web服务器　数据中心

云管理层
用户管理
系统监控
计费管理
安全管理
服务管理
资源管理
容灾管理
运维管理
系统集成

图 3-46　云计算的服务模式

(1) 软件即服务(software as a service，SaaS)。云服务提供商将 IT 系统中的软件层作为服务出租出去，消费者自己开发或者安装程序，并运行程序。

(2) 平台即服务(infrastructure as service，IaaS)。云服务提供商把 IT 系统的基础设施层作为服务出租出去，由消费者自己安装操作系统、中间件、数据库和应用程序。

(3) 基础设施即服务(infrastructure as a service，IaaS)。通过网络按需提供对所有设施的利用，包括处理、存储、网络和其他基本的计算资源，用户能够部署和运行任意软件，包括操作系统和应用程序。终端用户不管理或控制任何云计算基础设施，但能够控制操作系统的选择，存储空间、部署的应用，也有可能获得限制的网络组件(例如防火墙，负载均衡器等)。IaaS 是云计算的主要服务提供模式之一。

2. 云计算的虚拟化技术

云计算的虚拟化技术包括 CPU 虚拟化、内存虚拟化、设备与 I/O 虚拟化、网络虚拟化、实时迁移技术。

虚拟化技术是云计算系统的核心组成部分之一，是将各种计算及存储资源充分整合和高效利用的关键技术。虚拟化是为某些对象创造的虚拟化(相对于真实)版本，比如操作系统、计算机系统、存储设备和网络资源等。它是表示计算机资源的抽象方法，通过虚拟化可以用与访问抽象前资源一致的方法访问抽象后的资源，从而隐藏属性和操作之间的差异，并允许通过一种通用的方式来查看和维护资源。

(1) CPU 虚拟化。CPU 虚拟化技术把物理 CPU 抽象成虚拟 CPU，任意时刻一个物理 CPU 只能运行一个虚拟 CPU 的指令。

(2) 内存虚拟化。内存虚拟化技术把物理机的真实物理内存统一管理，包装成多个虚拟的物理内存分别供若干个虚拟机使用，使得每个虚拟机拥有各自独立的内存空间。

(3) 设备与 I/O 虚拟化。设备与 I/O 虚拟化技术对物理机的真实设备进行统一管理，包装成多个虚拟设备给若干个虚拟机使用，响应每个虚拟机的设备访问请求和 I/O 请求。

(4) 网络虚拟化。网络虚拟化是将多个硬件或软件网络资源及相关的网络功能集成到一个可用软件中统一管控的过程，并且对于网络应用而言，该网络环境的实现方式是透明的。

(5) 实时迁移技术。实时迁移技术是在虚拟机运行过程中，将整个虚拟机的运行状态完整快速地从原来所在的宿主机硬件平台迁移到新的宿主机硬件平台上，并且整个迁移过程是平滑的，用户几乎不会察觉到任何差异。

虚拟化技术指的是软件层面实现虚拟化的技术，整体上分为开源虚拟化和商业虚拟化两大阵营。典型的代表有：Xen，KVM，WMware，Hyper-V，Docker 容器等。

3. 云计算的典型应用

云计算的目的是云应用，离开应用，搭建云计算中心没有任何意义。云应用的种类非常多，但是构成上都遵循相同的“云”“管”“端”的结构，在“端”的表现尽量要单一且标准化，典型的云“端”就是在用户手持设备上安装一个 APP。下面介绍几个典型的云计算应用。

(1) 企业私有办公云。与传统的以计算机为主的办公环境相比，私有办公云具备更多的优势，比如：①建设成本和使用成本低；②维护更容易；③云终端是纯硬件产品，可靠、稳定且折旧周期较长；④由于数据集中存放在云端，从而更容易保护企业的知识资产；⑤能实现移动办公，员工能在任何一台终端上使用自己的账号登录云端设备。

比如，一个小型企业(员工人数少于100 人)，采用两台服务器作云端，办公软件安装在服务器上，数据资料也存放在服务器上。通过有线或无线网络连接到办公终端，每个员工分配一个账号即可，员工随便在哪台终端都可以用自己的账号登录云端办公，如图 3-47 所示。

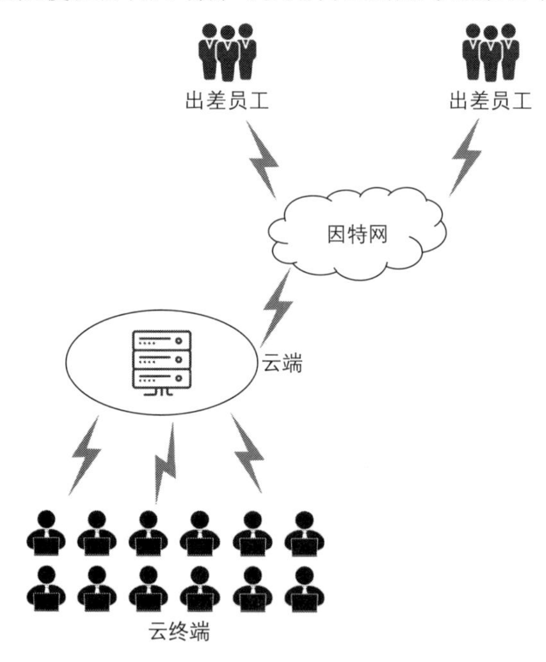

图 3-47　企业私有办公云

在外出差的员工，可以通过 VPN 登录到公司内部的云端。

(2) 教育云。构建教育云是一个庞大的系统工程，由一个国家层面的公共教育云和成千上万的学校私有教育云组成，如图3-48所示。公共教育云承载共性教育资源和标杆教育资源，同时也是连接各个私有教育云的纽带。各个学校的私有教育云承载各种特色资源，履行“教”与“学”的具体任务。每个学校运营自己的私有云端，而将云终端发放到每个老师和学生手上。云终端形态上可以是固定云终端(放置在老师办公室、机房、多媒体教室、图书馆的多媒体阅览室等)、移动云终端(给老师和学生)、移动固定两用云终端及多屏云终端。云端之间通过校园高速光纤互联在一起。

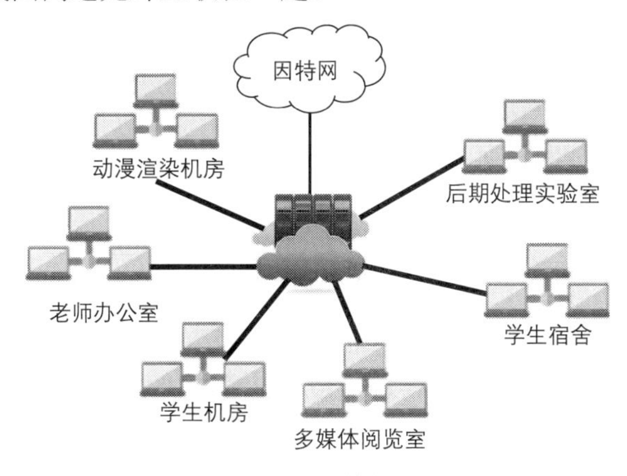

图3-48　教育云

教育云的优点是：①移动教学(无论师生在何处，都能登录自己的云端桌面)；②延续实验(由于每个学生都有自己独有的虚拟机，所以跨节次的实验不会被中断)；③远程教学(教师能选择云端的任何学生的云桌面并广播教学课件)；④规范学生用机行为(能轻松控制学生可以安装和使用的软件)；⑤便于资源共享；⑥便于学生积淀学习笔记和素材；⑦便于在计算机学生云中的开发；⑧实现高性能计算(比如科学研究、动漫渲染、游戏开发、虚拟现实等)；⑨便于因材施教。

(3) 高性能计算云。即把云端成千上万的服务器联合起来，组成高性能计算集群，承载中型、大型、特大型计算任务，比如：①科学计算，解决科学研究和工程技术所遇到的大规模数学计算问题，可广泛应用于数学、物理、天文、气象、化学等科学领域；②建模与仿真，包括自然界的生物建模和仿真、社会群体建模和仿真、进化建模和仿真等；③工程模拟，如核爆炸模拟、风洞模拟、碰撞模拟等；④图形渲染，应用领域包括3D游戏、电影电视特效、动画制作、建筑设计、室内装潢等。

3.5.2　大数据

1. 大数据的定义与特征

大数据是一个体量规模巨大、数据类别特别多的数据集，并且无法通过目前主流软件工具，在合理时间内提取、管理、处理并整理成为有用的信息。大数据具有4V的特点。

(1) 数据体量大(volume)，一般是指在TB、PB甚至EB级的数据。

(2) 数据类型多(variety)，由于数据来自多种数据源，因此数据类型和格式非常丰富，有结构化数据(如文字、计算数据等)、半结构化数据(如报表、层次树等)，以及非结构化数据(如图片、视频、音频、地理位置信息等)。

(3) 数据处理速度快(velocity)，在数据量非常庞大的情况下，需要做到数据的实时处理。

(4) 数据的真实性高(veracity)，如互联网中网页访问、现场监控信息、环境监测信息、电子交易数据等。

2. 大数据技术

人们谈到大数据时，往往并非仅指数据本身，而是指数据和大数据技术这二者的综合。所谓大数据技术，是指伴随着大数据的采集、存储、分析和应用的相关技术，是一系列使用非传统的工具来对大量的结构化、半结构化和非结构化数据进行处理，从而获得分析和预测结果的一系列数据处理和分析技术。

在讨论大数据技术时，需要首先了解大数据的基本处理流程，主要包括数据采集、存储、分析和结果呈现等环节。数据无处不在，互联网网站、政务系统、零售系统、办公系统、自动化生产系统、监控摄像头、传感器等，每时每刻都在产生数据。这些分散在各处的数据，需要采用相应的设备或软件进行采集。采集到的数据通常无法直接用于后续的数据分析，因为对于来源众多、类型多样的数据而言，数据缺失和语义模糊等问题是不可避免的，因而必须采取相应措施有效解决这些问题，这就需要一个被称为“数据预处理”的过程，把数据变成一个可用的状态。数据经过预处理以后，会被放到文件系统或数据库系统中进行存储与管理，然后采用数据挖掘工具对数据进行处理分析，最后采用可视化工具为用户呈现结果。在整个数据处理过程中，还必须注意隐私保护和数据安全问题。

因此，从数据分析全流程的角度，大数据技术主要包括数据采集与预处理、数据存储、数据管理、数据处理、数据分析、数据安全和隐私保护等几个层面的内容，如表 3-11 所示。

表 3-11　大数据技术

技　术	说　明
数据采集与数据预处理	利用 ETL 工具将分布的、异构数据源中的数据，如关系数据、平面数据文件等，抽取到临时中间层后进行清洗、转换、集成，最后加载到数据仓库或数据集市中，成为联机分析处理、数据挖掘的基础；也可以利用日志采集工具(如 Flume、Kafka 等)把实时采集的数据作为流计算系统的输入，进行实时处理分析
数据存储和数据管理	利用分布式文件系统、关系数据库、NoSQL 数据库、NewSQL 数据库、云数据库等，实现对结构化、半结构化和非结构化海量数据的存储和管理
数据处理和数据分析	利用分布式并行编程模型和计算框架，结合机器学习和数据挖掘算法，实现对海量数据的处理和分析；对分析结果进行可视化呈现，帮助人们更好地理解数据、分析数据
数据安全和隐私保护	在从大数据中挖掘潜在的巨大商业价值和学术价值的同时，构建隐私数据保护体系和数据安全体系，有效保护个人隐私和数据安全

这里需要指出的是：大数据技术是许多技术的一个集合体，这些技术也并非全部都是

新生事物，例如关系数据库、数据仓库、数据采集、ETL、OLAP、数据挖掘、数据隐私和安全、数据可视化等是已经发展多年的技术，在大数据时代得到不断补充、完善、提高后又有了新的升华，也可以视为大数据技术的一个组成部分。

3.6 习题

1. 简述计算机逻辑组成中各部分的主要功能。
2. 简述指令、指令系统的概念以及计算机的基本工作原理。
3. 简述图灵机的主要思想。
4. 运算器能保留计算结果吗？为什么？
5. 字长说明了计算机的什么能力？字长和字节的区别是什么？
6. 什么是图灵测试，图灵测试想证明什么？
7. 计算机内存和外存的主要区别是什么？
8. 计算机的存储系统包括哪些部分？

第4章

程序设计基础——Python 编程入门

问题导入

编程语言排行榜

开发语言排行榜(TIOBE)2022 年 7 月公布的编程语言排名如表 4-1 所示。

表 4-1　2022 年 7 月编程语言排行

排　名	编程语言	排　名	编程语言
1	Python	11	PHP
2	C	12	Go
3	Java	13	Classic Visual Vasic
4	C++	14	Delphi/Object Pascal
5	C#	15	Ruby
6	Visual Basic	16	Objective-C
7	JavaScript	17	Perl
8	Assembly language	18	Fortran
9	SQL	19	R
10	Swift	20	MATLAB

4.1 程序设计语言

程序语言有多种分类方法，例如，按程序设计风格不同可分为命令式语言(过程化语言)、结构化语言、面向对象语言、函数式语言、脚本语言等；按程序语言应用领域不同可分为通用语言(如 C、Java、Python 等)、专用语言(如集成电路设计语言 VHDL)；按程序执行方式不同可分为解释型语言(如 JavaScript、R、Python 等)、编译型语言(如 C/C++等)、编译+解释型语言(如 Java、C#等)；按数据类型检查方式不同可分为动态语言(如 Python、PHP 等)、静态语言(如 C、Java 等)。最常见的分类方法还是按程序语言与硬件的层次关系不同，分为机器语言、汇编语言和高级语言。

1. 机器语言

在计算机发展的早期，唯一的程序设计语言就是机器语言。每台计算机都有自己的机器语言。机器语言由“0”和“1”的字符串组成，是一种“低级语言”，也是计算机唯一能识别的语言。虽然使用机器语言编写的程序真实地表示了数据是如何被计算机操作的，但它存在很明显的缺点。首先，它依赖于计算机，不同类型的计算机具有不同的机器语言；其次，使用机器语言的指令系统用二进制代码表示，编程和理解都非常困难。

例如，要编写一个 1+1 的程序，使用机器语言：

```
10111000   00000001
00000000   00000101
00000001   00000000
```

2. 汇编语言

随着计算机的发展，出现了使用符号或助记符的指令和地址代替二进制代码的语言，即汇编语言，也称为符号语言。比如，ADD 代表加法，MOV 代表数据传递等。使用汇编语言，人们可以更容易读懂并理解程序在做什么，维护更加方便。

使用汇编语言编写的程序称为汇编语言程序，它需要经过汇编系统翻译成机器语言之后才能执行。但汇编语言比机器语言更容易被理解和记忆，且能够直接描述计算机硬件的操作，具有很强的灵活性，因此在实时控制、实时检测等领域仍然使用汇编语言。同时，针对计算机特定硬件编制的汇编语言程序能准确发挥硬件的功能和特长，程序精炼，而且质量高，所以至今仍是一种常用而强有力的软件开发工具。

同样编写 1+1 的程序，使用汇编语言：

```
Start:
MOV AX，1
ADD AX，1
End Start ;
```

3. 高级语言

高级语言将计算机内部的许多相关机器操作指令，合并成一条高级程序指令，并且屏蔽了具体操作细节(如内存分配、寄存器使用等)，这样极大地简化了程序指令，使编程者不需要专业知识就可以进行编程。高级程序语言便于人们阅读、修改和调试，而且移植性强。高级程序语言已成为目前普遍使用的编程语言。

【例 4-1】使用 C、JavaScrip 和 Python 等高级语言输出“Hello world！”。

(1) 使用 C 语言输出“Hello world！”。

```
#include<stdio.h>
int main()
{
	printf("HelloWorld");
	return 0;
}
```

(2) 使用 JavaScript 语言输出“Hello world！”。

```
<html>
<title>hello world</title>
<script type="text/javascript">
	alert("hello world");
</script>
<body>
</body>
</html>
```

(3) 使用 Python 语言输出“Hello world！”。

```
>>>print("Hello world!")
```

4.2 初识 Python

Python 语言是荷兰科学家吉多·范罗苏姆(Guido van Rossum)于 1989 年开发的计算机编程语言，它是一种不受局限、跨平台的开源编程语言，其数据处理速度快、功能强大且简单易学，在数据分析与处理中被广泛应用。

4.2.1 安装 Python 解释器

Python 语言解释器是一个轻量级的小尺寸软件，可以在 Python 主网站(https://www. python. org/downloads/)下载。

打开网站后，Python 解释器下载页面如图 4-1 所示。

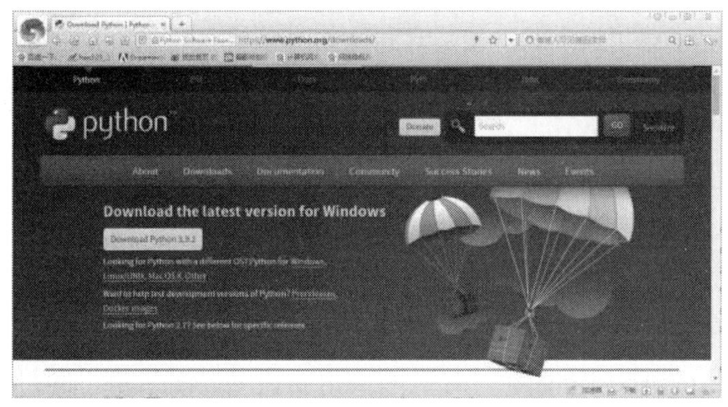

图 4-1　Python 解释器主网站下载页面

在图 4-1 中下载 Python 解释器后，双击所下载的解释器文件，将打开一个如图 4-2 所示的安装向导对话框，在该对话框中选中 Add Python 3.9 to PATH 复选框后，根据提示安装解释器。

图 4-2　Python 解释器安装向导对话框

Python 安装包将在系统中安装与 Python 开发和运行环境相关的程序，其中最重要的是 Python 命令行和 Python 集成开发环境(Python’s Integrated DeveLopment Environment，IDLE)。

4.2.2　编写 Python 程序

长期以来，编程界都认为刚接触一门新语言时，如果首先使用它来编写一个在屏幕上显示的消息“Hello World!”，将会给学习者带来好运。

从例 4-1 可以看到，使用 Python 来编写这种 Hello World 程序，只需要一行代码：

```
>>>print("Hello World!")
```

这种程序虽然简单，却有其用途：如果它能够在系统上正确运行，我们编写的任何 Python 程序都将如此。

4.2.3 运行 Python 程序

运行 Python 程序有两种方式：交互式和文件式。

交互式指 Python 解释器即时响应用户输入的每条代码，给出输出结果。文件式也称为批量式，指用户将 Python 程序写在一个或多个文件中，然后启动 Python 解释器批量执行文件中的代码。

交互式一般用于调试少量代码，文件式则是最常用的编程方式。下面将以 Windows 操作系统为例具体介绍两种方式的启动和执行方法。

1. 交互式程序运行方法

(1) 启动 Windows 操作系统命令行工具(打开窗口<Windows32\cmd.exe>)，在控制台中输入 Python，然后在命令提示符>>>后输入程序代码：

```
>>>print("Hello World!")
```

(2) 按下回车键后即可显示输出结果“Hello World!”，如图 4-3 所示。

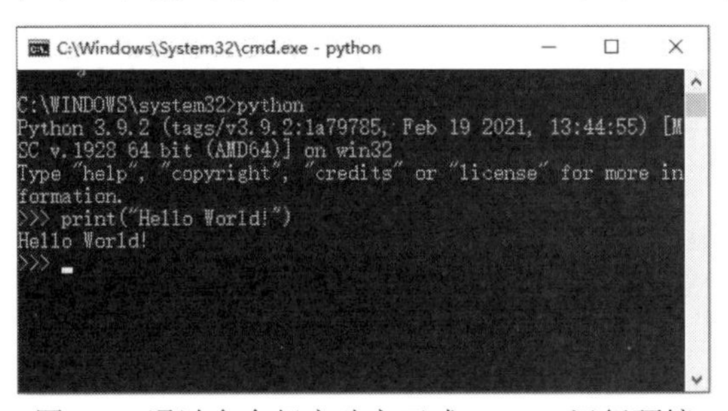

图 4-3 通过命令行启动交互式 Python 运行环境

(3) 在>>>提示符后输入 exit()或 quit()，可以退出 Python 运行环境。

2. 文件式程序运行方法

按照 Python 的语法格式编写代码，并保存为.py 格式的文件。Python 代码可以在任意编辑器中编写，然后打开 Windows 命令行(cmd.exe)进入.py 文件所在的文件夹，运行 Python 程序文件获得输出，如图 4-4 所示。

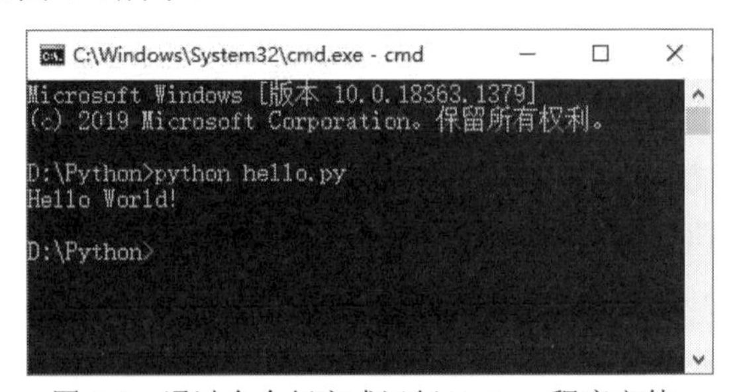

图 4-4 通过命令行方式运行 Python 程序文件

4.3 Python 基础语法

4.3.1 常量和变量

常量是在程序运行过程中，值不会发生变化的量。变量是在程序运行过程中，值会发生变化的量。

1. 常量

Python 中没有语法强制规定的常量，只有几个内置的常量：False、True、None、NotImplemented、Ellipsis 和__debug__。因此，在 Python 程序中如果想使用常量，一般是按照众多程序设计语言约定俗成的规则，用全部大写的变量来表示，例如：

```
PI= 3 .14159265359
```

2. 变量

Python 是一种动态类型语言，即变量不需要显式声明数据类型。Python 认为任何数据都是“对象”，变量用来指向对象，变量赋值就是把对象和变量关联起来，变量名是对对象数据的引用，多个变量可以指向同一个对象。每次变量重新赋值，并没有改变对象的值，只是创建了一个新对象，并用变量指向它，从变量到对象的连接称为引用，如图 4-5 所示。

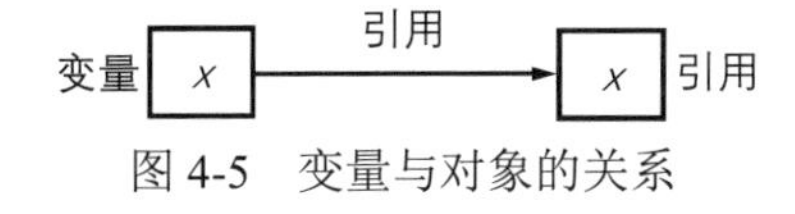

图 4-5 变量与对象的关系

Python 中变量的声明是通过对变量赋值操作来实现的，例如：

```
>>>a= ' ABC '
```

在上述代码中，Python 解释器做了如下两件事情：在内存中创建了一个'ABC'的字符串；在内存中创建了一个名为 *a* 的变量，并把它指向'ABC'。

4.3.2 赋值

Python 中的变量赋值不需要类型声明。每个变量在内存中创建，都包括变量的标识、名称和数据这些信息。每个变量在使用前都必须赋值，变量赋值以后该变量才会被创建。当创建一个变量时，会在内存中为其开辟一些空间。基于变量的数据类型，解释器会分配指定内存，并决定什么数据可以存储在内存中。

等号(=)用来给变量赋值。等号(=)运算符左边是一个变量名，等号(=)运算符右边是存储在变量中的值。

Python 允许用户同时为多个变量赋值。例如：

```
a = b = c = 1
```

三个变量的值均为 1，三个变量被分配到相同的内存空间上。我们也可以为多个对象指定多个变量。例如：

```
a, b, c = 1, 2, " tom"
```

1 和 2 分配给变量 *a* 和 *b*，字符串"tom"分配给变量 *c*。

【例 4-2】已知两个数：num1 = 10，num2 = 3，交换两个标识符指向的数值，使得 num1 = 3，num2 = 10。

```
# 分别将 10 和 3 赋值给 num1 和 num2
num1, num2 = 10, 3
# 在控制台显示 num1 和 num2
print("num1 is", num1, "num2 is", num2);
# 交换 num1 和 num2 指向的值
num1, num2 = num2, num1
# 在控制台显示 num1 和 num2
print("After Swap:")
print("num1 is", num1, "num2 is", num2)
```

程序运行结果如下：

```
num1 is 10 num2 is 3
After Swap:
num1 is 3 num2 is 10
```

【例 4-3】任意输入三个数，求它们的平均数。

```
a=float(input("请输入第一个数："))
b=float(input("请输入第二个数："))
c=float(input("请输入第三个数："))
print("这三个数的平均数是：",(a+b+c)/3)
```

程序运行结果如下：

```
请输入第一个数：5
请输入第二个数：7
请输入第三个数：12
这三个数的平均数是：8.0
```

4.3.3 数据类型

计算机能处理的数据远不止数值，还可以处理文本、图形、音频、视频、网页等各种各样的数据，不同的数据，需要定义不同的数据类型。数据类型是程序中最基本的概念。确定了数据类型，才能确定变量的存储及操作。

1. 数值类型

Python 数值类型用于存储数值。Python 支持以下四种不同的数值类型。

(1) 整型(int)。通常被称为整型或整数，是正或负整数，不带小数点。例如：

```
100、0、-100
```

(2) 长整型(long)。无限大小的整数，整数最后是一个大写或小写的 L。例如：

```
>>> 123456789 * 10
1234567890
>>> 123456789 * 18
2222222202L
```

(3) 浮点型(float)。浮点型由整数部分与小数部分组成，浮点型也可以使用科学记数法表示。例如：

```
15.0、0.37、-11.2、2.3e2、314.15e-2
```

(4) 复数(complex)：复数由实数部分和虚数部分构成，可以用 $a + bj$ 或者 complex(a, b) 表示，复数的虚部以字母 j 或 J 结尾。例如：2+3j。

数据类型是不允许改变的，这就意味着如果改变数值数据类型的值，将重新分配内存空间。

【例 4-4】数值类型及转换测试。

```
a,b,c,d= 20,3.5,False, 5 + 6j
print(type(a),type(b),type(c),type(d))                    #输出每个数值的类型
e = 20170000000201700002017
f=e+5
print(e)                                                  #输出很大的整数
print(f)
g=2.17e+18
print(g)                                                  #输出浮点数
print(bin(26), oct(26), hex(26))                          #输出十进制数所对应的其他进制的值
print(oct(Ox26),int(Ox26),bin(Ox26))
print(int(35.8),float(23))                                #使用函数转换数值类型
print(isinstance(24,float))                               #判断数据是否是某个数值类型
print(complex(5))                                         #整数转换为复数
print(complex(3,4))
```

2. 字符串

字符串是 Python 中最常用的数据类型，可以使用引号来创建字符串。Python 使用单引号和双引号来表示字符串是一样的。

(1) 创建和访问字符串。

创建字符串很简单，只要为变量分配一个值即可。例如：

```
>>>varl = 'Hello World! '
>>>var2 = "Python Programming"
```

Python 访问子字符串，可以使用方括号来截取字符串，例如：

```
varl = 'Hello World! '
var2 = "Python Programming"
print ("var1[0]: ", varl [0])          #取索引 0 的字符，注意索引号从 0 开始
print ("var2[1:5]: ", var2 [1:5])      #切片
```

程序运行结果如下：

```
Varl[0] : H
var2[1:5]: ytho
```

说明：切片是字符串(或序列等)后跟一个方括号，方括号中有一对可选的数字，并用冒号分割，如[1:5]。切片操作中的第一个数(冒号之前)表示切片开始的位置，第二个数(冒号之后)表示切片结束的位置。

(2) Python 转义字符。

需要在字符中使用特殊字符时，Python 用反斜杠(\)转义字符，如表 4-2 所示。

表 4-2 转义字符

转义字符	描　　述	转义字符	描　　述
\(在行尾时)	续行符	\n	换行
\\	反斜杠符号	\v	纵向制表符
\'	单引号	\t	横向制表符
\"	双引号	\r	回车
\a	响铃	\f	换页
\b	退格(Backspace)	\e	转义
\oyy	八进制数，yy 代表的字符，例如：\ol2 代表换行	\000	空
\xyy	十六进制数，yy 代表的字符，例如：\xOa 代表换行		

【例 4-5】查询月份的英文缩写。

```
#查询英文月份
months = "JanFebMarAprMayJunJulAugSepOctNovDec"
n = eval(input("Enter a month number (1-12):"))
pos = (n - 1) * 3
monthAbbrev = months[pos:pos + 3]
print("The month abbreviation is", monthAbbrev + ".")
```

程序运行结果如下：

```
Enter a month number (1-12): 5
The month abbreviation is May.
```

3. 布尔类型

任何条件都以命题为前提，要以命题的“真”(True)、“假”(False)来决定对某一选择说是还是否。所以，条件是一种只有 True 和 False 取值空间的表达式。这种数据类型称为布尔类型。

(1) True 与 False 都是字面量，也是保留字。

(2) 在底层，True 被解释为 1，False 被解释为 0。所以，常常把布尔类型看作一种特殊的 int 类型。进一步扩展，把一切空(0、空白、空集、空序列)都可以当作 False，把一切非空(有、非 0、非空白、非空集、非空序列)都当作 True。

【例 4-6】通过一段程序了解布尔类型的实质。

(3) 布尔类型只有两个对象：True 和 False，而不管指向它们的变量有多少。

```
>>>True+1
2
>>>False+1
1
>>>int(True)
1
>>>int(False)
0
```

4.3.4 输入和输出

所谓的输入和输出是以计算机主机为主体而言的。从输入设备(如键盘、鼠标等)向计算机输入数据称为输入，从计算机向外部输出(如显示器、打印机等)输出数据称为输出。

1. input()函数

Python 中提供了 input()函数用于输入数据。

执行时首先在屏幕上显示提示字符串，然后等待用户输入，用户按回车键结束输入，结束输入后会将用户的输入作为字符串原样传回程序。例如：

```
>>>x = input("请输入 x 值：")
请输入 x 值：100
>>>x
'100'
```

2. print()函数

print()函数是一个常用函数，其功能就是输出括号中的字符串。

print()函数可以有多个输出，以逗号分隔。例如：

```
>>>a=10
>>>print(a,type(a))
10 <class'int'>
```

若要将多个结果打印在一行，并以逗号分隔，可以在 print 中添加 end=','，例如：

```
for i in range(5):
    print(words[i], end = ', ')
```

4.3.5 运算符和表达式

1. 运算符

Python 支持大多数算术运算符、关系运算符、逻辑运算符以及位运算符，并遵循与大多数语言一样的运算符优先级。除此之外，还有一些运算符是 Python 特有的，例如成员测试运算符、集合运算符、同一性测试运算符等。另外，Python 很多运算符具有多种不同的含义，作用于不同类型操作数的含义并不相同，非常灵活。

【例 4-7】使用算术运算符，计算 5+4×7−8÷2 的值。

```
>>>k=5+4*7-8/2
>>>k
29.0
```

常用运算符如表 4-3 所示。

表 4-3 Python 常用运算符

运算符	示例	描　　述
+	*x*+*y*	算术加法，列表、元组、字符串合并
-	*x*-*y*	算术减法，集合差集
*	*x***y*	乘法，序列重复
/	*x*/*y*	除法(在 Python 3. x 中叫作真除法)
//	*x*//*y*	求整商
—	—*x*	相反数
%	*x*%*y*	余数(对实数也可以进行余数运算)，字符串格式化
**	*x****y*	幂运算
<、<=、>、>=	x< y; x< = y; x> y; x> = y	大小比较(可以连用)，集合的包含关系比较
==、!=	x==y;x!=y	相等(值)比较，不等(值)比较
or	*x* or *y*	逻辑或(只有 *x* 为假才会计算 *y*)
and	*x* and *y*	逻辑与(只有 *x* 为真才会计算 *y*)
not	not *x*	逻辑非
in、not in	*x* in *y*; *x* not in *y*	成员测试运算符
is、is not	*x* is *y*; *x* is not *y*	对象实体同一性测试(地址)
|、^、&、<<、>>、~	—	位运算符
&、|、^	—	集合交集、并集、对称差集

注意：需要说明的是，Python 中的除法有两种："/"和"//"分别表示除法和整除运算，并且 Python 2. x 和 Python 3. x 对"/"运算符的解释也略有区别。Python 2. x 将"/"解释

为普通除法，而 Python 3. x 将其解释为真除法。

【例 4-8】计算学生成绩的分数差及平均分。

```
python = 95                    #定义变量，存储 Python 的分数
english = 92                   #定义变量，存储 English 的分数
c = 89                         #定义变量，存储 C 语言的分数
sub = python-C                 #计算 Python 和 C 语言的分数差
avg= (python + english + c) /3 #计算平均分
print("Python 课程和 C 语言课程的分数之差："+str(sub)+ "分\n")
print("3 门课的平均分：" + str(avg)+ "分")
```

运行结果如图 4-6 所示。

```
Python课程和C语言课程的分数之差：6分
3门课的平均分：92.0分
```

图 4-6　计算学生成绩的分数差及平均分

2. 表达式

表达式是一个或多个运算的组合。Python 语言的表达式与其他语言的表达式没有显著的区别。每个符合 Python 语言规则的表达式的计算都是一个确定的值。对于常量、变量的运算和对于函数的调用都可以构成表达式。

【例 4-9】用条件表达式判断是否为闰年。

```
years=int(input("请输入查询的年份："))
if(years % 4 == 0 and years % 100 !=0) or (years % 400 == 0):
    print(years,"是闰年")
else:
    print(years,"不是闰年”)
```

程序运行结果如下：

```
请输入查询的年份： 2019
2019 不是闰年
请输入查询的年份： 2020
2020 是闰年
```

4.4 程序结构

Python 语言的程序结构包括顺序结构、选择结构和循环结构三种基本逻辑结构。

4.4.1 顺序结构

顺序结构是最简单的控制结构，按照语句书写的先后次序依次执行。顺序结构的语句

主要是赋值语句、输入与输出语句，其特点是程序沿着一个方向进行，具有唯一的入口和出口。如图 4-7 所示，顺序结构只有先执行完语句 1，才会执行语句 2，语句 1 将输入数值进行处理后，其输出结果作为语句 2 的输入。也就是说，如果没有执行语句 1，语句 2 不会执行。

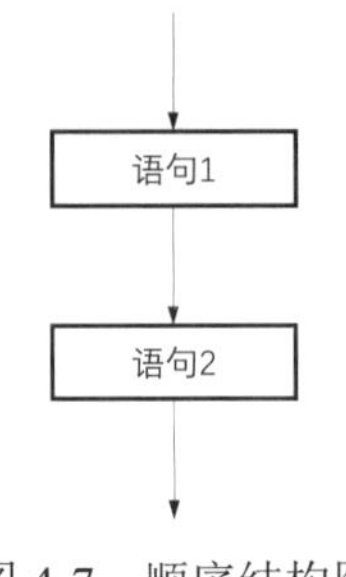

图 4-7　顺序结构图

【例 4-10】从键盘上输入圆的半径，求圆的直径、面积和周长。

```
r=int(input('请输入圆的半径：'))
PI=3.14
z=2*r
c=2*PI*r
s= PI*(r**2)
print('圆的直径为: ',z)                    #输出圆的直径
print('圆的周长为：',c)                    #输出圆的周长
print('圆的面积为：',s)                    #输出圆的面积
```

运行结果如图 4-8 所示。

图 4-8　输入圆的半径求直径、周长和面积

4.4.2　选择结构

选择结构又称为分支语句、条件判定结构，表示在某种特定的条件下选择程序中的特定语句执行。

Python 是通过 if 语句来实现分支结构的。if 语句具有单分支、双分支和多分支等形式。

1. 单分支

if 的单分支语句流程图如图 4-9 所示。

if 的单分支语句格式如下：

```
if 条件表达式:
    语句块
```

【例 4-11】从键盘上输入两个正整数 *x* 和 *y*，并升序输出。

若从键盘依次输入的两个数是 3 和 5，只须顺序输出两个数。但若输入的先后次序是 5 和 3，则必须对两个数交换后输出。不妨设两个整数为 *x* 和 *y*，引入临时变量 *t*，通过以下三步实现 *x* 和 *y* 的交换，如图 4-10 所示。

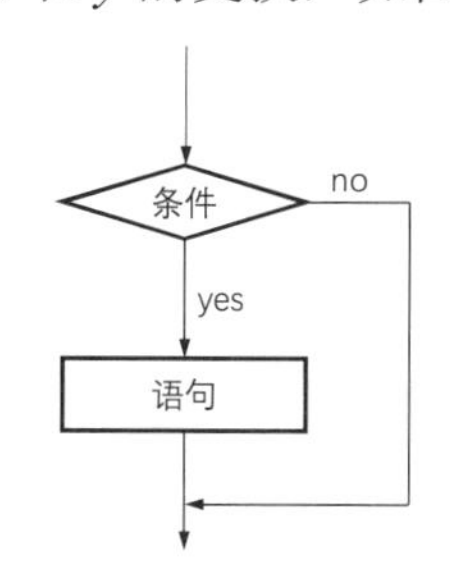

图 4-9　if 的单分支语句流程图

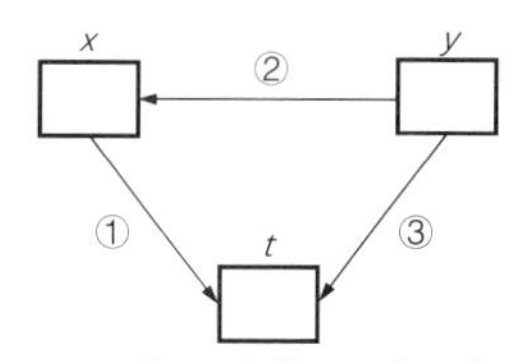

图 4-10　*x* 和 *y* 交换，引入临时变量 *t*

x 和 *y* 交换过程如表 4-4 所示。

表 4-4　交换变量图示

交换步骤	变量 *x*	变量 *y*	变量 *t*
交换前	5	3	0
步骤一	5	3	5
步骤二	3	3	5
步骤三	3	5	5

```
x=input ("please input x")
y=input ("please input y")
print ("exchange before: ", x, y)
if x> y:                                  #如果 x 大于 y 条件成立，则引入 t 交换 x 和 y
    t = x                 t = y
    x = y    <==等价==>   y = x
    y = t                 x = t
print ("exchange after", x, y)
```

以上程序运行结果如图 4-11 所示。

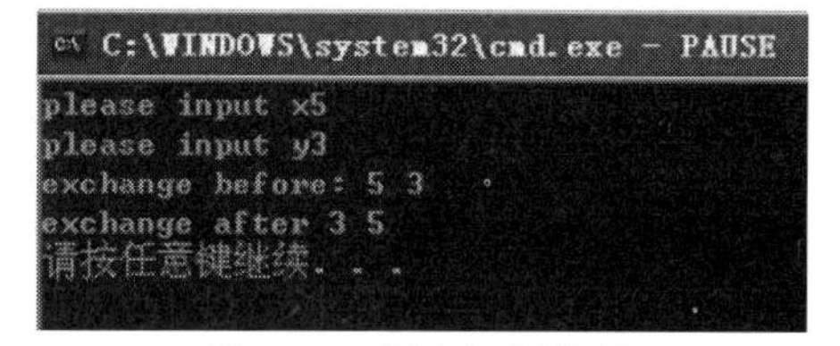

图 4-11　程序运行结果

2. 双分支

if 的双分支语句流程图如图 4-12 所示。当条件表达式的值为 True 时，程序执行语句 1；当条件表达式的值为 False 时，程序执行语句 2。

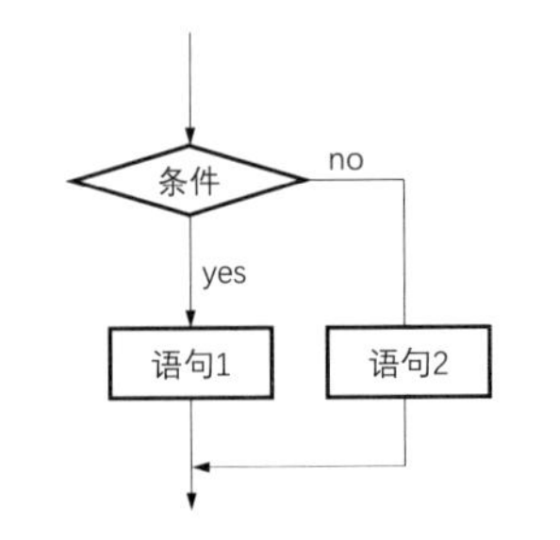

图 4-12　if 的双分支语句流程图

if 的双分支语句格式如下：

```
if 条件表达式:
    <if 句块 1>
else:
    <if 句块 2>
```

if 和 else 的语句块用缩进来表示，else 从句在某些情况下可以省略。

【例 4-12】 输出 *a* 与 *b* 中较大的数。

```
a=int(input ("a ="))
b=int(input ("b ="))
if a<b:
    z=b
else:
    z=a
print (z)
```

以上程序运行结果如下：

```
a=1
b=2
2
```

3. 多分支

当分支超过 2 个时，采用 if 语句的多分支语句。该语句的作用是根据不同的条件表达式的值确定执行哪个语句块，Python 测试条件依次为条件表达式 1、条件表达式 2…，当某个条件表达式值为 True 时，就执行该条件下的语句块，其余分支不再执行；若所有条件都不满足，且有 else 子句，则执行 else 语句块，否则什么也不执行。

if 的多分支语句格式如下所示：

```
if 条件表达式 1 :
    <if 句块 1>
elif 条件表达式 2:
    <if 句块 2>
elif 条件表达式 3:
```

```
    <if 句块 3>
...
else:
    <if 句块 n>
```

if 的多分支语句流程图如图 4-13 所示。

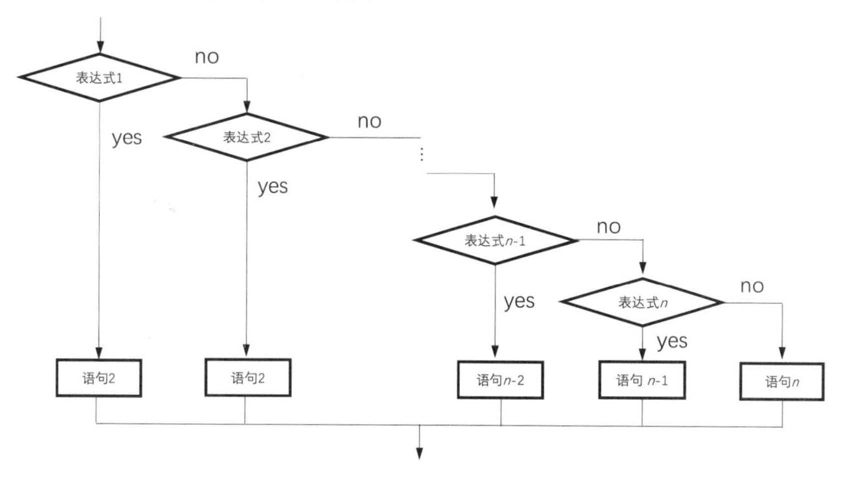

图 4-13 if 的多分支语句流程图

【例 4-13】根据当前时间是上午、下午或晚上，分别给出不同的问候信息。

```
hour= int(input ("hour"))
if hour< = 12:
    print("Good morning")
elif hour< 18:
    print("Good afternoon")
else:
    print ("Good evening")
```

4.4.3 循环结构

循环结构是指程序有规律地反复执行某一操作块的现象。Python 语言有 while 循环和 for 循环两种。while 循环常用于多次重复运算，而 for 循环用于遍历序列型数据。

【例 4-14】求 1~5 五个数之和。

```
i=1
sum=0
sum+ = i; i+ = 1
sum+ = i; i+ = 1
sum+ = i; i+ = 1
sum+ = i; i+ = 1
sum+ = i
print sum
```

sum+= *i*;*i*+=1 重复写了 5 次，上例若改为 1～100 之和，则 sum+= *i*; *i*+=1 需要写上 100

遍，工作量极大。因此，对于这种重复有规律的行为，Python 引入了循环结构。

1. while 语句

循环语句由循环体及循环控制条件两部分组成。反复执行的语句或程序段称为循环体。循环体能否继续执行，取决于循环控制条件。

while 语句的书写格式如下：

① 格式一

```
while 循环控制条件:
    循环体
```

② 格式二

```
while 循环控制条件:
    循环体
else:
    语句
```

while 语句流程图如图 4-14 所示。

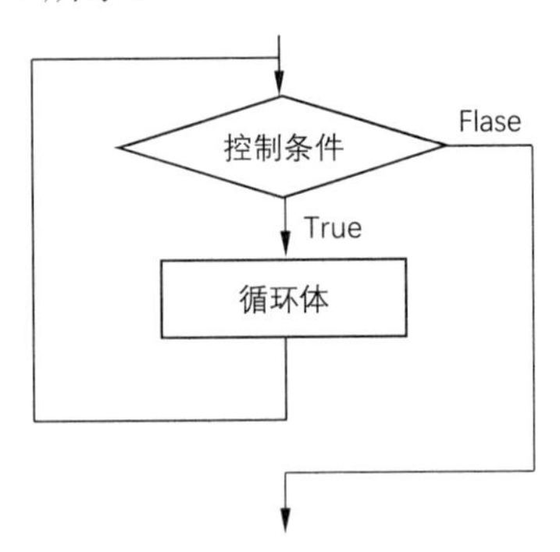

图 4-14　while 语句循环流程图

while 语句的执行过程如下。

将初值赋给循环变量，判断循环变量的当前值是否超过终值，如果没有超过终值，执行循环体，循环变量增加一个步长值，返回进行条件判断；如果循环变量的当前值仍没有超过终值，则继续执行循环体，循环变量再增加一个步长值，返回再进行条件判断。如此反复，直到循环变量的当前值超过终值，也就是条件表达式的结果为假，结束循环，不再执行循环体。

(1) 确定次数循环。循环分为确定次数循环和不确定次数循环。确定次数循环是指在循环开始之前就可以确定循环体执行的次数。

【例 4-15】计算 1～100 之间所有自然数的和。

本例为求 1+2+3+4+⋯+100 的和，这种求取一批数据的“和”的计算称为“累加”，是一种典型的循环。通常引入一个变量存放“部分和”(sum)；另一个变量表示变化的量，即累加项(i)。设置 sum 的初值为 0，然后通过循环重复执行：和值=和值+累加项。

```
i=1; sum= 0                          #i 为循环变量，sum 表示累加 1 的和
while i< = 100:                      #从 1 到 100
    sum= sum+ i                      #部分和累加 1
    i+= 1                            #每次步长为 1
print("sum", sum)                    #总和
```

程序运行结果如图 4-15 所示。

```
sum 5050
```

图 4-15　1~100 自然数累加的和

循环控制变量 *i* 的值如表 4-5 所示。

表 4-5　循环控制变量 *i* 值

循环控制变量 *i*	表达式 2 (*i*<=100)	是否执行循环体	循环体 sum =sum+*i*	表达式 3 (*i* = *i*+1)
0	True	执行	0	1
1	True	执行	1	2
2	True	执行	3	3
3	True	执行	6	…
…	…	执行	…	…
99	True	执行	4950	100
100	True	执行	5050	101
101	False	不执行	5050	101

思考：如何编程实现计算 1～100 之间所有奇数的和。

(2) 不确定次数循环。不确定次数循环是指有些循环只知道循环结束的条件，而循环体所重复执行的次数事先并不知道。

【例 4-16】猜数字游戏。在 0~9 范围内猜数。如果大于预设的数字，显示 bigger!；反之，显示 smaller!；如此循环，直至猜中该数，显示 right!。

```
num = 7                                      #预设数
guess = int(input("please input a number:"))
while guess != num:
    if guess > num:                          #大于预设数
        print("bigger!")
    else:                                    #小于预设数
            print("smaller!")
    print("smaller!")
  guess = int(input("please input a number:"))
print("right!")
```

程序运行结果如下：

```
please input a number: 9
bigger!
```

```
please input a number: 5
smaller!
please input a number: 7
right!
```

(3) 无限循环。无限循环又称为死循环，当 while 语句的“表达式”永远为真，循环将永远不会结束。使用 while 语句构成无限循环的格式通常为：

```
while True:
    循环体
```

2. for 语句

for 循环是一个计次循环，一般应用在循环次数已知的情况下。通常适用于枚举或遍历序列，以及迭代对象中的元素。下面通过两个例子来介绍 for 语句的使用方法。

【例 4-17】计算 1～10 的整数之和，可以用一个 sum 变量做累加。

```
sum = 0
for x in [1, 2, 3, 4, 5, 6, 7, 8, 9, 10]:
    sum = sum + x
print(sum)
```

【例 4-18】for 循环输出 1～100 的所有整数。

```
for i in range (1, 101) :
print (i, end=" ")
```

程序运行结果如图 4-16 所示。

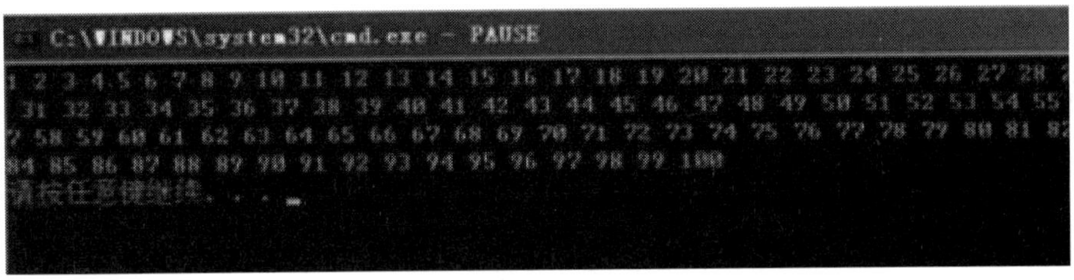

图 4-16　程序运行结果

3. 辅助语句

上面的例子都是与循环变量值超出终值范围或者循环条件不满足时，才终止循环。除此之外，还可以在循环体中使用 break 语句和 continue 语句，用于跳出循环控制结构。

(1) break 语句。break 语句用于提前终止整个循环体的执行。在 while 和 for 的循环嵌套中，break 语句将停止执行最深层的循环，并开始执行下一行代码。

break 语句对循环控制的影响如图 4-17 所示。

说明：

① break 语句只能出现在循环语句的循环体中。

② 在循环语句嵌套使用的情况下，break 语句只能跳出(或终止)它所在的循环，而不能同时跳出(或终止)多层循环。

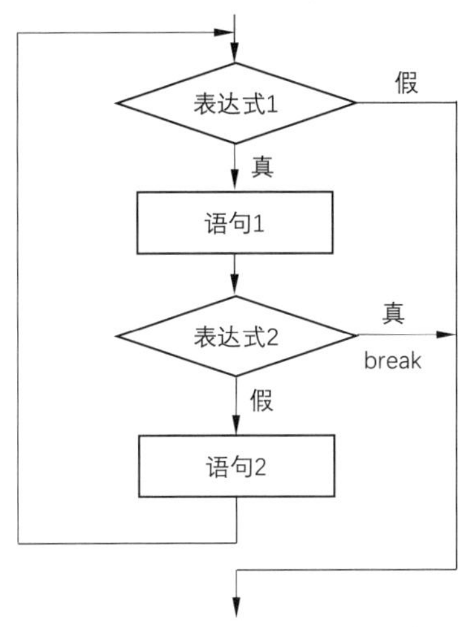

图 4-17　break 语句对循环控制的影响

【例 4-19】求使 2+4+6+8+⋯+n<100 成立的最大的 n 值。

遍历过程以递增的方式进行，当找到第一个能使此不等式成立的 n 值，循环过程立即停止，后续还没有遍历的数无须再进行判断，可使用 break 语句将循环提前终止。

```
i = 2; sum=0
while True:
    sum+=i
    if sum>= 100:
        break
    else:
        i+=2
print (i)
```

(2) continue 语句。continue 语句用于终止本次循环的执行，即跳过当前这次循环中的 continue 语句后尚未执行的语句，接着进行下一次循环条件的判断。

说明：

① continue 语句只能出现在循环语句的循环体中。

② continue 语句往往与 if 语句联用。

③ 若执行 while 语句中的 continue 语句，则跳过循环体中 continue 语句后面的语句，直接转去判别下次循环控制条件；若 continue 语句出现在 for 语句中，则执行 continue 语句就是跳过循环体中 continue 语句后面的语句，转而执行 for 语句的下一次迭代。

continue 语句对循环控制的影响如图 4-18 所示。

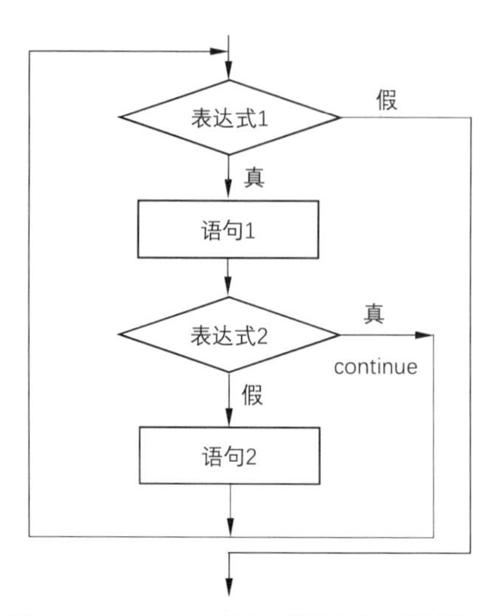

图 4-18　continue 语句对循环控制的影响

【例 4-20】求 200 以内能被 17 整除的所有正整数。

```
print ( ' Less than 200 numbers is divisible by 17:')
for in range (1 , 201, 1) :
    if   i%17!=0:
        continue
    print (i, end = " ")
```

程序运行结果如图 4-19 所示。

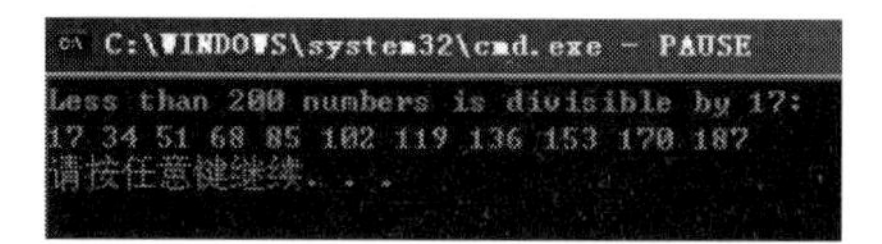

图 4-19　程序运行结果

4.5　代码的封装

4.5.1　模块化程序设计思想

在程序设计过程中，为了有效地完成任务，明智的做法是，把所要完成的任务分割成若干相对独立但相互仍可有联系的任务模块。这样的任务模块还可以继续细分成更小的模块，甚至那些小模块变得任务相对单纯，对外的数据交换相对简单，容易编写，容易检测，容易阅读和维护。这种逐步细化的思想，叫作自顶向下设计(top-down design)。在程序设计中确定任务和各种子任务的过程，称为模块化程序设计。

模块化程序设计的优点是：

(1) 程序读起来更容易，减少了定位程序错误和问题修改的时间。

(2) 进行程序设计、编码和测试时，每次针对一个模块比一次性针对整个程序容易，这会提高程序员或项目中所有程序的效率。

(3) 不同的程序模块可以由不同程序员分别进行设计和编码，当创建大型复杂程序时，这是必不可少的。

(4) 有时一个模块可以在程序内多处使用，减少程序中代码的数量。

(5) 完成常见程序设计任务的模块可用于多个程序。建立这些模块的程序可减少设计、编码和测试的时间。

在程序设计中，模块化程序设计思想的应用最常见的就是自定义函数。

4.5.2 自定义函数

在程序设计过程中，程序员常会遇到这样的情况，有些操作经常重复出现，有时是在一个程序中多次重复出现，有时是在不同程序中多次重复出现，这些重复运算的程序段是相同的，只不过是每次都以不同的参数进行重复。如果在一个程序中，相同的程序段多次重复编写，势必会使程序行数过多，一方面会占用大量的存储空间，另一方面又浪费宝贵的编程时间。对于许多都要使用的计算函数和求解问题的程序，情况也是如此。如果每个需要这些程序的人都单独设计，将浪费大量的时间与金钱，大大地降低程序员的工作效率。解决这一问题的有效办法就是将上述各种情况下共同使用的程序设计成可供其他程序使用的独立程序段。

在 Python 中，这样的程序段被称为函数，其实质就是计算思维中的模块设计概念。对于数值计算、数据库管理、界面布局、多线程、游戏设计等领域的问题，也可以使用函数这一技术。例如，已知正整数 m 和 n，要求计算组合值 $m!/n!(m-n)!$。在这个应用程序中，要使用计算阶乘的程序 3 次，每次都只对不同的数据进行计算，而程序结构则是一样的。

在 Python 中，函数分为内置函数、标准库函数、第三方库函数和自定义函数四大类。下面将主要介绍自定义函数及其调用。

1. 函数定义

用户在定义函数时需要使用 def 语句，在 def 语句内部一方面是定义函数，另一方面是将函数值返回给主调函数(即主程序)。

def 语句的一般格式如下：

```
def <函数名>(<形参表>):
    <函数体>
    return <返回值>
```

说明：

(1) 自定义函数由保留字 def 开头，且与其后的<函数名>之间要用空格分隔。

(2) <函数名>必须是合法的 Python 标识符，且其后必须跟圆括号以标识函数。

(3) 圆括号后必须跟冒号，从而让系统向行识别并处理后续的<函数体>。

(4) <形参表>位于括号内，表示函数涉及的参数，由逗号分隔不同的形参。

(5) <函数体>用于实现函数的具体执行功能。

(6) <函数体>由语句块组成，必须缩进固定空格数，且最好沿用 IDLE 交互环境中的隐含设置。

(7) 若是有参函数，则要有<返回值>选项，可由 return 语句实现。

2. 函数调用

函数调用的一般格式如下：

```
<函数名> (<实参表>)
```

说明：<实参表>表示函数调用时所需的全部参数。由于实参中的值将传递给形参，所以实参应该是常数、有值的变量、表达式、另一个函数调用等。

3. 返回语句

return 语句的功能是从被调函数返回到主调函数继续执行，返回时可附带一个返回值，由 return 语句后面的参数指定。其一般格式如下：

```
return <表达式>
```

说明：

(1) <表达式>用于表示函数的返回值。

(2) 定义函数必须以 return(<表达式>)语句结尾，除非没有返回值。

(3) 若有可选项<表达式>，则函数将返回该表达式的值；若无可选项<表达式>，则系统自动返回常量 None。

一个函数可以通过 return 语句返回一个特定类型的值，也可以不使用 return 语句，而是只执行函数主体中的代码，这种情况下，函数将向调用者返回一个未定义的值。实际上，创建函数的方法与编写其他应用程序是完全相同的，其差别仅仅是在一个函数中至少要有一条 return 语句，除非没有返回值。

无参函数在没有参数的情况下，使函数没有通用性，即运行结果是固定的。一般用于显示指定信息。

【例 4-21】显示 3 行提示信息。

```
#定义两个无参函数
def prints tar () :
    print("******************************")
def print message () :
print ("*Computation Thinking! *")
#主程序将三次调用无参函数
prints tar ()
```

```
print message ()
prints tar ()
```

本例中定义两个无参函数，主程序将三次调用无参函数。

程序运行结果如图 4-20 所示。

```
********************************
*   Computation Thinking!      *
********************************
```

图 4-20　程序运行结果

【例 4-22】找出两个数中的较大数。

```
#定义参函数
def larger (x, y) :
    if x>y:
        return x
    else:
        return y
#主程序及函数调用
a= int (input ("输入第 1 个数："))
b= int (input ("输入第 2 个数："))
c= larger (a,b)
print("较大数: \t", c)
```

程序运行结果如图 4-21 所示。

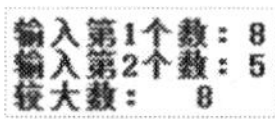

```
输入第1个数：8
输入第2个数：5
较大数：   8
```

图 4-21　程序运行结果

本例中的有参函数 larger(*x*, *y*)在获得由实参 *a* 和 *b* 传递的数据后，使函数能够找回指定两数中的较大数，从而使函数具有通用性，运行结果不是固定的。

4. 函数调用过程

当函数调用出现在主程序中时，将执行所指定的 *a*()函数。在 *a*()函数执行到 return 语句时，将流程转移主程序，同时将返回值传递给主程序，然后继续执行函数调用后面的语句。函数调用的过程如图 4-22 所示。

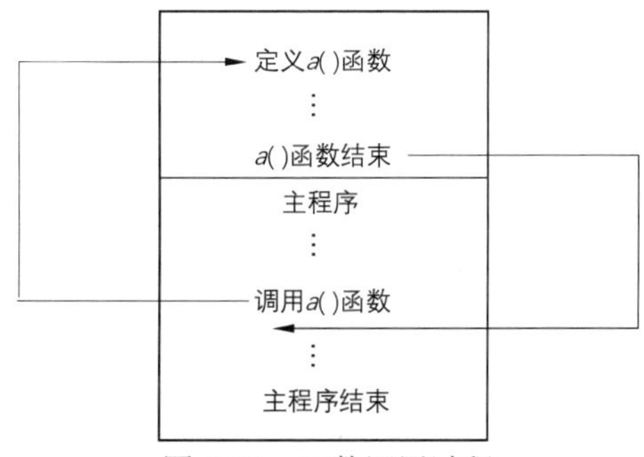

图 4-22　函数调用过程

在调用函数的过程中又出现直接或间接地调用该函数本身，称为函数的递归调用。Python 中允许函数进行递归调用，换句话说，可以直接调用函数自己，也可以间接调用函数自己。所谓间接调用是指函数 A 中调用函数 B，而函数 B 中又调用函数 A。本节将只介绍直接递归。

下面来看如下关于一个整数的函数定义：

$f(n)=n\times f(n-1)$，且初值 $f(1)$ 为 1。

如要计算 $f(5)$，则有 $f(5)=5\times f(4)=5\times 4\times f(3)=20\times 3\times f(2)=60\times 2\times f(1)=120\times 1$，即 5!。

在计算机语言(例如 Java、C、Python 等)中均引入递归函数，是因为递归函数具有两个好处，一是编程方便，可用简单分支结构代替复杂的循环结构；二是用于求解特殊问题，这些问题若不用递归函数是极难解决的。

一个计算问题要采用递归调用时，必须符合以下 3 个条件。

(1) 有一个明确结束递归调用过程的条件。

(2) 可以运用转化过程使问题得以简化并加以解决。

(3) 可以将所求解的计算问题转化为另一个简化的计算问题，而二者之间的解法是完全相同的，被处理的对象必须有规律地递增或递减。

【例 4-23】用递归方法求 n!。

求解方法：这里没有使用循环结构，而是使用递归方法编写如下的二分段函数：

$$f(n)=\begin{cases}1, & n=1\\ n\times f(n-1), & n\text{大于1的整数}\end{cases}$$

```
#定义递归函数
def fact (n) :
    if n= = l:                                        #递归调用结束的条件
        return 1
    else:
        return fact (n-1) * n                         #递归调用
#主程序并调用递归函数
n= int(input("输入数据："))
print(n, "的阶乘："，fact(n))
```

程序运行结果如图 4-23 所示。

```
输入数据：10
10的阶乘： 3628800
```

图 4-23　程序运行结果

从本例中可以发现，递归函数通常是分段函数，程序中使用 if 语句就能够实现，编程非常简单，并没有使用循环语句，但是机器在实现递归函数时，只能通过重复调用参数不同的同一函数而最终实现，这本身就是循环。当然，递归过程将增加机器负担，但可以提高编程效率。

4.6 Python 组合数据类型

在解决实际问题时，常常遇到批量数据的处理，例如全班学生某门课程的考试成绩，包括学号、姓名、性别、年龄、专业在内的学生信息等，这些数据定义成组合数据类型更便于处理。不仅如此，如果要编写程序进行数学中的矩阵运算、向量运算等，都可以使用组合数据类型。更复杂一些的数据，例如全班学生若干门课程的考试成绩，若干本书的书名、书号、定价等，也可以组织成组合数据类型进行处理。在 Python 中，组合数据类型包括列表、元组、字典和集合。字符串具有组合类型的部分性质。

4.6.1 列表

列表(list)是包含 0 个或多个数据的有序序列，其中的每个数据称为元素，列表的元素个数(列表长度)和元素内容都是可以改变的。使用列表，能够灵活方便地对批量数据进行组织和处理。

【例 4-24】编写程序统计成绩中大于或等于 90 分的个数。

分析：把成绩数据存入一个列表变量，通过遍历访问列表中的值，统计出大于或等于 90 分的个数。

```
score_list=[77,91,92,76,90]             #创建成绩列表
num = 0                                 #计数器清零
for in in range(0,5):                   #遍历列表中每一个数据
    if score_list[i]>=90:               #计算大于或等于 90 分的成绩个数
        num+=1
print("num=",num)                       #输出结果
```

上面的访问方式需要编程人员知道列表的长度，其实不知道列表的长度也能实现相应的功能。可以使用 len()函数自动计算列表的长度，程序如下：

```
score_list=[77,91,92,76,90]             #创建成绩列表
num= 0                                  #计数器清零
for i in range (0, len (score_list)) :  #遍历列表中每一个数据，自动计算列表的长度
    if score list [i] > = 90:           #计算大于或等于 90 分的成绩个数
        num +=1
print("num=",num)                       #输出结果
```

还可以直接访问列表中的元素，程序中不用列表的长度，程序如下：

```
score_list=[77,91,92,76,90]             #创建成绩列表
num= 0                                  #计数器清零
for score in score_list:                #直接遍历访问列表中的元素，不用列表的长度
    if score>= 90:
```

```
        num+=1
print("num=",num)                          #输出结果
```

通过以上实例，可以知道创建列表的语法格式如下：

```
列表名 =[值 1, 值 2, 值 3, … ,值 n]
```

把一组值放在一对方括号内组织成列表值并赋值给一个列表变量，列表值可以有 0 个、1 个或多个，如果有多个列表值，值与值之间用逗号分隔。例如：

```
>>>listl = [78, 62, 93, 85, 68]
>>>list2 = ["2022001","张三","男", 19, "金融学"]
>>>list3= [36]
>>>list4= [  ]
```

列表创建后就可以访问使用。对列表的访问，除了可以整体赋值外，常用的方式是访问其中的元素，语法格式如下：

```
列表名[索引值]
```

4.6.2 元组

元组(tuple)可以看作是具有固定值的列表，对元组的访问与列表类似，但元组创建后不能修改，既不能修改其元素值，也不能增加和删除元素，元组功能不如列表强大、灵活，但处理数据的效率更高，对于一旦确定不再变化的批量数据处理更有优势。

【例 4-25】编写程序，计算向量之间的距离。

分析：数据挖掘领域的分类与聚类的基础是计算各个样本属性向量之间的距离，距离小的样本相似度高，距离大的样本相似度低。

```
import math
tupl= (1, 0, 2, 3, 1, 5)                  #样本 1 的属性向量值
tup2= (2,l,1,3,2,4)                       #样本 2 的属性向量值
tup3= (3, 2, 1, 1, 4, 5)                  #样本 3 的属性向量值
dis12= disl3= dis23= 0                    #距离变量初值设定为 0
for i in range (6) :                      #计算两两向量分量差平方的累加和
    dis12+ = (tupl [i]- tup2[i])**2
    dis13+ = (tupl [i]- tup3[i])**2
    dis23+ = (tup2 [i]- tup3[i])**2
dis12=rnath.sqrt (dis12)                  #计算样本 1 与 2 之间的距离
dis13=rnath.sqrt (dis13)                  #计算样本 1 与 3 之间的距离
dis23=rnath.sqrt (dis23)                  #计算样本 2 与 3 之间的距离
if dis12< = dis13 and dis12< = dis23:     #根据距离值判断样本之间的相似度
    print("l、2 样本相似度比较高！")
if dis13< = dis12 and dis13< = dis23:
    print("l、3 样本相似度比较高！")
if dis23< = dis12 and dis23< = dis13:
```

```
        print("2、3 样本相似度比较高！")
```

通过以上实例操作，我们知道创建元组的语法格式如下：

```
元组名 =(值 1,值 2,值 3,…,值 n)
```

把一组值组合为一个元组，并赋值给一个元组变量。

创建元组与创建列表的相同点：如果有多个元素，元素值之间用逗号分开，元素值既可以是简单类型，也可以是组合类型。创建元组与创建列表的不同点：创建元组时是把一组值放在一对圆括号中，在不引起歧义的情形下圆括号也可以省略不用，而创建列表时是把一组值放在一对方括号中，而且方括号不能省略。例如：

```
tul= (78,62,93,85,68)                          #由多个同类型的值构成
tu2= ("2022001", "张三", "男", 19, "金融学")    #由多个不同类型的值构成
tu3= ("2022001", "张三", (78,62, 93, 85, 68))  #元素中包含元组
tu4= (36,)                                     #只有一个元素的元组
tu5= ()                                        #没有元素的元组
```

对于只有一个元素的元组，元素值后面要跟有逗号，否则会被认为是一个表达式，例如：

```
tu4= (36,)                                     #tu4 的类型为元组
tu6= (36)                                      #tu6 的类型为整型，等价于 tu6=36
```

和创建列表类似，创建元组除了直接写出各元素值外，还可以利用 tuple()函数和推导式完成，例如：

```
tu7= tuple()                                   #等价于 tu7=()
tu8= tuple("程序设计")                          #等价于 tu8=("程", "序", "设", "计")
tu9= (i for i in range(l0,30,5))               #等价于 tu9=(10, 15, 20, 25)
```

对元组元素的访问与对列表元素的访问类似，语法格式如下：

```
元组名[索引值]
```

4.6.3 字典

一批数据存入列表或元组，查找或读取、修改某个数据元素时，需要给出该数据元素的索引值，数据量比较大时，记住数据元素的索引值不是一件容易的事情。如果能够按照某个关键字的值(学号、身份证号等)查找或者读取批量数据中的信息，则对数据的操作更为简单方便。以字典方式组织数据就可以实现按关键字查找和读取、修改信息。

【例 4-26】利用字典统计学生修读课程的总成绩和平均成绩。

把某位同学修读课程的课程名及成绩以字典的方式存储，然后通过遍历字典的方式对成绩进行统计计算。

```
dicl= {"数学":78, "语文":82, "英语":67, "计算机":91}    #创建字典
```

```
dic2= dicl                                          #复制字典值给 dic2
num= total= 0
while dic2:                                         #当字典 dic2 不为空时
    name, score= dic2.popitem()                     #取出一对(课程名,成绩)值，并从字典中删除
    num+ =l                                         #课程门数加 1
    total+ = score                                  #成绩累加
ave= total/ /num                                    #计算成绩的平均值
print ("{}门课程的平均成绩 = {}".format (num, ave) )
```

通过上面的实例，我们可以知道创建字典的语法格式如下：

```
字典名 ={键 1:值 1, 键 2:值 2, 键 3:值 3, …, 键 n:值 n}
```

字典也是由若干个元素组成，由一对大括号括起来，每个元素是一个“键一值”对的形式，“键一值”对之间用逗号分开。如果有多个“键”相同的“键一值”对，只保留最后一个。例如：

```
dicl= {"数学": 78, "语文": 82, "英语": 67, "计算机": 91}          #课程名与成绩
dic2= {"小明": "数学": "小凯": "数学": "小婷": "英语"}            #学生姓名与专业
dic3= {}                                                        #创建一个空字典
```

还可以使用 diet()函数和推导式创建字典。例如：

```
dic4=dict ( [["数学", 78], ["语文", 82], ["英语", 67], ["计算机", 91]])
dic5=dict ((("数学", 78), ("语文", 82), ("英语", 67), ("计算机", 91)))
dic6= dict ()                                                   #创建一个空字典，等价于 dic3
dic7= {5:25,10:100,15:225,20:400,25:625}
dic8= { i : i * i for i in range (10, 30, 5) }                  #等价于 dic7
dic9= {"数学":78, "语文": 82, "英语":67, "数学": 91}
```

和列表、元组不同，字典是一个无序序列，其中的元素没有对应的索引值，元素的存储顺序(以及对应的显示顺序)可能与创建字典时的书写顺序不一致。对字典的访问是根据“键” 来找对应的“值”，语法格式如下：

```
字典名 [键]
```

示例：

```
score= dicl ["计算机"]                                          #获取"计算机"课程的考试成绩
specialty= dic2 ["小凯"]                                        #获取"小凯"的所学专业
```

4.6.4 集合

集合是无序的可变序列，集合元素放在一对大括号间(和字典一样)，元素之间用逗号分隔。在一个集合中，元素不允许重复。集合的元素类型只能是固定的数据类型，如整型、字符串、元组等，而列表、字典等是可变数据类型，不能作为集合中的数据元素。

【例 4-27】利用集合统计学生修读课程的总成绩和平均成绩。

把一位同学修读的每门课程的课程名和相应的成绩组织成元组，再把这样的若干个元组组织成集合，计算出该同学的总成绩和平均成绩。

```
score_set= {("大学计算机", 92),( "高等数学", 86),("大学英语", 78)}
total_score= 0                                    #总成绩初值设置为 0
course_num= 0                                     #课程门数初值设置为 0
for item in score set:
    total_score+ = item[1]                        #成绩值累加，item 为元组变量
    course_nmn+ = 1
ave_score= total_score/ /course_num
print("总成绩=",total_score)
print("平均成绩=", ave_score)
```

【例 4-28】统计学生的生源地。

将包括生源地信息在内的学生信息存入字典。一般来说，会有多名学生来自于同一个生源地，通过遍历字典的方式找出所有学生的生源地并存入一个集合，由于相同的值在集合中只保留一个，最后集合中的元素值就是要统计的学生生源地。

```
students= {
"2022001":{"姓名":"张三","性别":"男","年龄":18, "生源地":"河北"},
"2022002":{"姓名":"李四","性别":"男","年龄":19, "生源地":"山东"},
"2022103":{"姓名":"王五","性别":"女","年龄":21, "生源地":"江苏"},
"2022118":{"姓名":"马六","性别":"男","年龄":18, "生源地":"北京"},
"2022015":{"姓名":"许七","性别":"女","年龄":19, "生源地":"福建"},
}
stu_source= set ()                                #创建初值为空的生源地集合
for stu_number,stu_info in students. iterns():
    stu_source.add(stu_info["生源地"])            #生源地值加入生源地集合
print ("生源分布: ", end = "")
for source in stu_source:
    print(source, end = " ")
```

通过实例，我们知道可以使用赋值语句创建集合，语法格式如下：

```
集合名 = {元素 1,元素 2,元素 3,…,元素 n}
```

集合元素用一对大括号括起来，如果有多个元素，元素之间用逗号分隔。和创建列表、元组不同，如果有重复的元素，则只保留一个元素。例如：

```
setl= {0,2,4,6,8}
set2= {1,3,5, 7,9,1, 7}                           #等价于 set2= {1,3,5, 7,9}
set3= {"星期一","星期二","星期三","星期四", "星期五"}
set4= {("大学计算机", 92), ("高等数学", 86),( "大学英语", 78)}
```

创建集合也可以使用 set()函数，语法格式如下：

```
集合名 = set(列表或元组)
```

示例：

```
set5= set ()                                          #创建空集合
set6= set ( [ 1, 2, 3, 4, 5] )
set7= set ( (1, 2, 3, 4, 5) )
set8= set (n for n in range (1, 6) )
```

后三个集合具有相同的元素。需要注意的是，set9={}创建的是空字典，创建空集合要用 set9 =set()形式，即要用 set()函数创建空集合。

对于集合的访问，既不能像列表和元组可以通过索引值访问，也不能像字典可以通过“键”访问，只能遍历访问集合中的所有元素。

至此，我们介绍了 Python 提供的用于处理批量数据的 4 种组合类型：列表、元组、字典和集合。列表和元组都是序列类型，可以通过索引值和切片来访问其中的某个元素或子序列，Python 为序列类型数据提供了正向和逆向两种索引方式，使得访问更为灵活和方便。列表和元组都可对应其他高级语言的一维数组和二维数组，列表创建后，元素值和元素的个数都是可以改变的，而元组一旦创建，元素值和元素个数都不能改变，用元组处理数据效率较高；字典是映射类型，可以通过“键”来查找对应的“值”；集合是集合型数据，集合的元素只能是不可变值，如整数、浮点数、字符串、元组等，列表、字典等可变值不能作为集合的元素。

4.7 Python 常用的标准库

Python 语言拥有一组标准库，如 turtle 和 math 库等。

4.7.1 turtle 库

Python 的 turtle 库是一个直观有趣的图形绘制函数库。turtle 图形绘制的概念诞生于 1969 年，并成功应用于 LOGO 编程语言。由于 turtle 图形绘制概念十分直观且非常流行，Python 接受了这个概念，形成了一个 Python 的 turtle 库，并成为标准库之一。

turtle 库绘制图形有一个基本框架：一个小海龟在坐标系中爬行，其爬行轨迹成了绘制图形。对于小海龟来说，有“前进”“后退”“旋转”等爬行行为，对坐标系的探索也通过“前进方向”“后退方向”“左侧方向”和“右侧方向”等小海龟自身角度方位来完成。刚开始绘制时，小海龟位于画布正中央，此处坐标为(0,0)，行进方向为水平右方，如图 4-24 所示。

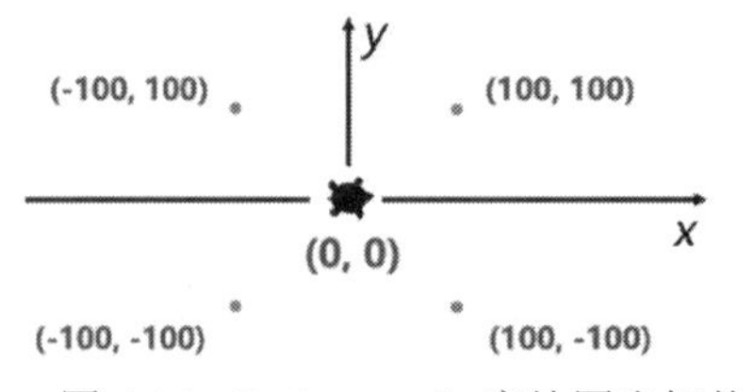

图 4-24 Python turtle 库绘图坐标体系

1. 画布

画布就是 turtle 的绘图区域，我们可以设置它的大小和初始位置。

设置画布大小：

```
turtle.screensize(canvwidth=None, canvheight=None, bg=None)
```

其中参数分别为画布的宽(单位像素)、高和背景颜色。例如：

```
turtle.screensize(800,600, "green")
turtle.screensize()                          #返回默认大小(400, 300)
```

turtle.setup(width=0.5, height=0.75, startx=None, starty=None)，参数 width, height: 输入宽和高为整数时，表示像素；为小数时，表示占据电脑屏幕的比例；(startx, starty)：这一坐标表示矩形窗口左上角顶点的位置，如果为空，则窗口位于屏幕中心。例如：

```
turtle.setup(width=0.6,height=0.6)
turtle.setup(width=800,height=800, startx=100, starty=100)
```

2. 画笔

在画布上，默认有一个坐标原点为画布中心的坐标轴，坐标原点上有一只面朝 x 轴正方向小乌龟。这里我们描述小乌龟时使用了两个词语：坐标原点(位置)，面朝 x 轴正方向(方向)。turtle 绘图中，就是使用位置方向描述小乌龟(画笔)的状态。

画笔的属性包括颜色、画线的宽度等。

(1) turtle.pensize()：设置画笔的宽度。

(2) turtle.pencolor()：没有参数传入，返回当前画笔颜色，传入参数设置画笔颜色，可以是字符串如"green"，"red"，也可以是 RGB 三元组。

(3) turtle.speed(speed)：设置画笔移动速度，画笔绘制的速度范围为[0,10]之间的整数，数字越大，速度越快。

操纵小乌龟绘图有许多命令，这些命令可以划分为三种：一种为画笔运动命令(见表 4-6 所示)，一种为画笔控制命令(见表 4-7 所示)，还有一种是全局控制命令(见表 4-8 所示)。

表 4-6 画笔运动命令

命 令	说 明
turtle.forward(distance)	向当前画笔方向移动 distance 像素长度
turtle.backward(distance)	向当前画笔相反方向移动 distance 像素长度
turtle.right(degree)	顺时针移动 degree
turtle.left(degree)	逆时针移动 degree
turtle.pendown()	移动时绘制图形，默认时也绘制
turtle.goto(x,y)	将画笔移动到坐标为 x, y 的位置
turtle.penup()	提起笔移动，不绘制图形，用于另起一个地方绘制
turtle.circle()	画圆，半径为正(负)，表示圆心在画笔的左边(右边)画圆

(续表)

命　　令	说　　明
setx( )	将当前 x 轴移动到指定位置
sety( )	将当前 y 轴移动到指定位置
setheading(angle)	设置当前朝向为 angle 角度
home()	设置当前画笔位置为原点，朝向东
dot(r)	绘制一个指定直径和颜色的圆点

表 4-7　画笔控制命令

命　　令	说　　明
turtle.fillcolor(colorstring)	绘制图形的填充颜色
turtle.color(color1, color2)	同时设置 pencolor=color1, fillcolor=color2
turtle.filling()	返回当前是否在填充状态
turtle.begin_fill()	准备开始填充图形
turtle.end_fill()	填充完成
turtle.hideturtle()	隐藏画笔的 turtle 形状
turtle.showturtle()	显示画笔的 turtle 形状

表 4-8　全局控制命令

命　　令	说　　明
turtle.clear()	清空 turtle 窗口，但是 turtle 的位置和状态不会改变
turtle.reset()	清空窗口，重置 turtle 状态为起始状态
turtle.undo()	撤销上一个 turtle 动作
turtle.isvisible()	返回当前 turtle 是否可见
stamp()	复制当前图形
turtle.write(s [,font=("font-name",font_size, "font_type")])	写文本，s 为文本内容，font 是字体的参数，分别为字体名称，大小和类型；font 为可选项，font 参数也是可选项

【例 4-29】编写程序，绘制图 4-25 所示的五角星。

```
# coding=utf-8
import turtle
import time
    turtle.pensize(5)
turtle.pencolor("yellow")
turtle.fillcolor("red")
    turtle.begin_fill()
for _ in range(5):
    turtle.forward(200)
    turtle.right(144)
turtle.end_fill()
time.sleep(2)
    turtle.penup()
turtle.goto(-150,-120)
```

```
turtle.color("violet")
turtle.write("Done", font=('Arial', 40, 'normal'))
    turtle.mainloop()
```

图 4-25　五角星

4.7.2　math 库

Python 数学计算的标准函数库 math 共提供 4 个数学常数和 44 个函数。

1. math 库概述

利用函数库编程是 Python 语言最重要的特点，也是 Python 编程生态环境的意义所在。本书不区分函数库(library)和模块(module)，对于所有需要 import 使用的代码统称为函数库，这种利用函数库编程的方式称为“模块编程”。

math 库是 Python 提供的内置数据类型函数库，因为复数类型常用于科学计算，一般计算并不常用，因此 math 库不支持复数类型，仅支持整数和浮点数运算。math 库提供 44 个函数，共分为 4 类，包括 16 个数值表示函数、8 个幂对数函数、16 个三角对数函数和 4 个高等特殊函数。

math 库中的函数不能直接使用，需要首先使用保留字 import 引用该库，引用方式如下。

方式一。

```
import   math
```

对 math 库中函数采用 math.<b>()形式使用，例如：

```
>>> import math
>>> math.ceil(10.2)
11
```

方式二。

```
from math import <函数名>
```

对 math 库中函数可以直接采用<函数名>()形式使用，例如：

```
>>> import math
>>> math.ceil(10.2)
10
```

方法二的另一种形式是 from math import *。如果采用这种方式引入 math 库，math 库中所有函数可以采用<函数名>()形式直接使用。

math 库及后续所有函数库的引用都可以自由选取这两种方式实现，这与 turtle 库是一致的。

2. math 库解析

math 库包括的 4 个数学常数如表 4-9 所示，包括的 16 个数值表示函数如表 4-10 所示。

表 4-9　math 库的数学常数

常　　数	数学表示	描　　述
math.pi	π	圆周率，值为 3.141592653589793
math.e	e	自然对数，值为 2.718281828459045
math.inf	∞	正无穷大，负无穷大为 - math.inf
math.nan	NAN	非浮点数标记

表 4-10　math 库的数值表示函数

函　　数	描　　述
math.fabs(x)	返回 x 的绝对值
math.fmod(x,y)	返回 x 与 y 的模
math.fsum([x,y,…])	浮点数精确求和
math.ceil(x)	向上取整，返回不小于 x 的最小整数
math.floor(x)	向下取整，返回不大于 x 的最大整数
math.factorial(x)	返回 x 的乘阶，如果 x 是小数或负数，返回 ValueError
math.gcd(a,b)	返回 a 与 b 最大公约数
math.frexp(x)	返回(m, e)，当 x=0，返回(0.0,0)
math.ldexp(x,i)	返回 $x \times 2^{i}$ 运算值，math.frexp(x)函数的反运算
math.modf(x)	返回 x 的小数和整数部分
math.trunc(x)	返回 x 的整数部分
math.copysign(x,y)	用数值 y 的正负号替换数值 x 的正负号
math.isclose(a,b)	比较 a 和 b 的相似性，返回 True 或 False
math.isfinite(x)	当 x 不是无穷大或 NaN，返回 True 或 False
math.isinf(x)	当 x 为正负无穷大，返回 True；否则，返回 False
math.isnan(x)	当 x 是 NaN，返回 True；否则，返回 False

浮点数，如 0.1、0.2 和 0.3，在 Python 解释器内部表示时存在一个小数点后若干位的精度尾数，当浮点数进行运算时，这个精度尾数可能会影响输出结果。因此，在涉及浮点数运算及结果比较时，建议采用 math 库提供的函数，而不直接使用 Python 提供的运算符。

math 库包含的 8 个幂对数函数如表 4-11 所示。

表 4-11 math 库的幂对数函数

函　　数	描　　述
math.pow(*x*,*y*)	返回 *x* 的 *y* 次幂
math.exp(*x*)	返回 e 的 *x* 次幂，e 是自然对数
math.expml(*x*)	返回 e 的 *x* 次幂减 1
math.sqrt(*x*)	返回 *x* 的平方根
math.log(*x*[,base])	返回 *x* 的对数值，只有数 *x* 时，返回自然对数，即 ln *x*
math.log1p(*x*)	返回 1+*x* 的自然对数值
math.log2(*x*)	返回 *x* 的 2 对数值
math.log10(*x*)	返回 *x* 的 10 对数值

math 库没有提供直接支持$\sqrt[y]{x}$运算的函数，但可以根据公式$\sqrt[y]{x}=x^{\frac{1}{y}}$，采用 math.pow()函数求解，例如：

```
>>> math.pow(10, 1/3)
2.154434690031884
```

math 库包含的 16 个三角运算函数如表 4-12 所示。

表 4-12 math 库的三角运算函数

函　　数	描　　述
math.degrees(*x*)	角度 *x* 的弧度值转角度值
math.radians(*x*)	角度 *x* 的角度值转弧度值
math.hypot(*x*,*y*)	返回(*x*,*y*)坐标到原点(0,0)
math.sin(*x*)	返回 *x* 的正弦函数值，*x* 是弧度值
math.cos(*x*)	返回 *x* 的余弦函数值，*x* 是弧度值
math.tan(*x*)	返回 *x* 的正切函数值，*x* 是弧度值
math.asin(*x*)	返回 *x* 的反正弦函数值，*x* 是弧度值
math.acos(*x*)	返回 *x* 的反余弦函数值，*x* 是弧度值
math.atan(*x*)	返回 *x* 的反正切函数值，*x* 是弧度值
math.atan2(*y*,*x*)	返回 *y*/*x* 的反正切函数值，*x* 是弧度值
math.sinh(*x*)	返回 *x* 的双曲正弦函数值
math.cosh(*x*)	返回 *x* 的双曲余弦函数值
math.tanh(*x*)	返回 *x* 的双曲正弦函数值
math.asinh(*x*)	返回 *x* 的反双曲正弦函数值
math.acosh(*x*)	返回 *x* 的反双曲余弦函数值
math.atanh(*x*)	返回 *x* 的反双曲正切函数值

arctan 1 的值为$\frac{\pi}{4}$，可以利用 math 库的 atan()函数得到 π 值。

```
>>> math.atan(1) * 4
3.141592653589793
```

4.8 习题

1. 简述不少于 5 个 Python 语言的特点。

2. 设计 Python 程序，在屏幕中输出“祖国，您好”语句。

3. 两个连续的 print()函数输出内容一般会分行显示，即调用 print()函数后会换行并结束当前行，如何让两个 print()函数的输出打印在一行内？

4. 获得系统的日期和时间使用什么 Python 函数库？

5. 为什么 Python 的命名不能以数字开头？

6. 用一行代码编写一个回声程序，将用户输入的内容直接打印出来。

7. 编写程序求 π 的近似值，要求其误差小于 0.0000001。

第5章

信息传递与信息安全

问题导入

形形色色的网络改变着社会与生活

(1) 网络改变人类社会。尽管“电”是伟大的发明，但还是因为“电网”的出现，“电”才真正走向了千家万户，“电”才改变了人们的生活。同样，计算机也是因为“网络”的发展，使数千人、数万人，以至数亿人的计算机连接在了一起，从而实现了基于网络跨越时空的日常交流和互动，人们实现了虚拟世界与现实世界的交融。

(2) 形形色色的网络。计算机网络(compuer network)实现了计算机与计算机之间的物理连接，实现了网络与网络之间的物理连接，最终形成了世界最大规模的互联网络——国际互联网，实现了文档与文档之间的连接，不断增长的网页文档，使国际互联网成为世界最大的广义链接网络及世界上最大的数据库和知识库。在文档网络之上增加的群体性互动性，使互联网更加关注文档的创造者与阅读者之间的互动，更关注这种互动网络的群体性、社会性和内容性，这种网络又被称为社会网络(social network)，它实现了由技术网络向内容网络的过渡，使千家万户可以不用考虑技术网络而按照内容需求顺畅地联入形形色色的内容网络中，网上视频、网上音乐、网上互动游戏、网上商城与网上购物等不断地改变着人们的生活和工作方式。互联网基础上进一步的技术进步促进了各种物体的可感知、可联网，形成了可实现物体与物体相联的物联网(Internet of Things)，不仅能使各种物体通过传感设备被感知、通过互联网实现相互连接，同时能够实现物体和人的连接，使人、机器、物体形成可互联的统一体；物联网技术等也使信息技术网络与现实生活中的资源网络，如交通网络、水网、电网等不断发生演变，形成智慧交通网络、智慧水网、智慧电网，不断通过感知技术、互联技术提升资源网络的智能型。例如，通过交通流量的实时检测和发布，可以引导车辆经由不同路径到达目的地，以避免出现拥堵等。互联网所体现的虚拟网络(virtual network)也在不断发展，与现实生活中的网络不断交融，相互补充、相互影响、相互结合，使得互联网成为重要的聚集地，互联网公司一个接一个成功的故事使人们更加重视网络化，更多的用户、更多的参与、更多的内容与知识、更多的服务，使人们的生活与工作越来越离不开互联网，也不断地颠覆和变革传统的思维，改变着社会的运行规则。可以说，现代形形色色的网络离不开计算机网络。

5.1 认识计算机网络

5.1.1 计算机网络的概念

计算机网络是把分散在不同地理位置、具有独立功能的计算机系统及相关网络设备通过通信线路相互连接起来，按照一定的通信协议进行数据通信，以实现资源共享为目的的信息系统。

在网络的定义中包含以下几方面的含义。

(1) 计算机网络是计算机系统的一个载体，是由多台计算机组成的，它们处在不同的地理位置，如一栋建筑物内、一个校园内、一座城市里，甚至可以分散在全球范围内，并且网络中的每台计算机具有独立的功能。

(2) 网络中的计算机系统及相关的网络设备是互连的，它们通过通信线路互相连接起来，并且彼此交换信息。构成通信线路的传输介质可以是有线的(如双绞线、同轴电缆和光纤等)，也可以是无线的(如激光、微波和卫星通信等)。在通信的过程中遵循的网络协议就是计算机之间相互进行数据通信事先规定的规则。计算机只有遵循了某个协议，才能与网络上其他的计算机进行通信。

(3) 计算机联网的主要目的是资源共享。资源共享就是网络上的用户共享网络中的硬件、软件和数据资源中的一部分或者全部。通过硬件资源共享，可以减少硬件设备的重复购置，从而提高硬件设备的利用率；通过软件资源共享，可以避免软件的重复开发和重复存储，大大提高软件的应用效率。在信息社会中，用户数据是非常有价值的资源，通过网络达到全网用户数据的共享，可以提高信息的利用率和信息的使用价值。

5.1.2 计算机网络的分类

计算机网络的分类方法有很多，对计算机网络的分类进行研究，有助于更好地理解计算机网络。从不同的角度对计算机网络可以进行不同的分类，常用的分类方法有：按网络覆盖的地理范围进行分类，按网络的拓扑结构进行分类，按网络的传输介质进行分类，按网络的通信传播方式进行分类，按网络的使用范围进行分类等。下面介绍几种常见的分类。

1. 按网络覆盖的地理范围分类

按网络覆盖的地理范围进行分类，可以将网络分为局域网、城域网、广域网。

(1) 局域网。局域网(local area network，LAN)一般用微型计算机或工作站通过高速通信线路相连，地理上则局限在较小的范围内，一般在几千米以内，属于某部门、某单位或某建筑物内组建的小范围网络。按照采用的技术、应用的范围和协议标准的不同，局域网可分为共享局域网和交换局域网。局域网技术发展非常迅速并且应用日益广泛，是计算机网络中最为活跃的领域之一。

局域网一般为一个部门或单位所有，建网、维护以及扩展等较容易，系统灵活性高。其主要特点有以下几个方面。

① 覆盖的地理范围较小，只在一个相对独立的局部范围内，如一座建筑物内、一个校园内、一家企业内等。

② 使用专门铺设的传输介质进行联网，数据传输速率高(10Mb/s～10Gb/s)。

③ 通信延迟时间短，可靠性较高。

④ 可以支持多种传输介质。

(2) 城域网。城域网(metropolitan area network，MAN)是在一座城市范围内所建立的计算机网络。城域网实际上是广域网与局域网之间的一种高速网络。城域网的设计目标是满足几十千米范围内大量企业、机关、公司的多个局域网的互联需求，以实现大量用户之间的数据、语音、图形与视频等多种信息传输。

(3) 广域网。广域网(wide area network，WAN)又称远程网，通常跨接很大的地理范围，所覆盖的范围从几十千米到几千千米，它能连接多个城市或国家，甚至横跨几个洲提供远距离通信，形成国际性的远程网络。由于传输距离远，信道的建设费用很高，因此，广域网很少像局域网那样铺设自己的专用信道，而是租用或借用电信通信线路，如长途电话线、光缆通道、微波与卫星通道等。广域网不同于局域网或城域网，它的结构复杂，信号的传输速率比较慢，误码率高。

2. 按网络的拓扑结构分类

按网络的拓扑结构进行分类，可以将网络分为总线形网络、星形网络、环形网络、树形网络和网状网络，如表 5-1 所示。

表 5-1　按网络拓扑结构分类

类　型	结　构	优　点	缺　点
总线形网络	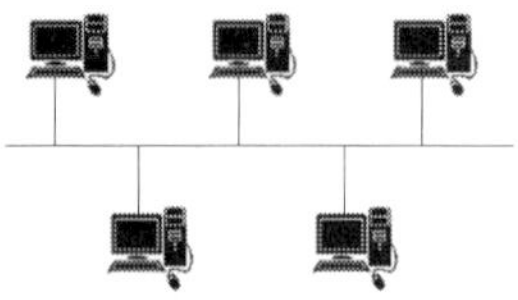	(1) 结构简单，可扩充性好，组网容易； (2) 由于多个节点共用一条传输信道，因此信道利用率高； (3) 传输速率较高	(1) 故障诊断困难，发生故障时往往需要检测网络上的每个节点； (2) 故障隔离困难，故障一旦发生在共用总线上，就可能影响整个网络的运行，同时造成故障隔离困难
星形网络	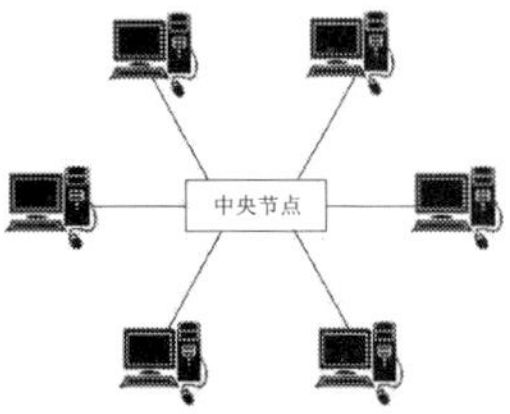 中央节点	(1) 结构简单，集中管理； (2) 控制简单，建网容易； (3) 网络延迟时间较短，传输误差小	(1) 网络需要智能的、可靠的中央节点设备，中央节点的故障会使整个网络瘫痪； (2)需要的缆线较多，通信线路利用率不高； (3) 中央节点负荷较重
环形网络	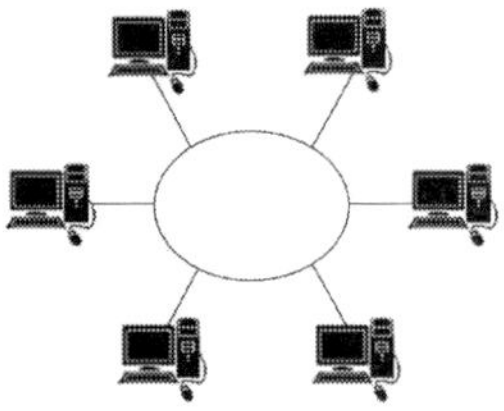	(1) 缆线长度比较短； (2) 网络整体效率比较高	(1) 故障的诊断和隔离比较困难； (2) 环路是封闭的，不便于扩充； (3) 控制协议比较复杂
树形网络	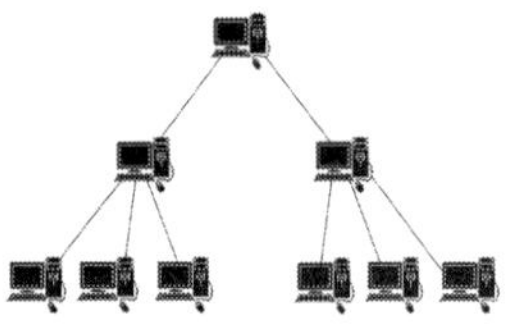	(1) 结构简单，成本低； (2) 网络中任意两个节点之间不产生回路，每个链接都支持双向传输； (3) 网络中节点扩充方便灵活； (4) 故障隔离方便，如果某一分支节点或链路发生故障，很容易将该分支和整个系统隔离开来	(1) 电缆长度和安装工作量可观； (2) 中央节点的负担较重，形成瓶颈； (3) 各站点的分布处理能力较低
网状网络	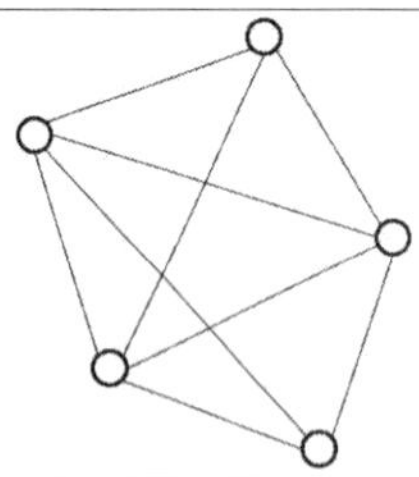	(1) 节点间路径多，碰撞和阻塞大大减少； (2) 局部故障不会影响整个网络，可靠性高； (3) 网络扩充和主机入网比较灵活简单	(1) 网络关系复杂，建网较难； (2) 网络控制机制复杂

3. 按网络的传输介质分类

按网络的传输介质进行分类，可以将网络分为有线网络和无线网络两种。

(1) 有线网络是指通过有线传输介质的网络。有线传输介质包括双绞线、同轴电缆和光纤等。

① 双绞线。双绞线是由 4 对线(8 芯制)按一定密度相互绞合在一起的有规则的螺旋形导线，通常一对线作为一条通信线路，如图 5-1 所示。双绞线可分为非屏蔽双绞线(UTP)和屏蔽双绞线(STP)两种，如图 5-2 所示。

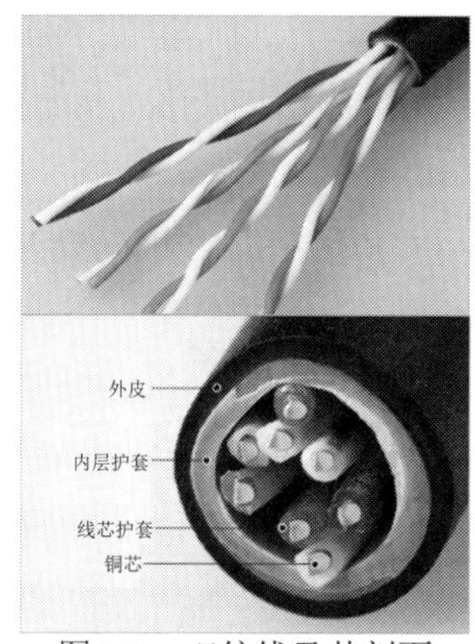

图 5-1 双绞线及其剖面

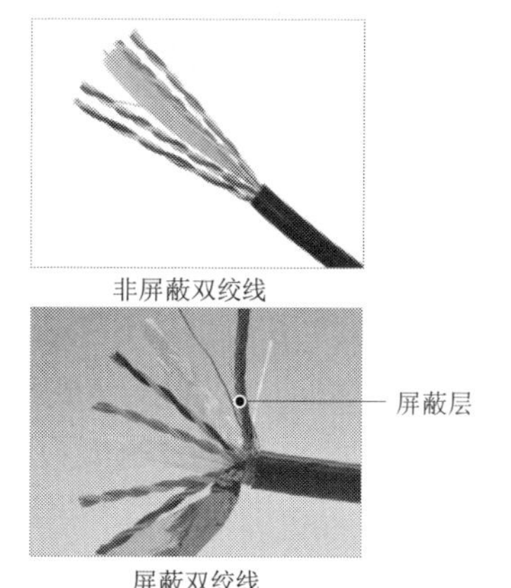

图 5-2 非屏蔽双绞线和屏蔽双绞线

② 同轴电缆。同轴电缆由内导体铜制芯线、绝缘层、网状编织的外导体屏蔽层以及保护塑料外层组成，如图 5-3 所示。由于外导体屏蔽层的作用，同轴电缆具有很好的抗干扰特性，被广泛用于传输速率较高的数据。

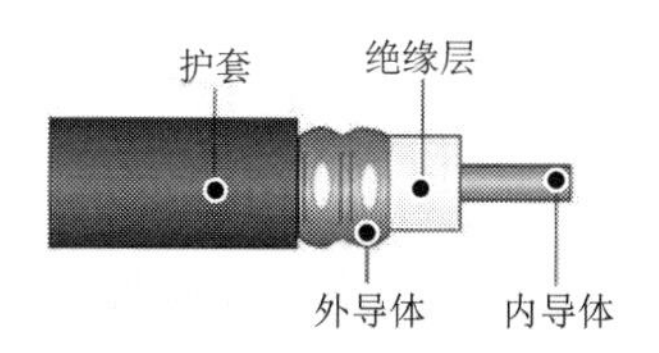

图 5-3 同轴电缆

③ 光纤。光纤是光导纤维的简称，即超细玻璃或熔硅纤维。光纤主要由纤芯、包层、涂覆层和套塑等几部分组成，多根光纤组成光缆，如图 5-4 所示。光纤的传输基于光的全反射原理，当纤芯折射率大于包层折射率时，只要光纤的入射角大于某临界值，就会产生光的全反射。通过光在光纤中的不断反射来传送调制的光信号，就可以把光信号从光纤的一端传送到另一端，从而达到传输信息的目的。光纤的种类很多，根据用途的不同，功能和性能也有所差异。按照光纤的材料不同，可以分为石英光纤和全塑光纤；按照光纤剖面折射率分布的不同，可以分为阶跃型光纤和渐变型光纤；按照光纤传输的模式数量不同，可以分为单模光纤和多模光纤，单模光纤与多模光纤的示意图分别如图 5-5 和图 5-6 所示。

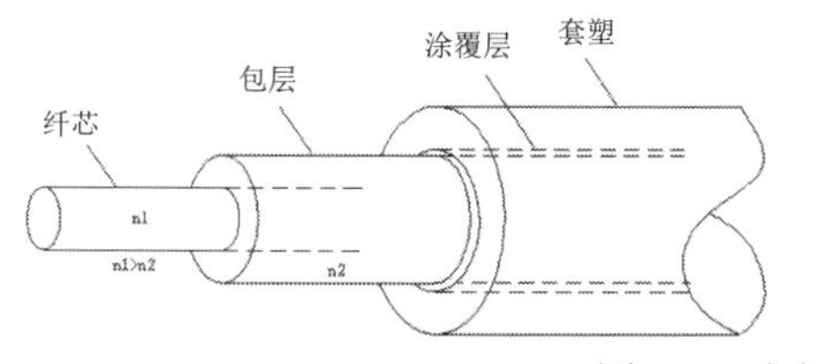

图 5-4 光纤

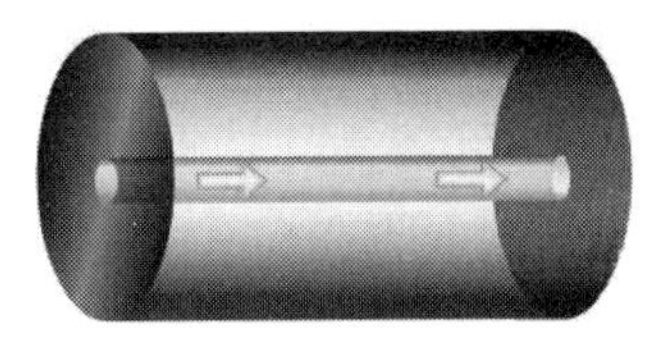

图 5-5 单模光纤

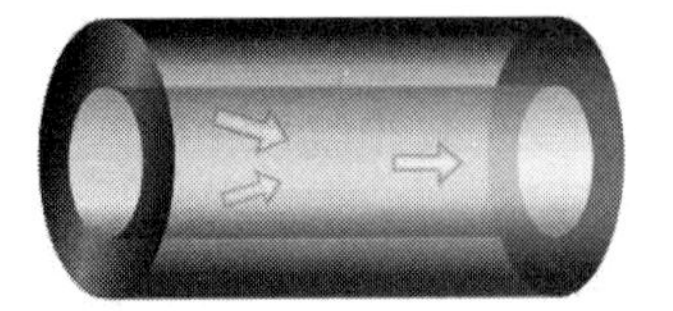

图 5-6 多模光纤

(2) 无线网络是指通过无线传输介质的网络。无线传输介质包括卫星、微波和红外线等。

目前，无线通信网络技术主要有移动通信、微波通信、卫星通信、蓝牙通信、近场通信，以及 Wi-Fi 通信。

① 移动通信。移动通信(mobile communication)是移动体之间的通信，或移动体与固定体之间的通信。移动体可以是人，也可以是汽车、火车、轮船、收音机等在移动状态中的物体。移动通信是进行无线通信的现代化技术，这种技术是电子计算机与移动互联网发展的重要成果之一。移动通信技术经过第一代、第二代、第三代、第四代技术的发展，目前，已经迈入了第五代发展的时代(5G 移动通信技术)。

② 微波通信。微波通信(microwave communication)指的是波长在 0.1mm～1m 之间的电磁波，其对应频率范围为 300MHz～3000GHz。微波作为载波，携带信息，进行中继通信。根据波段的不同，工程师们还专门对波段进行定义。与其他现代通信网传输方式不同的是，微波通信是直接使用微波作为介质进行的通信，不需要固体介质，当两点间直线距离内无障碍时就可以使用微波传送。利用微波进行通信，具有容量大、质量好且传输距离远的特点，因此是国家通信网的一种重要通信手段，也普遍适用于各种专用通信网。

③ 卫星通信。卫星通信是以人造卫星为微波中继站进行通信的方式，它是微波通信的特殊形式。卫星通信时，在地球表面不同位置处安装接收/发送站，便形成了卫星通信系统。位于距地球表面高度 36 000km 的同步通信卫星可作为太空中的微波中继站，它利用微波天线接收来自地面的通信信号后，加以整形、放大，然后以广播方式发回地面的其他接收站，其目的是加大微波通信的传输距离。卫星通信具有覆盖面宽、传输量大、不受地理环境限制、成本较低以及利于新业务的拓展等特点。

④ 蓝牙通信。蓝牙是一种支持设备短距离通信(一般 10cm 内)的无线电技术。蓝牙能在包括移动电话、掌上电脑、无线耳机、笔记本电脑、相关外设等众多设备之间进行信息交换。蓝牙技术最初由爱立信公司于 1994 年创制，当时是 RS232 数据线的替代方案。由于蓝牙可连接多个设备，因此它解决了数据同步的难题。

⑤ 近场通信。近场通信(near field communication，NFC)，是一种新兴的技术。使用了 NFC 技术的设备(例如移动电话)可以在彼此靠近的情况下进行数据交换，是由非接触式射频识别(RFID)及互连互通技术整合演变而来的。通过在单一芯片上集成感应式读卡器、感应式卡片和点对点通信的功能，利用移动终端实现移动支付、电子票务、门禁、移动身份识别、防伪等应用。

⑥ Wi-Fi 通信。Wi-Fi 是一种允许电子设备连接到一个无线局域网(WLAN)的技术，也是当今使用范围最广的一种无线网络传输技术，由 Wi-Fi 联盟(Wi-Fi Alliance)所持有。虽然

Wi-Fi 的无线通信质量不是很好，数据安全性能也比蓝牙差一些，传输质量同样有待改进，但 Wi-Fi 的传输速度非常快，可以达到 54Mb/s，更加符合个人和社会信息化的需求。

5.1.3 计算机网络设备

计算机网络设备主要包括传输介质、网络互联设备、网络适配器、网络数据存储与处理设备等。这里主要介绍传输介质、网络互联设备和网络适配器。

1. 传输介质

计算机网络设备采用的传输介质包括有线传输介质和无线传输介质两大类，具体内容参考 5.1.2 节。

2. 网络互联设备

网络互联必须借助一定的互联设备，常用的网络互联设备有网络适配器、中继器与集线器、交换机、网桥、路由器、网关、调制解调器等。

(1) 网络适配器。网络适配器是计算机与外界局域网连接的通信适配器，它是计算机主机箱内插入的一块网络接口板，又称为网络接口卡(network interface card，NIC)或简称网卡，如图 5-7 所示。

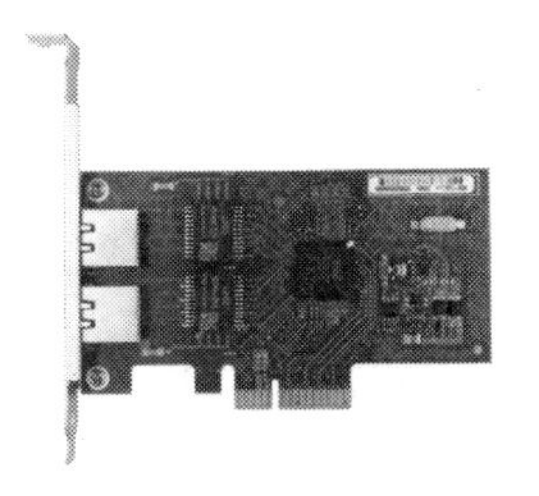

图 5-7　网络适配器

网络适配器的主要功能如下。

① 进行数据串行传输和并行传输的转换。网络适配器和局域网之间的通信是通过电缆或双绞线以串行传输方式进行的，而网络适配器和计算机之间的通信则是通过计算机主板上的 I/O 总线以并行传输方式进行的，因此网络适配器要进行串行传输与并行传输的转换。

② 对数据进行缓存功能。网络上的数据率与计算机总线上的数据率不同，因此网络适配器中必须装有对数据进行缓存的存储芯片来对数据进行缓存，在安装网络适配器时必须将管理网络适配器的设备驱动程序安装在计算机的操作系统中。这个驱动程序就会告诉网络适配器，应当从存储器的什么位置将局域网传送过来的数据存储下来。

③ 实现以太网协议。网络适配器最重要的功能是进行通信，因此网络适配器还要实现以太网协议来完成具体的通信。

网络适配器实现了数据链路层和物理层的大部分功能，因此很难把网络适配器的功能严格按照层次的关系精确划分开。

(2) 中继器。中继器(repeater)又称重复器或重发器，如图 5-8 所示。它工作于 OSI 参考模型的物理层，一般只应用于以太网，用于连接两个相同类型的网络，可对电缆上传输的数据信号进行复制、调整和再生放大，并转发到其他电缆上，从而延长信号的传输距离。

(3) 集线器。集线器(hub)是中继器的一种扩展形式，是多端口的中继器，也属于 OSI 参考模型中物理层的连接设备，可逐位复制由物理介质传输的信号，提供所有端口间的同步数据通信，如图 5-9 所示。

(4) 交换机。一般的交换机(switch)工作于数据链路层，它和网桥类似，能够解析出 MAC 地址信息，即根据主机的 MAC 地址来进行交换，这种交换机称为二层交换机，如图 5-10 所示。二层交换机包含许多高速端口，这些端口能在它所连接的局域网网段或单台设备之间转发 MAC 帧，实际上它相当于多个网桥。三层交换机是直接根据网络层 IP 地址来完成端到端的数据交换的，因此三层交换机是在网络层工作的。

图 5-8　中继器　　图 5-9　集线器　　图 5-10　交换机

(5) 网桥。网桥(bridge)也称桥接器，它属于数据链路层的互联设备，能够解析它所接收的帧，并能指导如何把数据传送到目的地，如图 5-11 所示。

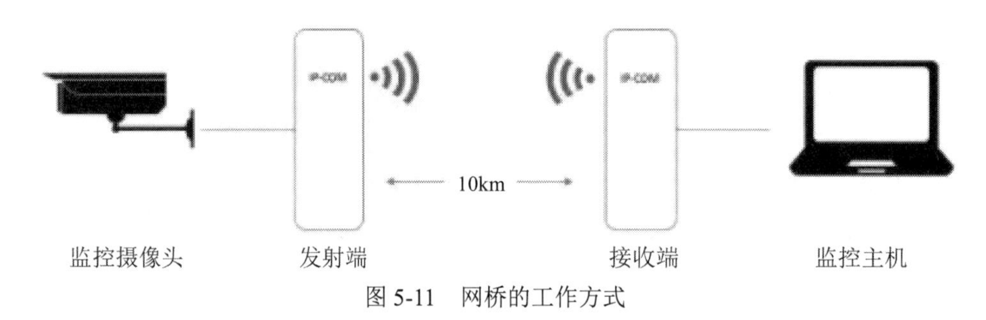

图 5-11　网桥的工作方式

(6) 路由器。路由器(router)工作在网络层，用于互联不同类型的网络，如图 5-12 所示。使用路由器的好处是各互联逻辑子网仍保持其独立性，每个子网可以采用不同的拓扑结构、传输介质和网络协议；路由器不仅简单地把数据发送到不同的网段，还能用详细的路由表和复杂的软件选择最有效的路径，从一个路由器到另一个路由器，从而穿过大型的网络。路由器是最重要的网络互联设备，互联网就是依靠遍布全世界的数以万计的路由器连接起来的。

(7) 网关。网关(gateway)不能完全归为一种网络硬件，它应该是能够连接不同网络的软件和硬件的结合产品。在 OSI 参考模型中，网关工作于网络层以上的层次中，其基本功能是实现不同网络协议的转换和互联，也可以简单称为网络数据包的协议转换器。例如，要将 X.25 公共交换数据网通过采用 TCP/IP 协议的网络与互联网互联时，必须借助于网关来实现网络之间的协议转换和路由选择功能。

(8) 调制解调器。调制解调器(modem)，如图 5-13 所示。所谓“调制”，就是把数字信号转换成能在电话信号线上传输的模拟信号，“解调”即把模拟信号转换为数字信号。电话线路传输的是模拟信号，而计算机之间传输的是数字信号。当通过电话线把计算机连入互联网时，就必须使用调制解调器来“翻译”两种不同的信号。

图 5-12　路由器

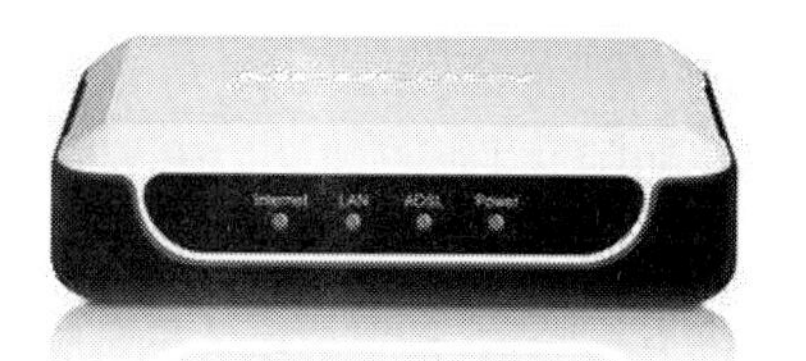

图 5-13　调制解调器

5.2 信息传递

信息传递是计算机网络最基本的功能，主要完成计算机网络中各个节点之间的系统通信。

5.2.1　网络节点身份标识

1. MAC 地址

MAC 地址也叫物理地址、硬件地址，由网络设备制造商生产时烧录在网卡的EPROM (一种闪存芯片，通常可以通过程序擦写)上。

MAC 地址的长度为 48 位(6 个字节)，通常表示为 12 个十六进制数，如：00-16-EA-AE-3C-40 就是一个 MAC 地址，其中前 3 个字节，十六进制数 00-16-EA 代表网络硬件制造商的编号，它由IEEE(电气与电子工程师协会)分配，而后 3 个字节，十六进制数 AE-3C-40 代表该制造商所制造的某个网络产品(如网卡)的系列号。只要不更改自己的 MAC 地址，MAC 地址在世界上就是唯一的。形象地说，MAC 地址就如同身份证号码，具有唯一性。

2. IP 地址

在全球范围内，每个家庭都有一个地址，而每个地址的结构是由国家、省、市、区、街道、门牌号这样的层次结构组成的，因此每个家庭地址是全球唯一的。有了这个唯一的家庭住址，信件的投递才能够正常进行，不会发生冲突。同理，覆盖全球的互联网主机组成了一个大家庭，为了实现互联网上不同主机之间的通信，除使用相同的通信协议——TCP/IP 以外，每台主机都必须有一个不与其他主机重复的地址，这个地址就是互联网地址，相当于通信时每台主机的名字。互联网地址包括 IP 地址和域名地址，它们是互联网地址的两种表示方式。

所谓 IP 地址，就是给每个连接在互联网上的主机分配一个在全世界范围内唯一的 32 位二进制数，通常采用更直观的、以圆点“.”分隔的 4 个十进制数表示，每一个数对应 8 个二进制数，如某一台主机的 IP 地址可表示为 128.10.4.8。IP 地址的这种结构使每一个网络用户都可以很方便地在互联网上进行寻址。

(1) IP 地址的组成。从逻辑上讲，在互联网中，每个 IP 地址都由网络号和主机号两部分组成，如图 5-14 所示。位于同一物理子网的所有主机和网络设备(如服务器、路由器、工作站等)的网络号是相同的，而通过路由器互联的两个网络一般被认为是两个不同的物理网络。对于不同物理网络上的主机和网络设备而言，其网络号是不同的(网络号在互联网中是唯一的)。

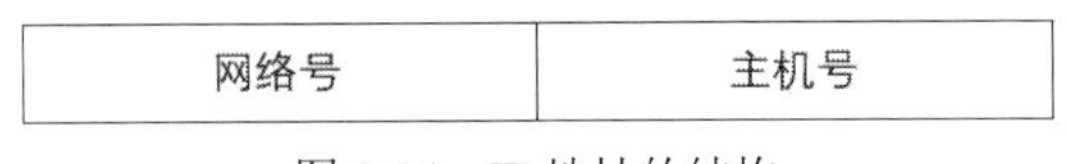

图 5-14　IP 地址的结构

主机号是用来区别同一物理子网中不同的主机和网络设备的，在同一物理子网中，必须给出每一台主机和网络设备的唯一主机号，以区别于其他主机。

在互联网中，网络号和主机号的唯一性决定了每台主机和网络设备的 IP 地址的唯一性。在互联网中根据 IP 地址寻找主机时，首先根据网络号找到主机所在的物理网络，若在同一物理网络内部，寻找主机是网络内部的事情，主机间的数据交换则是根据网络内部的物理地址来完成的。因此，IP 地址的定义方式是比较合理的，对于互联网上不同网络间的数据交换非常有利。

(2) IP 地址的表示方法。一个 IP 地址共有 32 位二进制数，由 4 字节组成，即平均分为 4 段，每段 8 位二进制数(1 字节)。为了简化记忆，用户实际使用 IP 地址时，几乎都将组成 IP 地址的二进制数记为 4 个十进制数表示，每个十进制数的取值范围是 0～255，每相邻两字节的对应十进制数间用“.”分隔。IP 地址的这种表示法称为“点分十进制表示法”，显然比全是 0、1 容易记忆。

【例 5-1】下面是一个将二进制 IP 地址用点分十进制表示法来表示的例子。

二进制地址格式：11001010 01100011 01100000 01001100

十进制地址格式：204.99.96.76

计算机的网络协议软件很容易将用户提供的十进制地址格式转换为对应的二进制 IP 地址格式，再供网络互联设备识别。

(3) IP 地址的分类。IP 地址的长度确定后，其中网络号的长度将决定互联网中能包含多少个网络，主机号的长度将决定每个网络能容纳多少台主机。根据网络的规模大小，IP 地址一共可以分为 5 类：A 类、B 类、C 类、D 类和 E 类。其中，A、B 和 C 类地址是基本的互联网地址，是用户使用的地址，为主类地址；D 类和 E 类为次类地址。A、B、C 类 IP 地址的表示如图 5-15 所示。

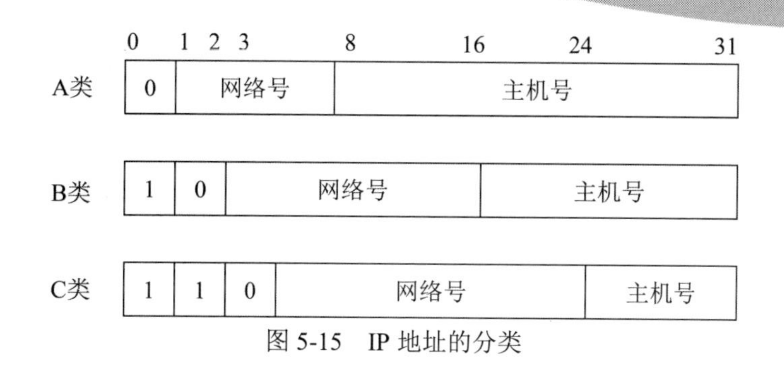

图 5-15 IP 地址的分类

① A 类地址的前一字节表示网络号，且最前端一个二进制数固定是 0。因此，其网络号的实际长度为 7 位，主机号的长度为 24 位，表示的地址范围是 1.0.0.0～126.255.255.255。A 类地址允许有 $2^7-2=126$ 个网络(网络号 0 和 127 保留，用于特殊目的)，每个网络有 $2^{24}-2=16\,777\,214$ 个主机。A 类 IP 地址主要分配给具有大量主机而局域网络数量较少的大型网络。

② B 类地址的前两字节表示网络号，且最前端的两个二进制数固定是 10。因此，其网络号的实际长度为 14 位，主机号的长度为 16 位，表示的地址范围是 128.0.0.0～191.255.255.255。B 类地址允许有 16 384 个网络，每个网络有 65 534 个主机。B 类 IP 地址适用于中等规模的网络，一般用于一些国际型大公司和政府机构等。

③ C 类地址的前三字节表示网络号，且最前端的三个二进制数是 110。因此，其网络号的实际长度为 21 位，主机号的长度为 8 位，表示的地址范围是 192.0.0.0～223.255.255.255。C 类地址允许有 $2^{21}=2\,097\,152$ 个网络，每个网络有 $2^8-2=254$ 个主机。C 类 IP 地址的结构适用于小型的网络，如一般的校园网、一些小公司的网络或研究机构的网络等。

④ D 类 IP 地址不标识网络，一般用于其他特殊用途，如供特殊协议向选定的节点发送信息时使用，又被称为广播地址，表示的地址范围是 224.0.0.0～239.255.255.255。

⑤ E 类 IP 地址尚未使用，暂时保留将来使用，表示的地址范围是 240.0.0.0～247.255.255.255。

从 IP 地址的分类方法来看，A 类地址的数量最少，共可分配 126 个网络，每个网络中最多有 1700 万台主机；B 类地址共可分配 16 000 多个网络，每个网络最多有 65 000 台主机；C 类地址的数量最多，共可分配 200 多万个网络，每个网络最多有 254 台主机。

值得一提的是，5 种类型的 IP 地址是完全平级的，不存在任何从属关系。但由于 A 类 IP 地址的网络号数目有限，因此现在能够申请的仅是 B 类或 C 类两种。当某个企业或学校申请 IP 地址时，实际上申请到的只是一个网络号，而主机号则由该单位自行确定分配，只要主机号不重复即可。

(4) 特殊类型的 IP 地址。除了上面介绍的 5 种类型的 IP 地址外，还有以下几种特殊类型的 IP 地址。

① 多点广播地址。凡第一字节以 1110 开始的 IP 地址都称为多点广播地址。因此，第一字节大于 223 而小于 240 的任何一个 IP 地址都是多点广播地址。

② 0 地址。网络号的每一位全为 0 的 IP 地址称为 0 地址。网络号全为 0 的网络被称

为本地子网，当主机跟本地子网内的另一主机通信时，可使用 0 地址。

③ 全 0 地址。IP 地址中的每一字节都为 0 的地址(0.0.0.0)，对应当前主机。

④ 有限广播地址。IP 地址中的每一字节都为 1 的 IP 地址(255.255.255.255)称为当前子网的广播地址。当不知道网络地址时，可以通过有限广播地址向本地子网的所有主机进行广播。

⑤ 环回地址。IP 地址一般不能以十进制数 127 作为开头。以 127 开头的地址，如 127.0.0.1，通常用于网络软件测试以及本地主机进程间的通信。

(5) IP 地址和 MAC 地址的转换。TCP/IP 的物理层连接的都是具体的物理网络，物理网络都有确切的物理地址。IP 地址和物理地址是有区别的，IP 地址只是在网络层中使用的地址，其长度为 32 位。物理地址是指在一个网络中对其内部的一台计算机进行寻址使用的地址。物理地址工作在网络最底层，其长度为 48 位。通常将物理地址固化在网络适配器的 ROM 芯片中，因此有时也称之为“硬件地址”或“MAC 地址”。

IP 地址通常将物理地址隐藏起来，使互联网表现出统一的地址格式。但在实际通信时，物理网络使用的依然是物理地址，因为 IP 地址是不能被物理网络识别的。对于以太网而言，当 IP 数据报通过以太网发送时，以太网设备并不识别 32 位 IP 地址，而是以 48 位的 MAC 地址传输。因此，在两者之间要建立映射关系，地址之间的这种映射称为地址解析。硬件编址方案不同，地址解析的算法也不同。例如，以太网编址方案与令牌环网编址方案不同，因此将 IP 地址解析为以太网地址的方案和将 IP 地址解析为令牌环网地址的方法也不同。通常，互联网中使用较多的是查表法，即在计算机中存放一个从 IP 地址到物理地址的映射表，并经常动态更新该表，通过查表找到对应的物理地址。

地址解析工作由 ARP 协议来完成，如图 5-16 所示。ARP 是一个动态协议，之所以用“动态”，是因为地址解析这个过程是自动完成的，一般用户不必关心。网络中的每台主机都有一个 ARP 缓存，其中装有 IP 地址到物理地址的映射表。ARP 定义了两种基本信息：一种是请求信息，其中包含一个 IP 地址和对应物理地址的请求；另一种是应答信息，其中包含发来的 IP 地址和相应的物理地址。

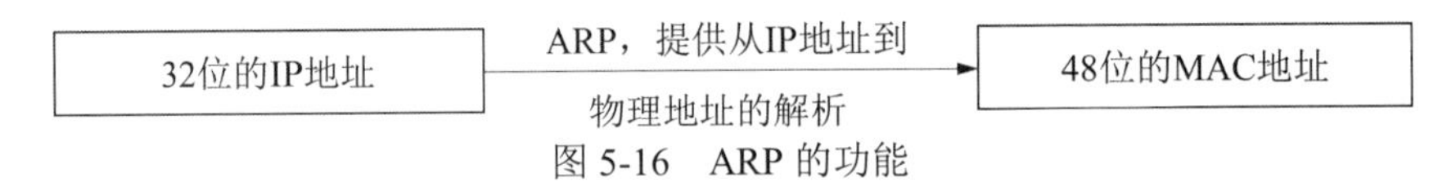

图 5-16　ARP 的功能

3. 子网掩码

在实际应用中，子网规模从几台到几万台都有可能，如果只能按照 A、B、C 三类子网划分，一个包含 300 台机器的小网络就需要分配一个 B 类子网段，必然会造成 IP 地址的浪费。为了提高有限的 IP 地址的利用效率，往往需要更加灵活的划分方法，即在基本网络结构划分的基础上，通过对 IP 地址各位进行标识来灵活地限制子网大小，这就是子网掩码。

子网掩码的前一部分全为 1，表示 IP 地址中对应部分是网络标识符；后一部分全是 0，表示 IP 地址中对应部分是主机编号。首先可以得到 A、B、C 三类网络的默认掩码分别为：

A 类网络为 11111111000000000000000000000000，即 255.0.0.0

B 类网络为 11111111111111110000000000000000，即 255.255.0.0

C 类网络为 11111111111111111111111100000000，即 255.255.255.0

网络管理员可以通过改变子网掩码中 1 和 0 的个数，来修改网络标识符的范围和主机编号的范围，从而可以把一个大的网络划分为几个子网。例如，网络号为 200.15.192 的 C 类网络，主机编号范围为 200.15.192.0～200.15.192.256，最多能拥有 256 台主机。现在要从这个 C 类网络中划分出拥有 128 台主机的子网，需要借用其主机编号域中的最高一位，用来表示网络标识符，子网掩码由 C 类的默认掩码 255.255.255.0 变为 255.255.255.128，即

11111111.11111111.11111111.1000000

这时 IP 地址就只能从属于 200.15.192.0～200.15.192.127 或者 200.15.192.128～200.15.192.256 这两个子网段之一，其特点是子网内 IP 地址网络标识符相同。此时网格地址 200.15.192.127 和 200.15.192.128 虽然数字相邻，但是网络标识符不同，就不再属于同一个子网，可以分别分配给两个独立子网的设备。

5.2.2 网络节点数据传输协议

1. 分层

网络体系结构(network architeture)是计算机网络的分层、各层协议和功能的集合。不同的计算机网络具有不同的体系结构，其层的数量、各层的名称、内容和功能都不一样。然而，在任何网络中，每一层都是为了向它邻接上层提供一定的服务而设置的，而且每一层都对上层屏蔽如何实现协议的具体细节。这样，网络体系结构就能做到与具体物体实现无关，哪怕连接到网络中的主机和终端的型号及性能各不相同，只要它们共同遵守相同的协议，就可以实现互通信和互操作。

由此可见，计算机网络体系结构实际上是一组设计原则，是一个抽象的概念，因为它不涉及具体的实现细节。不过网络体系结构的说明必须包括足够的信息，以便网络设计者能为每一层编写符合相应协议的程序。因此，网络体系结构与网络的实现不是一回事，前者仅告诉网络设计者“做什么”，而不是“怎么做”。

在网络体系结构模型中，比较有代表性的是 TCP/IP 参考模型。

2. TCP/IP 协议

计算机与网络设备如果要相互通信，就必须基于相同的方法。比如如何探测到通信目标，由哪一边先发起通信，使用哪种语言进行通信，怎样结束通信等规则都需要事先确定。不同的硬件及操作系统之间的通信，都需要一种规则，而这种规则称为协议(protocol)。

传输控制协议(transmission control protocol，TCP)是一种面向连接的、可靠的、基于字节流的传输层通信协议，由 IETF 的 RFC 793 定义。TCP 旨在适应支持多网络应用的分层协议层次结构。连接到不同但互联的计算机通信网络的主计算机中的成对进程之间，依靠 TCP 提供可靠的通信服务。TCP 假设它可以从较低级别的协议获得简单的、可能不可靠的

数据报服务。原则上，TCP 能够在从硬线连接到分组交换或电路交换网络的各种通信系统之上操作。

IP 是互联网协议的缩写，是 TCP/IP 体系中的网络层协议。设计 IP 的目的是提高网络的可扩展性：一是解决互联网问题，实现大规模、异构网络的互联互通；二是分割顶层网络应用和底层网络技术之间的耦合关系，以利于两者的独立发展。根据端到端的设计原则，IP 只为主机提供一种无连接的、不可靠的、尽力而为的数据报传输服务。

也就是说，TCP/IP 是互联网相关各类协议族的总称。

(1) TCP/IP 的分层管理。TCP/IP 协议里最重要的一点就是分层。TCP/IP 协议族按层次分别为应用层、传输层、网络层、数据链路层、物理层，如图 5-17 所示，当然也有按不同的模型分为 4 层或者 7 层的。

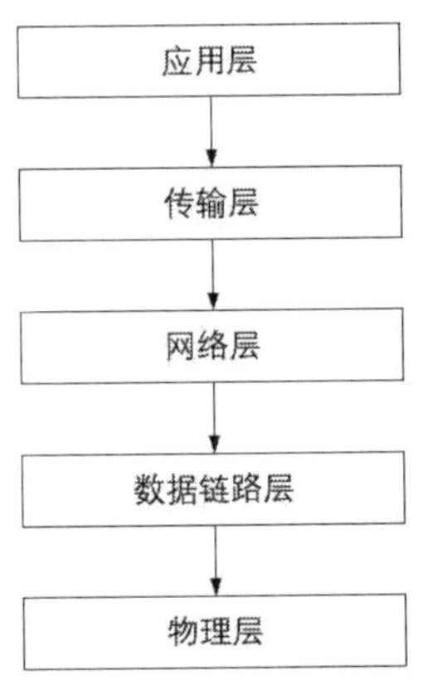

图 5-17　TCP/IP 分层

把 TCP/IP 协议分层之后，如果后期某个地方设计修改，无需全部替换，只需要将变动的层替换，而且从设计上来说，也变得简单了。处于应用层上的应用可以只考虑分派给自己的任务，而不需要弄清对方在哪个地方、怎样传输、如何确保到达率等问题。

TCP/IP 的 5 个分层，越靠下越接近硬件。下面由下到上来介绍这些分层。

① 物理层。物理层负责比特流在节点之间的传输，即负责物理传输，这一层的协议既与链路有关，也与传输的介质有关。通俗来说，物理层就是把计算机连接起来的物理手段。

② 数据链路层。数据链路层控制网络层与物理层之间的通信，主要功能是保证物理线路上进行可靠的数据传递。为了保证传输，从网络层接收到的数据被分割成特定的可被物理层传输的帧。帧是用来移动数据结构的结构包，它不仅包含原始数据，还包含发送方和接收方的物理地址以及纠错和控制信息。其中的地址确定了帧将发送到何处，而纠错和控制信息则确保帧无差错到达。如果在传输数据时，接收点检测到所传数据有差错，就要通知发送方重发这一帧。

③ 网络层。网络层决定如何将数据从发送方路由到接收方。网络层通过综合考虑发送优先权、网络拥塞程度、服务质量以及可选路由的花费等，来决定从网络中的 A 节点到 B 节点的最佳途径，即建立主机到主机的通信。

④ 传输层。传输层为两台主机上的应用程序提供端到端的通信。传输层有两个传输协议：TCP(传输控制协议)和 UDP(用户数据报协议)。其中，TCP 是一个可靠的面向连接的协议，UDP 是不可靠的或者说无连接的协议。

⑤ 应用层。应用程序收到传输层的数据后，就要进行解读。解读必须事先规定好格式，而应用层的作用就是规定应用程序的数据格式。主要协议有 HTTP、FTP、Telnet 等。

(2) TCP 与 UDP。TCP/UDP 都是传输层协议，但是两者具有不同的效果和应用场景，如表 5-2 所示。

表 5-2　TCP 与 UDP 的区别

项　　目	TCP	UDP
可靠性	可靠	不可靠
连接性	面向连接	无连接
报文	面向字节流	面向报文
效率	传输效率低	传输效率高
双工性	全双工	一对一、一对多、多对一、多对多
流量控制	滑动窗口	无
拥塞控制	慢开始、拥塞避免、快重传、快恢复	无
传输速度	慢	快
应用场景	对效率要求低，对准确性要求高或者要求有连接的场景	对效率要求高，对准确性要求低

面向报文的传输方式是指一次发送一个报文，即应用层交给 UDP 多长的报文，UDP 就发送多长的报文。因此，应用程序必须选择合适大小的报文。虽然应用程序和 TCP 的交互是一次一个数据块(大小不等)，但 TCP 把应用程序看成一连串的无结构的字节流。TCP 有一个缓冲，当应用程序传送的数据块太长时，TCP 就可以把它划分短一些再进行传送。

(3) TCP 的三次握手与四次挥手。TCP 三次握手的具体过程如下。

第一次握手：建立连接。客户端发送连接请求报文段，并将 SYN(标记位)设置为 1，数据包序号(seq)为 x，接下来等待服务端确认，客户端进入 SYN_SENT 状态(请求连接)；

第二次握手：服务端收到客户端的 SYN 报文段，对 SYN 报文段返回 ACK 报文进行确认，设置 ACK 确认号为 x+1(即 seq+1)；同时自己还要发送 SYN 请求信息，需将 SYN 标志位设置为 1，seq 为 y。服务端将上述所有信息放到 SYN+ACK 报文段中，一并发送给客户端，此时服务器进入 SYN_RECV 状态。

第三次握手：客户端收到服务端的 SYN+ACK 报文段，然后将 ACK 确认号设置为 y+1，向服务端发送 ACK 报文段。这个报文段发送完毕后，客户端和服务端都进入 ESTABLISHED(连接成功)状态，完成 TCP 的三次握手。

以上三次握手的过程如图 5-18 所示。

当客户端和服务端通过三次握手建立了 TCP 连接以后，数据传送完毕、断开连接就需要进行 TCP 的四次挥手。其四次挥手具体过程如下。

第一次挥手：客户端设置 seq 和 ACK，向服务器发送一个 FIN(终结)报文段。此时，客户端进入 FIN_WAIT_1 状态，表示客户端没有数据要发送给服务端了。

第二次挥手：服务端收到客户端发送的 FIN 报文段，向客户端回了一个 ACK 报文段。

第三次挥手：服务端向客户端发送 FIN 报文段，请求关闭连接，同时服务端进入 LAST_ACK 状态。

第四次挥手：客户端收到服务端发送的 FIN 报文段后，向服务端发送 ACK 报文段，然后客户端进入 TIME_WAIT 状态。服务端收到客户端的 ACK 报文段以后，关闭连接。

此时，客户端等待 2 个 MSL(指一个报文段在网络中最大的存活时间)后依然没有收到回复，则说明服务端已经正常关闭，客户端可以关闭连接。

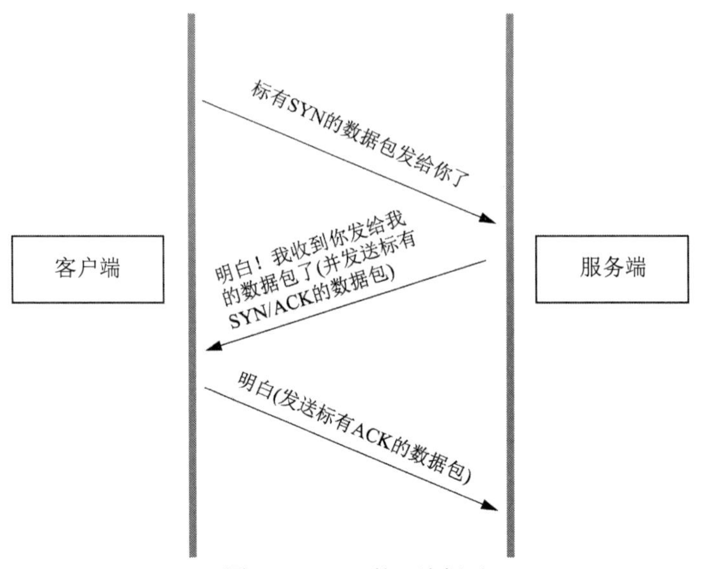

图 5-18　TCP 的三次握手

以上四次挥手的完整过程如图 5-19 所示。

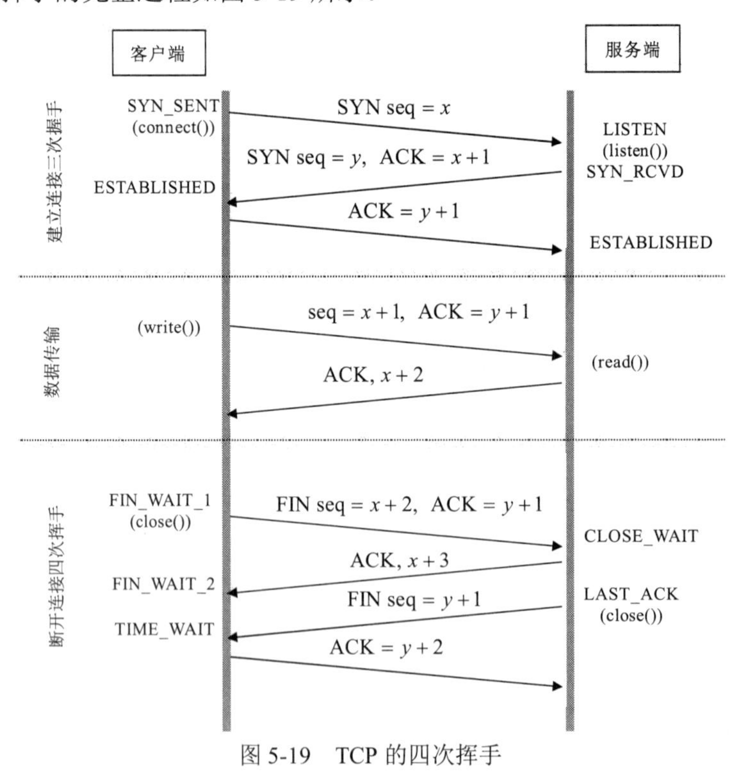

图 5-19　TCP 的四次挥手

如果有大量的连接，每次在连接、关闭时都要经历三次握手和四次挥手，这显然会造成性能低下。因此，HTTP 有一种叫作长连接(Keepalive Connections)的机制，可以在传输数据后仍保持连接，当客户端需要再次获取数据时，直接使用刚刚空闲下来的连接而无需再次握手。

5.2.3 网络资源共享协议

1. HTTP

(1) HTTP 协议是超文本传输协议(hype text transfer protocol)的缩写，是用于从万维网WWW(world wide web)服务器传输超文本到本地浏览器的传送协议。

(2) HTTP 是一个基于 TCP/IP 通信协议进行文本传输的协议。HTTP 是一个客户端终端(用户)和服务器端(网站)请求和应答的标准(TCP)。通过使用网页浏览器、网络爬虫或者其他工具，客户端发起一个 HTTP 请求到服务器上的指定端口(默认端口为 80)，一般称这个客户端为用户代理程序。应答的服务器上存储着一些资源，比如 HTML 文件和图像，一般称这个应答服务器为源服务器。在用户代理和源服务器中间可能存在多个“中间层”，比如代理服务器、网关或者隧道(tunnel)。

尽管 TCP/IP 协议是互联网上最流行的应用，但 HTTP 协议中并没有规定必须使用它或它支持的层。事实上，HTTP 可以在任何互联网协议上，或其他网络上实现。HTTP 假定其下层协议提供可靠的传输，因此，任何能够提供这种保证的协议都可以被其使用。

2. DNS

(1) DNS(domain name system，域名系统)是互联网上一种层次结构的基于域的命名方式和实现这种命名方式的分布式数据库，其中记录了各种主机域名与 IP 地址的对应关系，能够使用户更加方便地访问网站。用户可以直接输入域名登录网站，DNS 会将域名解析成 IP 地址，然后用户根据这个 IP 地址找到相应的网站，从而访问域名对应的网站，通过主机名获取主机名对应 IP 地址的过程叫作域名解析。

(2) DNS 协议建立在 UDP 协议之上，在某些情况下可以使用端口号 53 切换到 TCP，是一种客户/服务器服务模式。DNS 查询以各种不同的方式进行解析，客户机可通过使用以前查询获得的缓存信息就地应答查询，DNS 服务器也可使用其自身的资源记录信息缓存来应答查询。但更多是使用下列两种方式：①递归解析。DNS 服务器收到一个域名解析请求时，如果所要检索的资源记录不在本地，DNS 服务器将和自己的上一层服务器交互，获得最终答案，并将其返回给客户；②迭代解析。DNS 服务器收到解析请求，首先在本地的数据库中查找是否有相应的资源记录，如果没有，则向客户提供另外一个 DNS 服务器的地址，客户负责把解析请求发送给新的 DNS 服务器地址。

3. HTML

HTML(hypertext markup language)，中文译为超文本标记语言，是一种网页编辑和标记语言。超文本标记语言是标准通用标记语言下的一个应用，也是一种规范，一种标准，它通过标记符号来标记网页中的各个部分。

4. SMTP 和 POP3

(1) SMTP。SMTP(simple mail transfer protocol)，即简单邮件传输协议，是一组用于由源地址到目的地址传送邮件的规则，由它来控制信件的中转方式。SMTP 协议属于 TCP/IP 协议簇，它帮助每台计算机在发送或中转信件时找到下一个目的地。经过 SMTP 协议所指定的服务器，就能够把 E-mail 寄到收信人的服务器上，整个过程只要几分钟。SMTP 服务器则是遵循 SMTP 协议的发送邮件服务器，用来发送或中转发出的电子邮件。SMTP 是一种 TCP 协议支持的提供可靠且有效电子邮件传输的应用层协议。

(2) POP3。POP3(post office protocol version3)，即邮局协议第 3 版，主要用于支持使用客户端远程管理在服务器上的电子邮件。POP3 采用的也是 C/S 通信模型，对应的 RFC 文档为 RFC1939。

SMTP 和 POP3 是两种协议。SMTP 和 POP3 的服务器就是使用这两种协议的服务器。

5.3 物联网

5.3.1 身边的物联网

物联网可以被用于多种多样的领域，常见的有共享单车、手机导航、二维码支付、健康码等。下面将简单介绍物联网在以上场景中的工作原理。

5.3.2 物联网的感知与识别技术

物联网的感知与识别技术包括传感器技术、射频识别技术、二维码技术、蓝牙技术以及 ZigBee 技术等。物联网感知与识别技术的主要功能是采集和捕获外界环境或物品的状态信息，在采集和捕获相应信息时，会利用射频识别技术先识别物品，然后通过安装在物品上的高度集成化微型传感器来感知物品所处的环境信息以及物品本身的状态信息等，实现对物品的实时监控和自动管理。而这种功能得以实现，离不开各种技术的协调合作。

1. 传感器技术

物联网实现感知功能离不开传感器，如图 5-20 所示，传感器的最大作用是帮助人们完成对物品的自动检测和自动控制。目前，传感器的相关技术已经相对成熟，被应用于多个领域，比如地质勘探、航天探索、医疗诊断、商品质检、交通安全、文物保护、机械工程等。作为一种检测装置，传感器会先感知外界信息，然后将这些信息通过特定规则转换为电信号，最后由传感网传输到计算机上，供人们或人工智能分析和利用。

传感器的物理组成包括敏感元件、转换元件以及电子线路三部分。敏感元件可以直接感受对应的物品，转换元件也叫传感元件，主要作用是将其他形式的数据信号转换为电信号；电子线路作为转换电路可以调节信号，将电信号转换为可供人和计算机处理、管理的有用电信号。

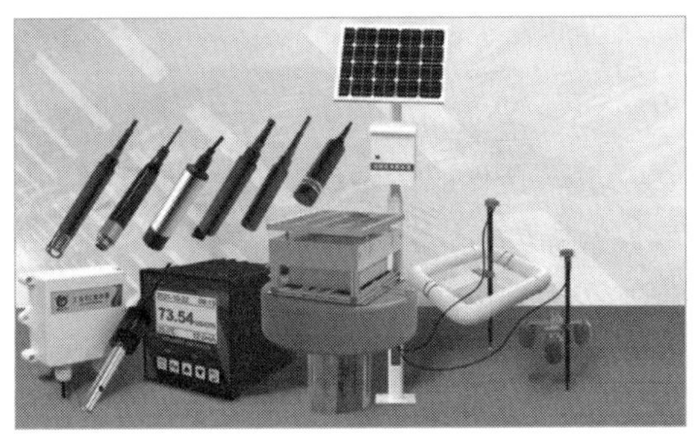

图 5-20　物联网传感器

2. 射频识别技术

射频识别的简称为 RFID，该技术是无线自动识别技术之一，人们又将其称为电子标签技术。利用该技术，无需接触物体就能通过电磁耦合原理获取物品的相关信息。

物联网中的感知层通常都要建立一个射频识别系统，该识别系统由电子标签、读写器以及中央信息系统三部分组成。其中，电子标签一般安装在物品的表面或者内嵌在物品内层，标签内存储着物品的基本信息，以便于被物联网设备识别；读写器有三个作用，一是读取电子标签中有关待识别物品的信息，二是修改电子标签中待识别物品的信息，三是将所获取的物品信息传输到中央信息系统中进行处理。中央信息系统可以对获取的各类信息集中控制与处理。

3. 二维码技术

二维码(2-dimensional bar code)又称二维条码、二维条形码，是一种信息识别技术。二维码通过黑白相间的图形记录信息，这些黑白相间的图形按照特定的规律分布在二维平面上，与计算机中的二进制数相对应。人们通过对应的光电识别设备就能将二维码输入计算机进行数据的识别和处理。

二维码有两类，第一类是堆叠式/行排式二维码，另一类是矩阵式二维码。堆叠式/行排式二维码与矩阵式二维码在形态上有所区别，前者由一维码堆叠而成，后者以矩阵的形式组成。两者虽然在形态上有所不同，但都采用了共同的原理：每一个二维码都有特定的字符集，都有相应宽度的“黑条”和“空白”来代替不同的字符，都有校验码等。

4. 蓝牙技术

蓝牙技术是典型的短距离无线通信技术，在物联网感知层得到了广泛应用，是物联网感知层重要的短距离信息传输技术之一。蓝牙技术既可在移动设备之间配对使用，也可在固定设备之间配对使用，还可在固定和移动设备之间配对使用。该技术将计算机技术与通信技术相结合，解决了在无电线、无电缆的情况下进行短距离信息传输的问题。

蓝牙集合了时分多址、高频跳段等多种先进技术，既能实现点对点的信息交流，又能实现点对多点的信息交流。蓝牙在技术标准化方面已经相对成熟，相关的国际标准已经出台，例如，其传输频段就采用了国际统一标准 2.4GHz 频段。另外，该频段之外还有间隔为 1MHz 的特殊频段。蓝牙设备在使用不同功率时，通信的距离有所不同，如功率为 0dBm 和 20dBm，对应的通信距离分别是 10m 和 100m。

5. ZigBee 技术

ZigBee 指的是 IEEE802.15.4 协议，它与蓝牙技术一样，也是一种短距离无线通信技术。从这种技术的相关特性来看，它介于蓝牙技术和无线标记技术之间，因此，它与蓝牙技术并不等同。ZigBee 传输信息的距离较短、功率较低，因此，日常生活中的一些小型电子设备之间多采用这种低功耗的通信技术。与蓝牙技术相同，ZigBee 所采用的公共无线频段也是 2.4GHz，同时也采用了跳频、分组等技术。但 ZigBee 的可使用频段只有三个，分别是 2.4GHz(公共无线频段)、868MHz(欧洲使用频段)、915MHz(美国使用频段)。ZigBee 的基本速率是 250Kb/s，低于蓝牙的速率，但比蓝牙成本低，也更简单。ZigBee 的速率与传输距离并不成正比，当传输距离扩大到 134m 时，其速率只有 28Kb/s。不过，值得一提的是，ZigBee 处于该速率时的传输可靠性会变得更高。采用 ZigBee 技术的应用系统可以实现几百个网络节点相连，最高可达 254 个之多。这些特性决定了 ZigBee 技术在一些特定领域比蓝牙技术表现得更好，这些特定领域包括消费精密仪器、消费电子、家居自动化等。然而，ZigBee 只能完成短距离、小量级的数据流量传输。

5.3.3 物联网的定位技术

物联网的定位技术可以按照使用场景的不同划分为室内定位和室外定位两大类。如图 5-21 所示为室内定位技术的定位单元与定位架构。场景不同，需求也就不同，采用的定位技术也不尽相同。下面介绍几种常见的物联网定位技术。

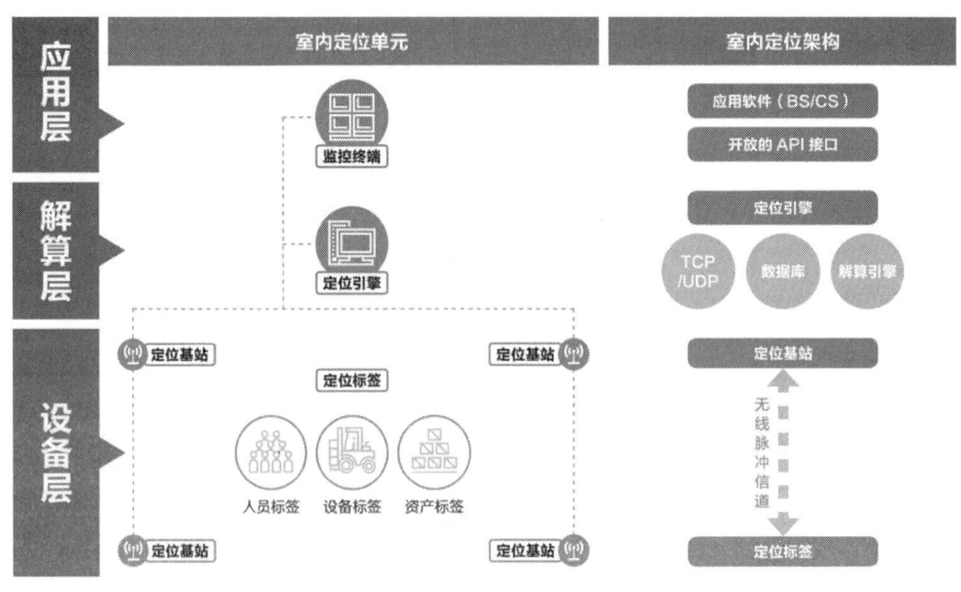

图 5-21　物联网定位技术

1. 射频识别室内定位技术

射频识别室内定位技术利用射频方式，通过固定天线把无线电信号调成电磁场，附着于物品的标签经过磁场后，会生成感应电流把数据传送出去，采用多对双向通信交换数据以达到识别和三角定位的目的。

射频识别室内定位技术作用距离很近，但它可以在几毫秒内得到厘米级定位精度的信息，且由于电磁场非视距等优点，传输范围很大，而且标识的体积比较小，造价比较低。但其不具有通信能力，抗干扰能力较差，不便于整合到其他系统之中，且用户的安全隐私保障和国际标准化都不够完善。

射频识别室内定位技术已经被仓库、工厂、商场广泛使用在货物、商品的流转定位上。

2. Wi-Fi 室内定位技术

Wi-Fi定位技术有两种，一种是通过移动设备和三个无线网络接入点的无线信号强度，通过差分算法，来比较精准地对人和车辆进行三角定位。另一种是事先记录巨量的确定位置点的信号强度，通过用新加入的设备的信号强度对比拥有巨量数据的数据库，来确定位置。

Wi-Fi 定位可以在广泛的应用领域内实现复杂的大范围定位、监测和追踪任务，总精度比较高，但是用于室内定位的精度只能达到 2m 左右，无法做到精准定位。由于 Wi-Fi 路由器和移动终端的普及，使得定位系统可以与其他客户共享网络，硬件成本很低，而且 Wi-Fi 的定位系统可以降低射频(RF)干扰的可能性。

Wi-Fi 定位适用于对人或者车的定位导航，可用于医疗机构、主题公园、工厂、商场等各种需要定位导航的场合。

3. 超宽带(UWB)定位技术

超宽带定位技术是近年来新兴的一项全新的、与传统通信技术有极大差异的无线通信新技术。它不需要使用传统通信体制中的载波，而是通过发送和接收具有纳秒或微秒级以下的极窄脉冲来传输数据，从而具有 3.1～10.6GHz 量级的带宽。目前，包括美国、日本、加拿大等在内的国家都在研究这项技术，该技术在无线室内定位领域具有良好的前景。

UWB 技术是一种传输速率高，发射功率较低，穿透能力较强并且基于极窄脉冲的无线技术，无载波。正是这些优点，使它在室内定位领域得到了较为精确的结果。超宽带室内定位技术常采用 TDOA 演示测距定位算法，就是通过信号到达的时间差，借助双曲线交叉来定位的超宽带系统，包括产生、发射、接收、处理极窄脉冲信号的无线电系统。而超宽带室内定位系统则包括 UWB 接收器、UWB 参考标签和主动 UWB 标签。定位过程中由 UWB 接收器接收标签发射的 UWB 信号，通过过滤电磁波传输过程中夹杂的各种噪声干扰，得到含有效信息的信号，再通过中央处理单元进行测距定位计算分析。

超宽带可用于室内精确定位，例如战场士兵的位置发现、机器人运动跟踪等。超宽带系统与传统的窄带系统相比，具有穿透力强、功耗低、抗干扰效果好、安全性高、系统复杂度低、能提供精确定位精度等优点。因此，超宽带技术可以应用于室内静止或者移动物体以及人的定位跟踪与导航，且能提供十分精确的定位精度。根据不同公司使用的技术手段或算法不同，精度可保持在 0.1m～0.5m。

4. 地磁定位技术

地球可视为一个磁偶极，其中一极位在地理北极附近，另一极位在地理南极附近。地磁场包括基本磁场和变化磁场两个部分。基本磁场是地磁场的主要部分，起源于地球内部，比较稳定，属于静磁场部分。变化磁场包括地磁场的各种短期变化，主要起源于地球外部，相对比较微弱。

现代建筑的钢筋混凝土结构会在局部范围内对地磁产生扰乱，指南针可能也会因此受到影响。原则上来说，非均匀的磁场环境会因其路径不同而产生不同的磁场观测结果。而这种被称为 IndoorAtlas 的定位技术，正是利用地磁在室内的这种变化进行室内导航，并且导航精度已经可以达到 0.1m～2m。

不过使用这种技术进行导航的过程还是稍显麻烦。用户需要先将室内楼层平面图上传到 IndoorAtlas 提供的地图云中，然后使用移动客户端实地记录目标地点不同方位的地磁场。记录的地磁数据都会被客户端上传至云端，这样其他人才能利用已记录的地磁进行精确室内导航。

5. 超声波定位技术

超声波定位是指通过在室内安装多个超声波扬声器，发出能被终端麦克风检测到的超声信号的技术。通过不同声波的到达时间差，推测出终端的位置。

由于声波的传送速度远低于电磁波，所以其系统实现难度非常低，可以非常简单地实现系统的无线同步，然后用超声波发送器发送，接收端采用麦克风接收，自己运算位置即可。

6. 红外线定位技术

红外线是一种波长介于无线电波和可见光波之间的电磁波。红外线室内定位技术的定位原理是，红外线标识发射调制的红外射线，通过安装在室内的光学传感器接收进行定位。虽然红外线具有相对较高的室内定位精度，但由于光线不能穿过障碍物，使得红外射线仅能视距传播。直线视距和传输距离较短这两大主要缺点使其室内定位的效果很差。当标识放在口袋里或者有墙壁及其他遮挡时就不能正常工作。若想避免该问题，需要在每个房间、走廊安装接收天线，造价较高。因此，红外线只适合短距离传播，而且由于其容易被荧光灯或者房间内的灯光干扰，在精确定位上有局限性。

典型的红外线室内定位系统 Activebadges 使待测物体附上一个电子标，该标识通过红外发射机向室内固定放置的红外接收机周期发送该待测物唯一 ID，接收机再通过有线网络将数据传输给数据库。这个定位技术功耗较大且常常会受到室内墙体或物体的阻隔，实用性较低。如果将红外线与超声波技术相结合，也可方便地实现定位功能。该方式用红外线触发定位信号，使参考点的超声波发射器向待测点发射超声波，应用 TOA 基本算法，通过计时器测距定位。这种技术一方面降低了功耗，另一方面避免了超声波反射式定位技术传输距离短的缺陷，使得红外技术与超声波技术优势互补。

7. 卫星定位技术

北斗卫星定位是中国自主研发的，利用地球同步卫星为用户提供全天候、区域性的卫星定位系统。它能快速确定目标或者用户所处地理位置，向用户及主管部门提供导航信息。

北斗卫星导航系统在 2008 年的汶川地震抗震救灾中发挥了重要作用。在当地通信设施严重受损的情况下，通过北斗卫星系统实现了各点位各部门之间的联络，精确判定了各路救灾部队的位置，以便根据灾情及时下达新的救援任务。

现阶段北斗卫星定位系统应用于民事活动的情况比较少，不过市面上也可以看到有北斗手机和北斗汽车导航。

8. 基站定位技术

基站定位一般应用于手机用户，手机基站定位服务又叫作移动位置服务(location based service，LBS)，它是通过电信移动运营商的网络(如 GSM 网)获取移动终端用户的位置信息(经纬度坐标)，在电子地图平台的支持下，为用户提供相应服务的一种增值业务，例如中国移动动感地带提供的动感位置查询服务等。

由于 GPS 定位比较费电，所以基站定位是 GPS 设备的常见功能。但是基站定位精度较低，一般有 500m～2000m 的误差。

9. 蜂窝定位技术

蜂窝基站定位技术主要应用于移动通信中广泛采用的蜂窝网络，目前大部分 GSM、CDMA、3G 等通信网络均采用蜂窝网络架构。在通信网络中，通信区域被划分为一个个蜂窝小区，通常每个小区有一个对应的基站。以 GSM 网络为例，当移动设备要进行通信时，先连接蜂窝小区的基站，然后通过该基站连接 GSM 网络进行通信。也就是说，在进行移动通信时，移动设备会和一个蜂窝基站联系起来，蜂窝基站定位就是利用这些基站来定位移动设备。

5.4 网络与信息安全

信息本身是无形的，能借助信息媒介以多种形式存在或传播。随着互联网的普及，可以说，信息已成为人类生存和发展中必不可少的宝贵资源。因此，信息安全性问题也越来越受到人们的关注。信息安全，从广义上可以理解为保证信息的安全属性不被破坏。在信息时代，信息安全是指确保以电磁信号为主要形式的、在计算机网络化系统中进行获取、处理、存储、传输和应用的信息内容在各个物理及逻辑区域中的安全存在，并且不发生任何侵害行为。网络安全是指网络系统的硬件、软件及其系统中的数据受到保护，不因偶然的或者恶意的原因而遭受到破坏、更改、泄露，系统连续可靠正常地运行，网络服务不中断。显而易见，网络安全属于信息安全领域，同时又在信息安全领域中占有极其重要的位置。很多时候，人们谈论信息安全时，更多指的是网络安全。

5.4.1　信息安全概述

在社会信息化的进程中，信息已经成为社会发展的重要资源，而信息安全在信息社会中扮演着极为重要的角色，它直接关系到国家安全、企业经营和人们的日常生活。为了保护国家的政治利益和经济利益，各国政府都非常重视信息安全，信息安全已经成为一个时代性和全球性的研究课题。

信息安全可以理解为在给定安全密级的条件下，信息系统抵御意外事件或恶意行为的能力。这些事件和行为将危及所存储、处理、传输的数据以及经由这些系统所提供服务的非否认性、完整性、机密性、可用性和可控性，具体含义如下。

(1) 非否认性是指能够保证信息行为人不能否认其信息行为。这点可以防止参与某次通信交换的一方事后否认本次交换曾经发生过。

(2) 完整性是指能够保障被传输接收或存储的数据是完整的和未被篡改的。这点对于保证一些重要数据的精确性尤为重要。

(3) 机密性是指保护数据不受非法截获和未经允许授权浏览。这点对于敏感数据的传输尤为重要，同时也是通信网络中处理用户的私人信息所必需的。

(4) 可用性是指尽管存在突发事件(如自然灾害、电源中断事故或攻击等)，但用户依然可以得到或使用数据，并且服务业处于正常运转状态。

(5) 可控性是指保证信息系统的授权认证和监控管理。这点可以确保某个实体(人或系统)的身份的真实性，也可以确保执政者对社会的执法管理行为。

1. 威胁与攻击信息的种类

(1) 信息泄露。信息泄露是指偶然或故意地获得(侦听、截获、窃取或分析破译)目标系统中的信息，特别是敏感信息。这种威胁主要来自窃听、搭线和其他更加错综复杂的信息探测攻击。

通过 Web 服务来传递信息，快捷、有效而且生动形象，但这种信息传递方式使外部用户进入系统越来越容易，给主机带来的危险也越来越大。如果无法保证这些信息仅为授权用户阅读，就必将给被侵入方带来巨大的损失。

(2) 信息破坏。信息破坏是指由于偶然事故或人为破坏，系统的信息被修改、删除、添加、伪造或非法复制，从而使信息的正确性、完整性和可用性被破坏、修改或丢失。人为破坏的手段如下。

① 利用系统本身的脆弱性；滥用特权身份。

② 不合法的使用。

③ 修改或非法复制系统中的数据。

(3) 计算机犯罪。下面主要介绍计算机犯罪的技术手段及特点。

计算机犯罪是利用暴力和非暴力手段，故意泄露、窃取或破坏系统中的机密信息，危害系统实体和信息安全的不法行为。暴力手段是对计算机设备和设施进行物理破坏，例如，使用武器摧毁计算机设备，摧毁计算机中心建筑等；而非暴力手段是利用计算机技术或其他技术进行犯罪活动，常采用的技术手段如下。

① 数据欺骗：分发篡改数据或输入假数据。

② 特洛伊木马：分发装入秘密指令或程序，由计算机实施犯罪活动。

③ 香肠术：利用计算机从金融信息系统一点一点地窃取存款。例如，窃取某个账户上的利息并积少成多。

④ 陷阱术：利用计算机硬件、软件的某些端点接口插入犯罪指令或装置。例如，利用程序中为便于调试、修改或扩充等功能而特设的断点，插入犯罪指令或在硬件中增设犯罪使用的装置。

⑤ 逻辑炸弹：输入犯罪指令，在指定的时间或条件下，清除数据文件或破坏系统的功能。

⑥ 寄生术：用某种方式紧跟享有特权的用户进入系统或在系统中装入“寄生虫”程序。

⑦ 超级冲杀：用共享程序突破系统防护，进行非法存取或破坏数据集系统功能。

⑧ 异步攻击：将犯罪指令夹杂在正常作业程序中，以获取数据文件。

⑨ 废品利用：从废弃资料、磁盘、磁带中提取有用信息或进一步分析系统密码等。

⑩ 伪造证件：伪造他人的信用卡、磁卡、存折等。

(4) 计算机病毒与木马。计算机病毒(computer virus)是编制者在计算机程序中插入的破坏计算机功能或者数据的代码，能影响计算机正常使用，能自我复制的一组计算机指令或者程序代码。计算机病毒具有传播性、隐蔽性、感染性、潜伏性、可激发性、表现性或破坏性。计算机病毒有独特的复制能力，它们能够快速蔓延，又常常难以根除。它们能把自身附着在各种类型的文件上，当文件被复制或从一个用户传送到另一个用户时，它们就随同文件一起蔓延开来。计算机常见病毒有宏病毒(macro virus)、引导型病毒(boot strap sector virus)、脚本病毒(script virus)、文件类型病毒(file infector virus)、特洛伊木马(trojan)。

2. 保障信息安全的措施

(1) 应用信息加密技术。信息加密技术是保证计算机系统安全的重要技术措施之一，主要包括以下 3 个方面。

① 文件加密技术。文件加密技术包括文件的加密及文件名加密。目前的加密方法主要有两种：一种是利用加密软件，对文件单独进行加密和解密；另一种是把加密系统嵌入文件访问机制中，并尽量减少加密和解密所需的时间。在文件存储时，系统自动加密；运行前，则自动解密。

② 存储介质加密技术。存储介质加密可防止非法复制。由于存储介质本身的某些特点，存储介质加密具有某种局限性。这类加密技术的原理很简单：即把某些指纹性质的特征信息写入磁盘，作为密钥嵌入程序中，进而查验它是否存在和正确。使用普通磁盘驱动器，能读出程序并运行，但不能写。当复制该磁盘时，指纹信息会丢失，于是被查验为非法复制文件；同时，由于密钥丢失，文件无法运行。

③ 数据的加密方法。分组加密算法是数据库中加密数据的常用方法。对普通数据的加密，多采用分组密码的密本方式；对记录、关系等较长数据的加密，多采用分组密码快键方式。

密本方式是指对定长的明文，在固定长度的密钥的控制下加密后，得出密文的长度与原明文一样。密码快键方式是指把每次加密的输出反馈到输入，作用到下次要加密的明文上，于是每次的加密输出，不仅依赖于本次加密输入的明文，还与所有此前输入的明文有关。

子密钥数据库加密技术是按记录对数据加密，按数据项进行解答。需要其记录某数据项时，就用该数据项的子密钥解密。

对数据库而言，生存周期长的数据信息大量存在，密钥也有多级。例如，用户级密钥、数据库级密钥、记录级密钥以及数据项级密钥等。这种分级密钥的形式，具有生命周期相对较长的特点。

(2) 采取多种技术防护措施，如审计技术、安全协议、发展和使用访问控制技术。

① 审计技术。审计技术使信息系统自动记录网络中机器的使用时间、敏感操作和违纪操作等。审计类似于飞机上的“黑匣子”，它为系统进行事故原因查询、定位、事故发生前的预测、报警以及事故发生后的实时处理提供详细可靠的依据或支持。审计对用户的正常操作也有记载，因为往往有些“正常”操作(如修改数据等)恰恰是攻击系统的非法操作。

② 安全协议。整个网络系统的安全强度实际上取决于所使用的安全协议的安全性。安全协议的设计和改进有两种方式。

第一，对现有网络协议(如 TCP/IP)进行修改和补充。

第二，在网络应用层和传输层之间增加安全子层。

③ 发展和使用访问控制技术。访问控制是保护系统资源不被未经授权的方式接入、使用、披露、修改、毁坏和发出指令等。访问控制技术还可以使系统管理员跟踪用户在网络中的活动，以及发现并拒绝“黑客”的入侵。访问控制技术采用最小特权原则，即在给用户分配权限时，根据每个用户的任务特点使其获得完成自身任务的最低权限，不给用户赋予工作范围之外的任何权利。

5.4.2 加密与解密

1. 密码学、加密与解密

保障数据安全是信息安全的重要目标，数据安全研究的内容主要包括机密性、完整性、不可否认性，解决这些内容均是以密码技术为基础对数据进行主动保护。可见，密码技术是保障信息安全的核心技术。密码学(cryptography)包括密码编码学和密码分析学。将密码编号的客观规律应用于编制密码以保守通信秘密的，称为密码编码学；研究密码变化客观规律中的固有缺陷，并应用于破译密码以获取通信情报的，称为密码分析学。密码编码技术和密码分析技术是相互依存、相互支持、密不可分的密码学的两个方面。

人们为了沟通思想而传递的信息一般被称为消息，消息在密码学中通常称为明文(plain text)。用某种方法伪装消息以隐藏它的内容的过程称为加密(encrypt)，加密后的消息称为密文(cipher text)，而把密文转变为明文的过程称为解密(decrypt)。加密和解密可以看成一组含有参数的变换或函数，而明文和密文则是加密和解密变换的输入和输出。图 5-22 所示为加密/解密通信模型。

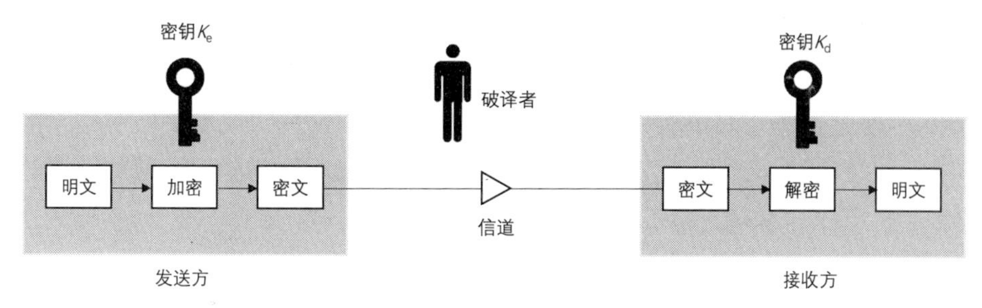

图 5-22　加密/解密通信模型

从图 5-22 中可以看出，发送方的意图是将信息传递给接收方，为了保证安全，将明文加密成密文，以密文的形式传输，接收方接收到密文后需要将密文解密为明文，才能正确理解。加密和解密过程中，密钥作为重要的参数参与运算。通常一个完整密码体制要包括 5 个因素，分别是 M、C、K、E 和 D，具体定义如下。

① M 是所有可能明文的有限集合，称为明文空间；

② C 是所有可能密文的有限集合，称为密文空间；

③ K 是一切可能密钥构成的有限集合，称为密钥空间；

④ E 为加密算法，对于密钥空间的任一密钥，加密算法都能够有效地计算；

⑤ D 为解密算法，对于密钥空间的任一密钥，解密算法都能够有效地计算。

2. 典型的加密/解密方法

密码学的发展可以分为 3 个阶段：古代加密方法、古典密码和近代密码。古代加密方法主要基于手工的方式实现，因此称为密码学发展的手工阶段；古典密码的加密方法一般是文字替换，古典密码系统已经初步体现出近代密码系统的雏形，它比古代加密方法复杂很多；近代密码与计算机技术、电子通信技术紧密相关，在这一阶段，密码理论蓬勃发展，出现了大量密码算法。通常，密码学的研究对象主要是指这两大类密码。

依据密码体制的特点以及出现的时间，可以将密码分为古典替换密码、对称密钥密码和公开密钥密码。

(1) 古典替换密码。古典替换密码的加密方法一般是文字替换，使用手工或机械变换的方式实现基于字符替换的密码。现在已经很少使用，但是它代表了密码的起源。

(2) 对称密钥密码。对称密钥密码是指加密过程和解密过程使用同一密钥来完成，这些算法也叫作秘密密钥算法或单密钥算法。依据处理数据的类型，对称密钥密码通常又被分为分组密码(block cipher)和序列密码(stream cipher)。分组密码是将定长的明文块转换成等长的密文，这一过程在密钥的控制下完成。解密时使用逆向变换和同一密钥来完成。当前的许多分组密码大小是 64 位，但这个尺寸以后很可能会增加。序列密码又称为流密码，加密解密时一次处理明文中的一个或几个比特。

(3) 公开密钥密码。公开密钥密码体制，就是使用不同的加密密钥与解密密钥，是一种“由已知加密密钥推导出解密密钥在计算上是不可行的”密码体制。与传统的加密方法不同，该技术采用两个不同的密钥来对信息加密和解密，它也称为“非对称式加密方法”。

5.4.3 计算机安全

按国际标准化委员会的定义，计算机安全是“为数据处理系统和采取的技术的和管理的安全保护，保护计算机硬件、软件、数据不因偶然的或恶意的原因而遭到破坏、更改、显露”。

1. 机密性(confidentiality)

(1) 数据机密性。确保机密数据不会泄露给未授权的个人或组织而被其利用。

(2) 隐私性。确保个人或组织能够控制或影响与自身相关的信息的收集和存储，也能够控制这些信息可以由谁披露或向谁披露。

因此，加密、木马防御、入侵防御、堡垒审计等都是信息系统必不可少的功能。

2. 完整性(integrity)

(1) 数据完整性。确保数据只能在得到授权的情况下才能够被改变。

(2) 系统完整性。避免对系统进行有意或无意的非授权操作。

因此，身份鉴别、访问控制、一致性保障都是信息系统必不可少的功能。

3. 可用性(availability)

确保系统能够及时响应，并且不能拒绝授权用户的服务请求。

因此，多副本、集群技术、负载均衡、入侵防御、防病毒、备份恢复、容灾等都是信息系统必须的或必要的功能。

此外，有一些人认为需要使用额外的其他概念来对计算机安全进行更加全面的描述，下面两个是关于计算机安全最常被提到的额外的概念。

(1) 真实性(authenticity)。真实性保证实体(个人或组织)的身份是可信的，保证消息和消息源是充分可信的。因此身份鉴别是所有信息系统必不可少的功能。

(2) 可追究性(countability)。由于百分之百安全的系统目前还是不能达到的目标，因此，必须能够通过追踪来找到违反安全要求的责任人，系统必须保留他们的活动记录，允许事后的取证分析。因此日志功能是所有信息系统必不可少的功能。

5.4.4 网络入侵

网络入侵是指网络攻击者通过非法的手段(如破译口令、电子欺诈等)获得非法的权限，从而对被攻击的主机进行非授权的操作。网络入侵的主要途径有破译口令、IP 欺骗和 DNS 欺骗等。

(1) 破译口令。口令是计算机系统防范入侵者的一种重要手段，所谓口令入侵是指使用某些合法用户的账号和口令登录到目的主机，然后再实施攻击的活动。这种方法的前提是必须先得到某个合法用户的账号，然后再进行合法用户口令的破译。

(2) IP 欺骗。IP 欺骗是指网络攻击者伪造他人的 IP 地址，让一台计算机假冒另一台计算机以达到蒙混过关的目的，它只能对某些特定的运行 TCP/IP 协议的计算机进行入侵。IP 欺骗利用 TCP/IP 协议的脆弱性，在 TCP 的三次握手过程中，入侵者假冒被入侵主机信任的主机与之进行连接，并对被入侵主机所信任的主机发起“淹没”攻击，使被信任的主机处于瘫痪状态。当主机正在进行远程服务时，网络入侵者最容易获得目标网络的信任关系，从而进行 IP 欺骗。

(3) DNS 欺骗。域名系统(DNS)是一种用于 TCP/IP 应用程序的分布式数据库，它提供主机名字和 IP 地址之间的转换信息。当攻击者入侵 DNS 服务器并更改主机名与 IP 地址的映射表后，DNS 欺骗就会发生。当一个客户机请求查询时，用户只能得到这个伪造的地址，该地址是一个完全处于攻击者控制下的机器的 IP 地址。因为网络上的主机都信任 DNS 服务器，所以一个被破坏的 DNS 服务器可以将客户引导到非法的服务器，也可以欺骗服务器相信一个 IP 地址确实属于一个被信任客户。

5.4.5 网络防御

1. 入侵检测

入侵是指对系统资源的非授权操作，可造成系统数据的丢失和破坏，甚至会造成系统拒绝对合法用户服务等问题。从分类的角度可以将入侵分为尝试性闯入、伪装攻击、安全控制系统渗透、泄露、拒绝服务、恶意使用等 6 类。入侵者通常可分为外部入侵者(例如黑客等系统的非法用户)和内部入侵者(即越权使用系统资源的用户)。

入侵检测的目标就是通过检查操作系统的安全日志或网络数据包信息，检测系统中违背安全策略或危及系统安全的行为或活动，从而保护信息系统的资源免受拒绝服务供给，防止系统数据的泄露、篡改和破坏。传统安全机制大多针对的是外部入侵者，而入侵检测不仅可以检测来自外部的攻击，同时也可以监控内部用户的非授权行为。作为新型的安全机制，入侵检测技术的研究、发展和应用加强了网络与系统安全的保护纵深，使得网络和系统安全性得到进一步的提高。

2. 黑客攻击防御

黑客攻击与计算机病毒的区别在于黑客攻击不具有传染性。黑客攻击与恶意软件的区别在于黑客攻击是一种动态攻击，它的攻击目标、形式、时间、技术都不确定。

总之，黑客攻击行为五花八门，方法层出不穷。黑客常见的攻击形式有 DDoS、垃圾邮件(SPAM)和钓鱼网站。下面主要介绍分布式拒绝服务(DDoS)攻击和钓鱼网站。

(1) 分布式拒绝服务(DDoS)攻击。DDoS 攻击由来已久，在世界范围内，DDoS 攻击造成的经济损失已跃居第一。

① DDoS 攻击过程。DDoS 是一种最常见的网络攻击手段，攻击的主要目的是让目标

网站无法提供正常服务。通俗地说：每一个网络应用(网站、APP、游戏等)好比一个线下商店，而 DDoS 攻击就是派遣大量故意捣乱的人去一个商店，占满这个商店所有位置，和售货员聊天，在收费处排队等，让真实的顾客没办法正常购物。

如图 5-23 所示，DDoS 攻击方会利用大量“傀儡机”(被黑客程序控制的计算机)对目标服务器进行攻击，而让攻击目标无法正常运行。2014 年，部署在阿里云上的一家知名游戏公司，遭遇了全球互联网史上最大的一次 DDoS 攻击，攻击时间长达 14 个小时，攻击峰值流量达到了每秒 453.8Gb/s。

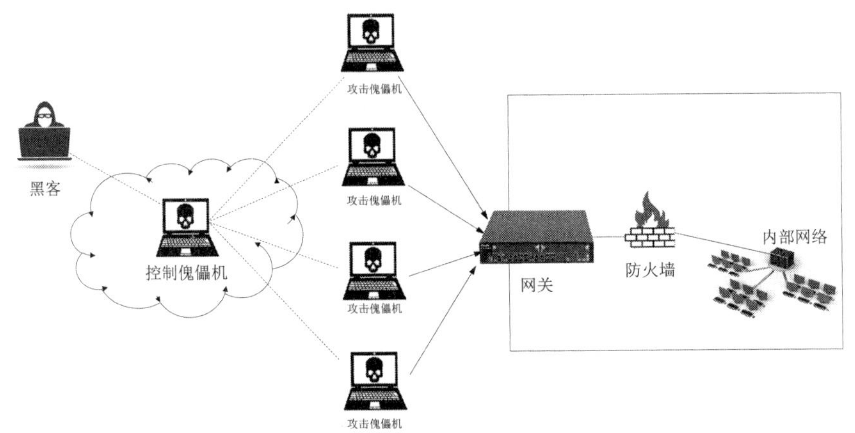

图 5-23　DDoS 攻击过程示意图

② DDoS 攻击的预防。从理论上讲，面对 DDoS 攻击，目前还没有办法做到 100%防御。如果用户网络正遭受攻击，用户所能做的抵御工作非常有限。因为在用户没有准备好的情况下，巨大流量的数据包冲向用户主机，很可能在用户还没有回过神的时候，网络已经瘫痪。要预防这种灾难性的后果，需要进行以下预防工作。

第一，屏蔽假 IP 地址。通常黑客会通过很多假 IP 地址发起攻击，可以使用专业软件检查访问者的来源，检查访问者 IP 地址的真假，如果是假 IP 地址，则将其屏蔽。

第二，关闭不用的端口。使用专业软件过滤不必要的服务和端口。例如，黑客从某些端口发动攻击时，用户可以把这些端口关闭，以阻止入侵。

第三，利用网络设备保护网络资源。网络保护设备有路由器、防火墙、负载均衡设备等，它们可以将网络有效地保护起来。

(2) 钓鱼网站攻击。如图 5-24 所示，钓鱼网站指伪装成银行及电子商务网站，窃取用户提交的银行账号、密码等私密信息。钓鱼网站的欺骗原理是：黑客先建立一个网站的副本，使它具有与真正网站一样的页面和链接。黑客发送欺骗信息(如系统升级、送红包、中奖等)给用户，引诱用户登录钓鱼网站。由于黑客控制了钓鱼网站，用户访问钓鱼网站时提供的账号、密码等信息，都会被黑客获取。黑客转而登录真实的银行网站，以窃取的信息实施银行转账。

真实网站　　　　　　　　　　钓鱼网站

图 5-24　相似度较高的钓鱼网站和真实网站

3. 隔离技术

隔离技术主要包括网络物理隔离技术、安全沙箱、蜜罐技术和访问控制等，下面分别展开介绍。

(1) 网络物理隔离技术。物理隔离是指内部网络不得直接或间接连接公共网络。物理隔离网络中的每台计算机必须在主板上安装物理隔离卡和双硬盘。使用内部网络时，就无法连通外部网络；同样，使用外部网络时，无法连通内部网络。这意味着网络数据包不能从一个网络流向另外一个网络，这样真正保证了内部网络不受来自互联网的黑客攻击。物理隔离是目前安全级别最高的网络连接方式。国家规定，重要政府部门的网络必须采用物理隔离网络。

网络物理隔离有多种实现技术，下面以物理隔离卡技术为例介绍物理隔离工作原理。如图 5-25 所示，物理隔离卡技术需要一个隔离卡和两个硬盘。在安全状态时，客户端 PC 只能使用内网硬盘与内网连接。这时，外部互联网连接是断开的。当 PC 处于外网状态时，PC 只能使用外网硬盘。这时，内网是断开的。

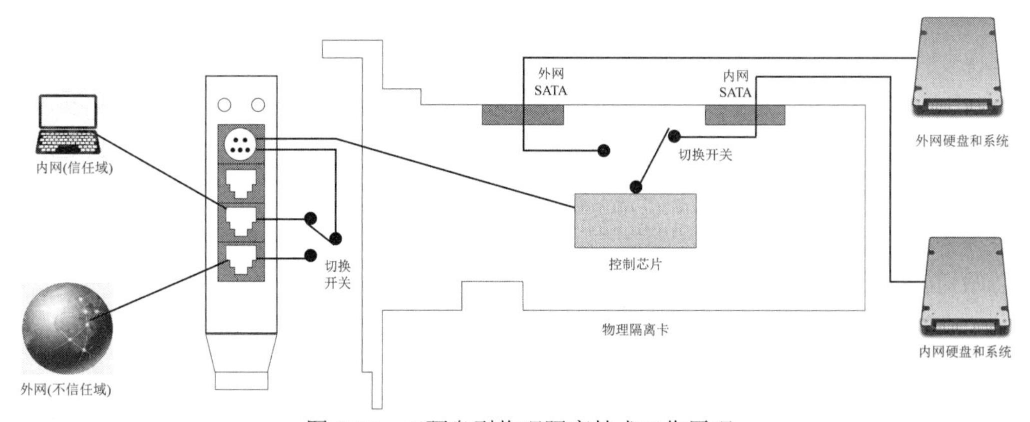

图 5-25　双硬盘型物理隔离技术工作原理

当需要进行内网与外网转换时，可以通过鼠标单击操作系统上的切换图标，这时计算机进入热启动过程。重新启动系统，可以将内存中的所有数据清除。由于两个硬盘中有分别独立的操作系统，因此引导时两个硬盘只有一个能够被激活。

为了保证数据安全，同一计算机中的两个硬盘不能直接交换数据，用户需通过一个独特的设计来安全地交换数据。即物理隔离卡在硬盘中设置了一个公共区，在内网或外网两种状态下，公共区均表现为硬盘的 D 分区，可以将公共区作为一个过渡区来交换数据。但是数据只能从公共区向安全区转移，而不能逆向转移，从而保证数据的安全性。

(2) 安全沙箱。安全沙箱是通过虚拟化技术创建的隔离系统环境。用户可以在沙箱中运行包含风险的程序(如未知文件、病毒、木马程序等)，沙箱会记录程序运行过程中的各种操作行为，并针对操作行为给出建议。在沙箱中运行风险程序，对真实操作系统无任何影响，可以随时删除和还原。程序在沙箱中运行就像用沙作图一样，一抹就平，不留痕迹。例如，在谷歌浏览器中，每个网页都在沙箱内运行，这提高了浏览器的安全性。

(3) 蜜罐技术。蜜罐技术就是制作一个故意让人攻击的假网站，引诱黑客前来攻击。攻击者入侵后，网络管理员可以知道他们如何进行攻击，随时了解针对服务器发动的最新攻击和漏洞。

(4) 访问控制。对用户使用互联网实施访问控制，有以下两种方法。

① 使用代理服务器技术。代理服务器位于网络防火墙上，代码服务器收到用户请求时，就检查其请求的 Web 页地址是否在受控列表中。如果不在，就向互联网发送该请求；否则拒绝该请求。因此，这是一种根据地址进行访问控制的方法。

② 基于信息内容从技术角度控制和过滤违法与有害信息。主要方法是对每个网页的内容进行分类，并根据内容特性加上标签，同时由计算机软件对网页标签进行检测，以限制对特定内容网页的检索。

4. 防火墙技术

建筑中的防火墙是为了防止火灾蔓延而设置的防火障碍。计算机中的防火墙是隔离本地网络与外部网络之间的一道防御系统。客户端用户一般采用软件防火墙；服务器用户一般采用硬件防火墙，网络服务器一般放置在防火墙设备之后。

(1) 防火墙工作原理。防火墙是一种特殊路由器，它将数据包从一个物理端口路由到另外一个物理端口。防火墙主要通过检查接收数据包包头中的 IP 地址、端口号(如 80 端口)等信息，决定数据包是“通过”还是“丢弃”。这类似于单位的门卫，只检查汽车牌号，而对驾驶员和货物不进行检查。

(2) 防火墙的类型。硬件防火墙可以是一台独立的硬件设备，也可以在一台路由器上，经过软件配置成一台具有安全功能的防火墙。防火墙还可以是一个纯软件，如一些个人防火墙软件等。软件防火墙的功能强于硬件防火墙，硬件防火墙的性能高于软件防火墙。按技术类型可分为过滤型防火墙、代理型防火墙和混合型防火墙。

(3) 防火墙的局限性。防火墙技术存在以下局限性：一是防火墙不能防范网络内部攻击，例如，防火墙无法禁止内部人员将企业敏感数据复制到 U 盘上；二是防火墙不能防范那些已经获得超级用户权限的黑客，黑客会伪装成网络管理员，借口系统进行升级维护，询问用户个人财务系统的登录账户名称和密码；三是防火墙不能防止传送已感染病毒的软件或文件，不能期望防火墙对每一个文件进行扫描，查出潜在的计算机病毒。

5.5 区块链技术及应用

1. 区块链技术概述

区块链技术是利用块链式数据结构来验证与存储数据、利用分布式节点共识算法来生成和更新数据、利用密码学的方式来保证数据传输和访问的安全、利用由自动化脚本代码组成的智能合约来编程和操作数据的一种全新的分布式计算范式。简单来讲，各参与主体产生的交易数据被打包成数据区块，数据区块按照时间顺序依次排列，形成数据区块的链条，各参与主体拥有同样的数据链条，且无法单方面篡改，任何信息的修改只有经过约定比例的主体同意方可进行，并且智能添加新的信息，无法删除或修改旧的信息，从而实现多主体间的信息共享和一致决策，确保各主体身份和主体间交易信息的不可篡改、公开透明。

2. 区块链技术的特点

区块链不是新技术，而是结合了多种现有技术进行的组合式创新，本质上包括键装和安全的分布式状态机。共识算法、P2P 通信、密码学、数据库技术和虚拟机构成了区块链必不可少的 5 项核心能力。

(1) 存储数据源自数据库技术和硬件存储计算能力的发展。随着时间的累积，区块链的大小也在持续上升，成熟的硬件存储计算能力，使得多主体间同时大量存储相同数据成为可能。

(2) 共有数据源自共识算法。参与区块链的各个主体通过约定的决策机制自动达成共识，共享同一份可信的数据账本。

(3) 分布式源自 P2P 通信技术，实现各主体间点对点的信息传输。

(4) 防篡改与保护隐私源自密码学运用，通过公钥和私钥、哈希算法等密码学工具，确保各主体身份和共有信息的安全。

(5) 数字化合约源自虚拟机技术，将生成的跨主体的数字化智能合约写入区块链系统，通过预设触发条件，驱动数字合约的执行。

区块链之所以能构建可信任互联网，最本质的原因是区块链具有不可篡改的特性。不可篡改，顾名思义就是记录到区块链上的信息不能随便更改。区块链中最小的单元是区块，区块由区块头和区块体构成。区块头记录着上一个区块的随机散列值，每个区块上都有一个随机散列值(哈希值)，这个随机数是由上个区块的交易信息和时间戳经过哈希算法生成的。如果上一个区块的任何信息发生变化，就和本区块原来的哈希值不一致了，从而不会被下一个区块认可，这就是区块链不可篡改的原因。

3. 区块链技术的应用

区块链技术的典型应用场景有去中心化、点对点传输、透明、可追踪、不可篡改、数据安全等特点，可以用来解决现有业务的一些痛点，创新业务模式。下面介绍区块链技术在供应链、金融、政务及公共服务等领域的应用。

(1) 供应链领域，商品防伪追溯。借助区块链技术，实现品牌商、渠道商、零售商、消费者、监管部门、第三方检测机构之间的信任共享，全面提升品牌、效率、体验、监管和供应链整体收益。将商品原材料、生产过程、流通渠道、营销过程的信息写入区块链，实现精细到一物一码的全流程正品追溯。每一条信息都拥有自己特有的区块链 ID，每条信息都附有主体的数字签名和写入时间，供消费者查询和校验。区块链数据签名和加密技术让全链路信息实现了防篡改、标准统一和高效率交换。

(2) 金融领域，交易清算。在传统的交易模式中，记账过程是交易双方分别进行的，不仅耗费人力物力，而且容易出现对账不一致的情况，影响结算效率。通过区块链系统，交易双方可以共享一套可信、互相承认的账本，所有的交易清算记录全部在链可查，安全透明、不可篡改、可追溯，可以极大地提升对账准确度和效率。通过搭载智能合约，还可以实现自动执行的交易清算，大大降低对账人员成本和差错率，特别是在跨境支付场景下，效果尤其明显。

(3) 政府及公共服务领域，大数据安全。区块链可以解决大数据的安全性问题，保证数据的隐私性。区块链的可追溯性使得数据从采集、交易、流通及计算分析的每一步记录都可以留存在区块链上，使得数据的质量获得前所未有的信任书，也保证数据分析结果的正确性和数据挖掘的效果，能够进一步规范数据的使用，精细化授权范围，追溯数据使用情况，全面保障数据使用的安全。

5.6 习题

1. 物联网是一个较新的概念，说说身边的物联网，学校里有哪些物联网应用？在可预见的未来还可能会有哪些物联网应用？
2. 云计算的实质是什么？云计算与单台计算机有什么区别？
3. 简述常见的云计算服务有哪些。
4. 常用的信息安全软件有哪些？各有什么作用？
5. 目前的应用中常见的信息安全技术有哪些？
6. 尝试一次网购，思考系统是如何确认用户的信息安全的？
7. 结合试验了解网络 IP 路由的原理。
8. 检查机房计算机的网络，确认计算机的连接方式，以及主要网络设备。思考计算机所连接的网络类型是什么？有什么特点？

9. 计算机网络的发展可以划分为几个阶段？每个阶段都有什么特点？
10. 简述互联网的基本结构与组成部分。
11. 请举例说明电子邮件服务的基本工作原理。
12. 简述计算机网络采用层次结构模型有什么好处。

第 6 章

人工智能基础

问题导入

著名的人机对战

1997 年 5 月，IBM 公司研制的深蓝(Deep Blue)智能计算机在比赛中以 3 胜 2 负的结果战胜国际象棋冠军卡斯帕罗夫(Kasparov)，“深蓝”计算速度为 200 万棋步/秒，采用启发式搜索方法。2003 年 1 月 26 日至 2 月 7 日，国际象棋人机大战在纽约举行。卡斯帕罗夫与比“深蓝”更强大的“小深”(Deep junior)先后进行了 6 局比赛，以 1 胜 1 负 4 平的结果握手言和。

“深蓝”出神入化的棋艺的基础是“评估功能”，也就是评估每一种可能走法的利弊。另外，还有一个“残局”数据库，里面有很多六子残局和五子残局。而且，“深蓝”的背后还有一个人类棋手参谋团队，该团队由国际象棋大师乔约尔·本杰明等人组成。

《科技日报》在“IBM 人机大战：超级电脑让人类智慧处于危险边缘？”一文中报道，2011 年 2 月 17 日，鏖战三回合的人机大战硝烟散尽，以 IBM 超级电脑沃森(Watson)完胜鸣金。

2011 年 2 月 14～16 日，IBM 沃森参加了美国智力竞赛“危险边缘(Jeopardy)”的电视节目。这个节目在 1964 年创立，竞赛问题涉及地理、历史、政治、体育、娱乐等。参加这个节目首先要通过难度相当大的考试。比赛中，计算机“沃森”未连接互联网，而借由高速多重运算和对自己算出答案的“信心”判断作答。它的两名人类对手，其中一名是曾经连赢 74 场的答题王；另一名是获得奖金总额最高的选手。在比赛的三天时间里，计算机“沃森”始终保持着优势，直到最后一轮比赛结束。

IBM“沃森”系统是2006年开始设计的。机器由90台IBM 750服务器组成群集系统，每台服务器都采用Power 7处理器，该系统使用上百种分析技术分析自然语言、识别资源、寻找并产生假设、寻找证据并评分、对假设进行聚集和分级，因此它是一台专门设计的、具有学习能力的机器，能存储大量的信息，相当于“100万本书籍和2亿页资料”，它还可以从经验中学习如何提高性能，并使用自然语言回答问题。世界各地的研究人员历时四年共同完成了这个系统，其中也有中国的科学家为此做出了贡献。该系统应用前景广泛，可以高速分析大量的数据，用来帮助政府部门解答公众疑问，帮助医生评估药物的疗效。

人工智能(artificial intelligence，AI)在预测肾脏损伤、击败围棋冠军、解决已有50年历史的科学问题方面证明了自己的实力。2016年3月，韩国棋手李世石与AI围棋手AlphaGo进行较量，最终在人机大战中以总比分1:4，李世石不敌AlphaGo。2017年5月，中国棋手柯洁九段(世界围棋等级分第一)与人工智能围棋AlphaGo进行了三番围棋大战，最终以柯洁0:3惨败于AlphaGo告终。围棋这块象征着人类智慧的最后一块高地，被AI计算机轻松占领。2017年10月19日，谷歌旗下人工智能公司DeepMind在《自然》(*Nature*)期刊上发表文章称，最新版本的AlphaGo Zero完全抛弃了人类棋谱，实现了从零开始学习。2021年，DeepMind在《自然》期刊上发表文章，称在天气预报方面，该公司最新的工具旨在通过即时预报来预测未来数小时内的降水情况，它比目前的方法更准确。

2016年后，人工智能在各行各业中如雨后春笋般出现。自此，有人说2016年是人工智能元年。人工智能已经来了，我们如何与人工智能共同发展？我们该如何规划人工智能时代的生活？我们如何更好地拥抱新时代的到来？这将是每一个生活在人工智能时代的人所需要思考和面对的问题。

6.1 初识人工智能

人工智能是计算机科学的一个分支。人们对人工智能的理解因人而异，一些科学家认为，人工智能是通过非生物系统实现的任何智能形式的同义词。他们坚持认为，智能行为的实现方式与人类智能实现的机制无关。而另一些人则认为，人工智能系统必须能够模仿人类智能。

6.1.1 人工智能的定义

人工智能是计算机科学的一个领域，它致力于构建自主的机器，即无需人为干预就能完成复杂任务的机器。这一目标需要机器能够感知和推理。虽然这两种能力属于常识行为，对于人类的心智来说是与生俱来的，但对机器来说仍有困难，从而导致人工智能领域的工作一直具有挑战性。本节作为全书新篇章的开端，将从介绍人工智能的定义开始，探讨这个广阔研究领域中的部分主体。

1. 什么是“人工”

在日常生活中，“人工”一词的意思是合成的(即人造的)。人造物体通常在一些方面优于真实或自然物体，在另一些方面相比自然物体则存在缺陷。例如，人造花用是丝和线制成类似芽或花的物体，它不需要阳光或水分作为养料，却可以为家庭或公司提供实用的装饰功能。虽然人造花给人的感觉以及香味可能不及自然的花朵，但它看起来和真实的花朵如出一辙。再如，蜡烛、电灯等产生的人造光虽然不如太阳产生的自然光强烈，却是我们随时都可以获得的光源，从这一点来看，人造光是优于自然光的。

如果我们进一步思考这个问题，例如人造交通装置(汽车、飞机等)与跑步、步行等自然形式的交通相比，在速度和耐久性方面都有很多优势。但人造形式的交通装置也存在一些缺点，比如汽车会产生尾气破坏地球的大气环境，而飞机则可能产生噪音，污染我们的生活环境。

如同人造花、人造光、人造交通工具一样，人工智能不是自然产生的，而是人造的。要确定人工智能的优点和缺点，我们必须首先理解和定义智能。

2. 什么是“智能”

智能的定义可能比人工的定义更加难以捉摸。著名心理学家斯滕伯格(Robert J. Sternberg)就人类意识中“智能”主题给出了以下定义：智能是个人从经验中学习、理性思考、记忆重要信息，以及应付日常生活需求的认知能力。

比如，给定以下数列：1、3、6、10、15、21，要求提供下一个数字。有人会注意到连续两数之间的差值间隔为1，即从1到3差值为2，从3到6差值为3，从6到10差值为4，以此类推，因此该问题的正确答案是28。这个问题旨在衡量我们在模式中识别突出特征方面的熟练程度。人们往往能够通过经验来发现模式。

在确定了智能的定义后，我们可能会有以下几个疑问。

(1) 如何判定人(或事物)是否有智能？

(2) 动物是否有智能？

(3) 如果动物有智能，如何评估它们的智能？

大多数人可以很容易地回答出第一个问题——如何判定人(或事物)是否有智能？我们通过与其他人的交流来观察他们的反应，每天多次重复这一过程，可以依此来判断他们的智力。虽然我们没有直接进入他们的意识，但是通过问答这种间接方式，可以为我们提供大脑意识内部活动的准确评估。

如果坚持使用问答的形式来评估智力，那么也可以采用类似的方式来判断动物的智力。例如，宠物狗似乎记得一两个月没见过的人，并且可以在迷路后找到回家的路；小猫在晚餐时间听到开罐头的声音常常表现得很兴奋。这是简单的巴甫洛夫反射的问题，还是小猫有意识地将罐头被打开的声音与晚餐的快乐联系起来了？

此外，有些生物只能体现出群体智能。例如，蚂蚁是一种简单的昆虫，单独一只蚂蚁的行为很难归类到智能的主题中。但是蚁群应对复杂的问题显示出了非凡的解决能力，如在从巢穴到食物源之间找到一条最佳路径、携带重物以及组成桥梁。蚂蚁集体智慧源于个体之间的有效沟通。

关于如何评估智能，我们知道脑的质量大小以及脑与身体的质量比通常被视为动物智能的指标。海豚在这两个指标上都与人类相当，海豚的呼吸是自主控制的，这可以说明其脑的质量过大，还可以说明一个有趣的事实，即海豚的两个半脑交替休眠。在动物自我意识中，例如镜子测试，海豚可以得到很高的分数，它们认识到镜子中的图像实际是它们自己的形象。海洋公园的游客可以看到海豚能够表演复杂的戏法。这说明海豚具有记住序列和执行复杂身体运动的能力。使用工具是智能的一个表现，并且是否能够使用工具常常用于将直立人与人类的祖先区分开来。而海豚和人类都具备这项特质。例如，在觅食时，海豚会使用深海海绵(一种多细胞动物)来保护它们的嘴。因此显而易见，智能并不是人类所独有的特性，在某种程度上，地球上许多生命形式都是具有智能的。

基于以上结论，我们可以进一步思考以下问题。

(1) 生命是拥有智能的必要先决条件吗？

(2) 无生命体(如计算机)可能拥有智能吗？

人工智能所宣称的目标是创建可以与人类的思维媲美的计算机软件和(或)硬件系统。换句话说，即表现出与人类智能相关的特征。这里一个关键的问题是“机器能思考吗？人类、动物或机器拥有智能吗？”。在这个问题的基础上，强调思考和智能之间的区别是明智的。思考是推理、分析、评估和形成思想和概念的工具，并不是所有能够思考的物体都拥有智能。智能也许就是高效以及有效的思维。有些人看待这个问题怀有偏见，他们认为：“计算机是由硅和电源组成的，因此不能思考。”或者走向另一个极端：“计算机的计算能力表现得比人强，因此也有着比人更高的智商。”而真相很可能存在于这两个极端之间。

正如我们上面所讨论的，不同的动物物种可能具有不同程度的智能(例如蚂蚁和海豚)。我们在阐述人工智能领域开发的软件和硬件系统时，它们也具有不同程度的智能。人工智能是一门科学，这门科学让机器做人类需要智能才能完成的事。

6.1.2 人工智能的发展

目前，人工智能已成为政、学、研、投、产等各界人士谈论的最热门话题，其重要性已经可以与前三次工业和科技革命相媲美，足见其将对人类社会带来何等巨大的影响。下面我们就来回顾一下人工智能的发展历程。

(1) 人工智能的起源。1950 年，一位名叫马文·明斯基(Marvin Minsky，“人工智能之父”)的大四学生与他的同学邓恩·埃德蒙，建造了世界上第一台神经网络计算机。这被看作人工智能的起点。

同年，“计算机之父”阿兰·图灵提出设想：如果一台机器能够与人类开展对话而不能被辨别出机器身份，那么这台机器就具有智能。

1956 年，计算机专家约翰 • 麦卡锡提出“人工智能”一词。这被人们看作人工智能正式诞生的标志。麦卡锡与明斯基两人共同创建了世界上第一个人工智能实验室——MIT AI Lab 实验室，如图 6-1 所示。

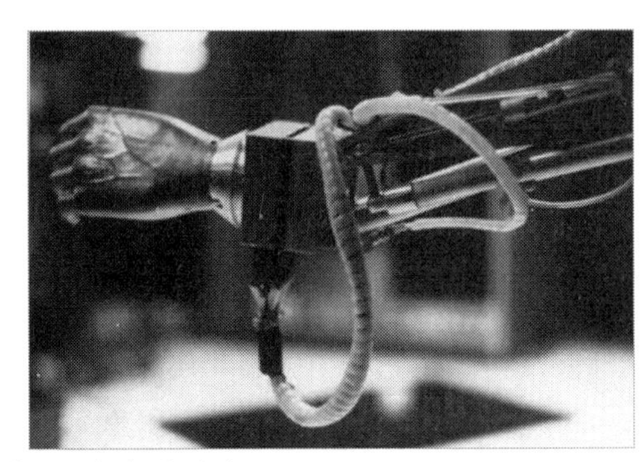

图 6-1　世界上第一个人工智能实验室

(2) 人工智能的第一次高峰。20 世纪 50 年代，人工智能迎来发展高峰期。计算机被广泛应用于数学和自然语言领域，这让很多学者对机器发展成人工智能充满希望。

(3) 人工智能的第一次低谷。20 世纪 70 年代，人工智能进入低谷期。科研人员低估了人工智能的难度，美国国防高级研究计划署的合作计划失败，让许多人对人工智能的前景望而兴叹。这一时期人工智能的主要技术瓶颈是：计算机性能不足；处理复杂问题的能力不足；数据量严重缺失。

(4) 人工智能的重新崛起。20 世纪 80 年代，卡内基梅隆大学为数字设备公司设计了一套名为 XCON 的“专家系统”。它是具有完整专业知识和经验的计算机智能系统。在 1986 年之前，每年能为公司节省超过 4000 美元经费。

(5) 处在两个高峰之间的人工智能。1987 年，苹果公司和 IBM 公司生产的台式机性能超过了 Symbolics 等厂商生产的通用计算机。从此，专家系统风光不再。一直到 20 世纪 80 年代末，美国国防高级研究计划署的高层认为人工智能并不是“下一个浪潮”。

(6) 人工智能的今天。随着科学技术不断突破阻碍，人工智能自 20 世纪 90 年代后期取得了辉煌的成果。图 6-2 所示为人工智能的发展过程。1997 年，IBM 的超级计算机“深蓝”战胜国际象棋世界冠军卡斯帕罗夫，证明了人工智能在某些情况下有不弱于人脑的表现；2009 年，瑞士洛桑理工学院发起的蓝脑计划，生成并成功模拟了部分鼠脑(该计划的目标是制造出科学史上第一台会“思考”的机器，它将可能拥有感觉、痛苦、愿望甚至恐惧感)；2016 年谷歌 AlphaGO 通过“深度学习”的原理，战胜了韩国人李世石，成为了第一个击败人类职业围棋选手、第一个战胜围棋世界冠军的人工智能机器人。

在可预见的未来，人工智能将会成为我们的朋友、伙伴，甚至亲人。

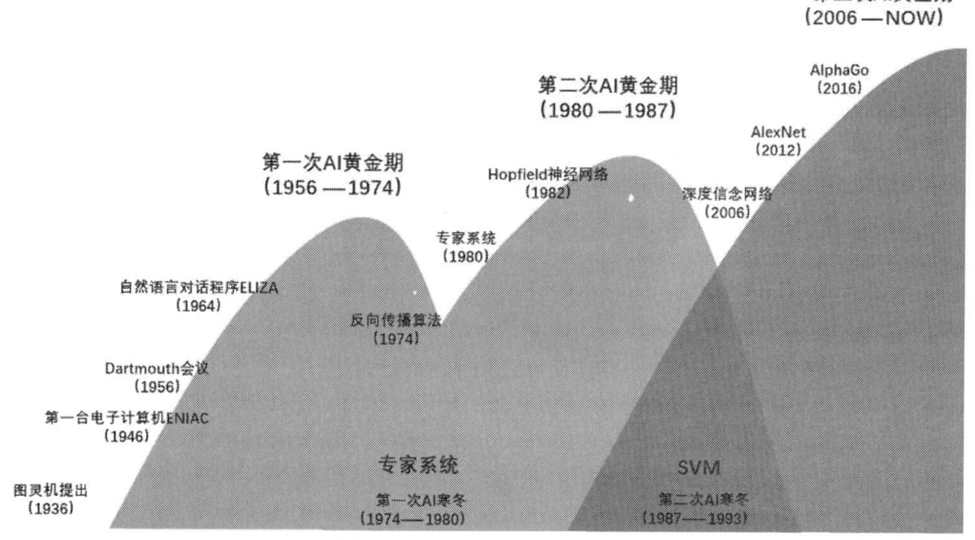

图 6-2 人工智能的发展过程

6.1.3 人工智能的研究学派

目前，人工智能的主要研究学派有以下三家。

(1) 符号主义(symbolicism)，又称为逻辑主义(logicism)、心理学派(psychologism)或计算机学派(computerism)，其原理主要为物理符号系统(即符号操作系统)假设和有限合理性原理。

(2) 连接主义(connectionism)，又称为仿生学派(bionicsism)或生理学派(physiologism)，其原理主要为神经网络及神经网络间的连接机制与学习算法。

(3) 行为主义(actionism)，又称为进化主义(evolutionism)或控制论学派(cyberneticsism)，其原理为控制论及感知——动作型控制系统。

他们对人工智能的发展历程具有不同的看法。

1. 符号主义学派

符号主义学派认为认知基元是符号，智能行为通过符号操作实现，以鲁滨逊(Robinson)提出的归结原理为基础，以 LISP 和 Prolog 语言为代表。着重问题求解中启发式搜索和推理过程，在逻辑思维的模拟方面取得成功，如自动定理证明和专家系统。人工智能源于数理逻辑。数理逻辑和计算机科学具有完全相同的宗旨：扩展人类大脑的功能，帮助人脑正确、高效地思维。他们分别关注基础理论和实用技术。数理逻辑试图找出构成人类思维或计算的最基础的机制，如推理中的“代换”“匹配”“分离”，计算中的“运算”“迭代”“递归”。而计算机程序设计则是把问题的求解归结于程序设计语言的几条基本语句，甚至归结于一些极其简单的机器操作指令。

数理逻辑的形式化方法又和计算机科学不谋而合。计算机系统本身，它的硬件、软件都是一种形式系统，它们的结构都可以描述；程序设计语言更是不折不扣的形式语言系统。要研究计算机、开发各种程序设计语言，没有形式化知识和形式化能力是难以取得出色成果的。另外，应用计算机求解实际问题，首要任务是形式化。离开对问题正确的形式化描述，没有理性的机器何以理解、解答这些问题？人们必须用计算机懂得的形式语言告诉它“怎么做”或者“做什么”，而计算机理解这些语言的过程是按照人赋予它的形式化规程(编译程序，compiler)，进而将它们归结为自己的基本操作。

计算机科学技术人员经常发现，一个问题的逻辑表达式几乎就是某个程序设计语言(如逻辑程序设计语言 Prolog)的一个子程序；而用某些语言书写的程序(如关系数据库查询语言 SQL 程序)简直就是逻辑表达式。事实上，正是数理逻辑对“计算”的追根寻源，导致第一个计算机的数学模型——图灵机(Turing machines)诞生，它被公认为现代数字计算机的祖先；λ-演算系统为第一个人工智能语言 LISP 奠定了基础；一阶谓词演算系统为计算机的知识表示及定理证明铺平了道路，以其为根本的逻辑程序设计语言 Prolog 曾被不少计算机科学技术专家誉为新一代计算机的核心语言。

目前，从基本逻辑电路的设计到巨型机、智能机系统结构的研究，从程序设计过程到程序设计语言的研究发展，从知识工程到新一代计算机的研制，无一不需要数理逻辑的知识、成果，无一可离开数理逻辑家的智慧与贡献。

2. 连接主义学派

连接主义学派认为人工智能源于仿生学，特别是对人脑模型的研究。它的代表性成果是 1943 年由生物学家 McCulloch 和数据逻辑学家 Pitts 创立的脑模型，即 MP 模型，开创了用电子装置模仿人脑结构和功能的新途径。它从神经元开始，进而研究神经网络模型和脑模型，开辟了人工智能的又一发展道路。20 世纪 60～70 年代，连接主义，尤其是对以感知器(perceptron)为代表的脑模型的研究曾出现过热潮。由于受到当时的理论模型、生物原型和技术条件的限制，脑模型研究在 20 世纪 70 年代后期至 80 年代初期落入低潮。直到 Hopfield 在 1982 年和 1984 年发表两篇重要论文，提出用硬件模拟神经网络以后，连接主义才重新抬头。1986 年，Rumelhart 等人提出多层网络中的反向传播算法。20 世纪 90 年代，Vladimir Vapnik 提出支持向量机(support vector machine，SVM)，虽然其本质上是一种特殊的两层神经网络，但因其具有高效的学习算法，且没有局部最优的问题，吸引了很多神经网络的研究者。多层前馈神经网络的研究逐渐变得冷清。

直到 2006 年，深度网络(deep network)和深度学习(deep learning)的概念被提出，神经网络又开始焕发新机。深度网络，从字面上理解就是深层次的神经网络。这个名词由多伦多大学的 Geoffrey Hinton 研究组提出。事实上，深度网络从结构上讲与传统的多层感知机类似，并且在做有监督学习时，算法也是一样的。主要的不同是，这个网络在做有监督学习前要先做非监督学习，然后将非监督学习学到的权值当作有监督学习的初值进行训练。

3. 行为主义学派

行为主义学派认为人工智能源于控制论。控制论思想早在 20 世纪 40～50 年代就成为时代思潮的重要部分，影响了早期的人工智能工作者。控制论早期的研究工作重点是模拟人在控制过程中的智能行为和作用，如对自寻优、自适应、自校正、自镇定、自组织和自学习等控制论系统的研究取得了一定进展，播下了智能控制和智能机器人的种子，并在20世纪80年代诞生了智能控制和智能机器人系统。行为主义是20世纪末才以人工智能新学派的面孔出现的，引起了许多人的兴趣。这一学派的代表作首推Brooks的六足行走机器人，它被看作是新一代的“控制论动物”，是一个基于感知—动作模式的模拟昆虫行为的控制系统。

反馈是控制论的基石，没有反馈就没有智能。控制论推动了机器人研究，机器人是“感知-行为”模式，是没有知识的智能；强调系统与环境的交互，从运行环境中获取信息，通过自己的动作对环境施加影响。

以上3个人工智能学派将长期共存与合作，取长补短，并走向融合和集成，共同为人工智能的发展作出贡献。

6.1.4 人工智能研究的基本内容

人工智能研究的是智能行为中的机制，它是通过构造和评估那些试图采用这些机制的人工制品进行研究的。在这个定义中，人工智能不像是关于智能机制的理论，更像是一种经验主义的方法学，它的主要任务是构造和测试支持这种理论的可能模型。它是一种对实验进行设计、运行和评估的科学方法，其目的是精炼模型与进行更深入的应用研究。

人工智能的经验主义方法是一个重要的工具，有利于探索智能的本质。

人工智能属于交叉学科领域，本质上具有3个目标。

(1) 了解生物系统(即引起人类或动物智能行为的机制)。

(2) 智能行为一般原则的抽象提取。

(3) 应用这些原则设计有用的人造物。

这里的机制不仅指神经机制或者大脑过程，也指主体的身体及其同真实世界的交互。如肌肉具有弹性，当一条腿抬起时，另一条腿承受的重量增加的事实，与步行紧密相关的反射和大脑中枢一样，是步行机制的有机组成。

如果人工智能想达到科学的水平并成为智能系统科学的关键组成部分，就必须在它制造的人工制品的设计、执行和分析中包含分析和经验式的方法。从这种观点看，每个人工智能程序都可以看作是一个实验：它向现实世界提出问题，而答案就是现实世界对此作出的响应。现实世界对我们的设计作出的响应和程序式的承诺，构成了我们对智能的形式方法、机理以及智能本质的理解。

6.1.5 人工智能的主要应用领域

国际人工智能联合会议(IJCAI)程序委员会将人工智能领域划分为：约束满足问题、知识表示与推理、学习、多Agent、自然语言处理、规划与调度、机器人学、搜索、不确定性问题、网络与数据挖掘等。会议建议的小型研讨会(workshop)主题包括环境智能、非单调推理、用于合作性知识获取的语义网、音乐人工智能、认知系统的注意问题、面向人类计算的人工智能、多机器人系统、ICT(information 信息、communication 通信、technology 技术)应用中的人工智能、神经-符号的学习与推理以及多模态的信息检索等。

在过去的几十年中，已经建立了一些具有人工智能的计算机系统。例如，能够求解微分方程的、下棋的、设计分析集成电路的、合成人类自然语言的、检索情报的、诊断疾病以及控制太空飞行器、地面移动机器人和水下机器人的具有不同程度人工智能的计算机系统。

对人工智能研究和应用的讨论，试图将有关的各个子领域直接联结起来，辨别某些方面的智能行为，并指出有关人工智能研究和应用的状况。

本节要讨论的各种智能特性之间也是相互关联的，把它们分开介绍只是为了便于指出现有的人工智能程序能够做些什么和还不能做什么。大多数人工智能研究课题都涉及许多智能领域。下面从智能感知、智能推理、智能学习和智能行动等 4 个方面进行概述。

1. 智能感知

(1) 模式识别。模式识别是对表征事物或现象的各种形式的(数值的、文字的和逻辑关系的)信息进行处理和分析，以对事物或现象进行描述、辨认、分类和解释的过程。

人们在观察事物或现象时，常常需要寻找它与其他事物或现象的异同之处，根据一定的目的将不完全相同的事物或现象组成一类。例如，字符识别就是一个典型的例子。人脑的这种思维能力就构成了“模式”的概念。

模式识别研究主要集中在两个方面，即可研究生物体是如何感知对象的，以及在给定的任务下，如何用计算机实现模式识别的理论和方法。模式识别的方法有感知机、统计决策方法、基本基元关系的句法识别方法和人工神经元网络方法。一个计算机模式识别系统基本上由 3 部分组成，即数据采集、数据处理和分类决策或模型匹配。

任何一种模式识别方法都要首先通过各种传感器把被研究对象的各种物理变量转换为计算机可以接受的数值或符号集合。为了从这些数值或符号中抽取出对识别有效的信息，必须对它们进行处理，其中包括消除噪声，排除不相干的信号以及与对象的性质和采用的识别方法密切相关的特征计算和必要变换等。然后通过特征选择和提取或基元选择，形成模式的特征空间，以后的模式分类或模型匹配就在特征空间的基础上进行。系统的输出或者是对象所属的类型，或者是模型数据库中与对象最相似的模型编号。

实验表明，人类接受外界信息的 80%以上来自视觉，10%左右来自听觉。因此，早期的模式识别研究工作集中在对文字和二维图像的识别方面，并取得了不少成果。自 20 世纪 60 年代中期开始，机器视觉方面的研究工作开始转向解释和描述复杂的三维景物这一更困难的课题。Robest 于 1965 年发表的论文奠定了分析由棱柱体组成的景物的方向，迈出了用计算机把三维图像解释成三维景物的一个单眼视图的第一步，即所谓的积木世界。接着，机器识别由积木世界进入识别更复杂的景物和在复杂环境中寻找目标以及室外景物分析等方面的研究。目前研究的热点是活动目标的识别和分析，它是景物分析走向实用化研究的一个标志。

语音识别技术的研究始于 20 世纪 50 年代初。1952 年，美国贝尔实验室的 Davis 等人成功地进行了数字 0～9 的语音识别实验，其后由于当时技术上的困难，研究进展缓慢。直到 1962 年，才由日本研制成功第一个连续多位数字语音识别装置。1969 年，日本的板仓斋藤提出了线性预测方法，对语音识别和合成技术的发展起到了推动作用。20 世纪 70 年代以来，各种语音识别装置相继出现，性能良好的能够识别单词的声音识别系统进入实用阶段。

在模式识别领域，神经网络方法已经成功地应用于手写字符的识别、汽车牌照的识别、指纹识别、语音识别等方面。模式识别已经在天气预报、卫星航空图片解释、工业产品检测、字符识别、语音识别、指纹识别、医学图像分析等许多方面得到了成功应用。

(2) 计算机视觉。计算机视觉旨在对描述景物的一幅或多幅图像的数据经计算机处理，以实现类似于人的视觉感知功能。

有些学者将为实现视觉感知所要进行的图像获取、表示、处理和分析等也包含在计算机视觉中，使整个计算机视觉系统成为一个能够看的机器，从而可以对周围的景物提取各种有关信息，包括物体的形状、类别、位置以及物理特性等，以及实现对物体的识别理解和定位，并在此基础上做出相应的决策。

景物在成像过程中经透视投影而成光学图像，再经过取样和量化，得到由各像元的灰度值组成的二维阵列，即数字图像，这是计算机视觉研究中最常用的一类图像。此外，还用到由激光或超声测距装置获取的距离图像，它直接表示物体表面一组离散点的深度信息。用多种传感器实现数据融合则是近年来获取视觉信息的重要方法。

计算机视觉的基本方法如下。

① 获取灰度图像。

② 从图像中提取边缘、周长、惯性矩等特征。

③ 从描述已知物体的特征库中选择特征匹配最好的相应结果。

整个感知问题的要点是形成一个精练的表示，以取代难以处理的、极其庞大的、未经加工的输入数据。最终表示的性质和质量取决于感知系统的目标。不同系统有不同的目标，但所有系统都必须把来自输入的多得惊人的感知数据简化为一种易于处理的和有意义的描述。

(3) 自然语言处理。自然语言处理是用计算机对人类的书面或口头形式的自然语言信息进行处理加工的技术，它涉及语言学、数学和计算机科学等多学科知识领域。

自然语言处理的主要任务是建立各种自然语言处理系统，如文字自动识别系统、语音自动识别系统、语音自动合成系统、电子词典、机器翻译系统、自然语言人机接口系统、自然语言辅助教学系统、自然语言信息检索系统、自动文摘系统、自动索引系统、自动校对系统等。

自然语言在以下 4 个方面与人工语言(人类设计出的语言系统，例如 C 语言、Python 语言等)有很大差异。

① 自然语言中充满歧义。

② 自然语言的结构复杂多样。

③ 自然语言的语义表达千变万化，至今还没有一种简单而通用的途径描述它。

④ 自然语言的结构和语义之间有千丝万缕的、错综复杂的联系。

自然语言处理的研究有两大主流：一个是面向机器翻译的自然语言处理；另一个是面

向人机接口的自然语言处理。

20 世纪 90 年代，在自然语言处理中，开始把大规模真实文本的处理作为战略目标，重组词汇处理，引入语料库方法，包括统计方法、基于实例的方法以及通过语料加工，使语料库转变为语言知识库的方法等。

2. 智能推理

(1) 智能推理概述。对推理的研究往往涉及对逻辑的研究。逻辑是人脑思维的规律，从而也是推理的理论基础。机器推理或人工智能用到的逻辑主要包括经典逻辑中的谓词逻辑和由它经某种扩充、发展而来的各种逻辑，后者通常称为非经典或非标准逻辑。经典逻辑中的谓词逻辑实际是一种表达能力很强的形式语言。用这种语言不仅可供人用符号演算的方法进行推理，而且也可以供计算机用符号推演的方法进行推理。特别是利用一阶谓词逻辑不仅可在机器上进行像人一样的“自然演绎”推理，而且还可以实现不同于人的“归结反演”推理。后一种方法是机器推理或自动推理的主要方法。它是一种完全机械化的推理方法。基于一阶谓词逻辑，人们还开发了一种人工智能程序设计语言 Prolog。

非标准逻辑泛指除经典逻辑以外的逻辑，如多值逻辑、模糊逻辑、模态逻辑、时态逻辑、动态逻辑、非单调逻辑等。各种非标准逻辑是为弥补经典逻辑的不足而发展起来的。例如，为了克服经典逻辑“二值性”限制，人们发展了多值逻辑及模糊逻辑。在非标准逻辑中，又可以分为以下两种情况。

① 对经典逻辑的语义进行扩充而产生的，如多值逻辑、模糊逻辑等。这些逻辑也可看作是与经典逻辑平行的逻辑。因为它们使用的语言与经典逻辑基本相同，区别在于经典逻辑中的一些定理在这种非标准逻辑中不再成立，而且增加了一些新的概念和定理。

② 对经典逻辑的语构进行扩充而得到的，如模态逻辑、时态逻辑等。这些逻辑一般都承认经典逻辑的定理，但在两个方面进行了补充，一是扩充了经典逻辑的语言，二是补充了经典逻辑的定理。例如，模态逻辑增加了两个新算子 L(……是必然的)和 M(……是可能的)，从而扩大了经典逻辑的词汇表。

上述逻辑为推理(特别是机器推理)提供了理论基础，同时也开辟了新的推理技术和方法。随着推理的需要，还会出现一些新的逻辑；同时，这些新逻辑也会提供一些新的推理方法。事实上，推理与逻辑是相辅相成的。一方面，推理为逻辑提出课题；另一方面，逻辑为推理奠定基础。

(2) 搜索技术。所谓搜索，就是为达到某一“目标”而连续进行推理的过程。搜索技术就是对推理进行引导和控制的技术。智能活动的过程可看作或抽象为一个“问题求解”过程。而所谓“问题求解”过程，实际上就是在显式和隐式的问题空间中进行搜索的过程，即在某一状态图，或者与或图，或者一般说，在某种逻辑网络上进行搜索的过程。例如，难题求解(如旅行商问题)是明显的搜索过程，而定理证明实际上也是搜索过程，它是在定理集合(或空间)上搜索的过程。

搜索技术也是一种规划技术。因为对于有些问题，其解就是由搜索而得到的“路径”。在人工智能研究的初期，“启发式”搜索算法曾一度是人工智能的核心课题。传统的搜索技术都是基于符号推演方式进行的。近年来，人们又将神经网络技术用于问题求解，开辟了问题求解与搜索技术研究的新途径。例如，用浅层网络模型解决 31 个城市的旅行商问题，已经取得很好的效果。

(3) 问题求解。人工智能的成就之一是开发了高水平的下棋程序。在下棋程序中应用的某些技术，如向前看几步，并把困难的问题分解成一些比较容易的子问题，发展成为搜索和问题归约这样的人工智能基本技术。今天的计算机程序能够下锦标赛水平的各种方盘棋、十五子棋、国际象棋和围棋，并取得计算机棋手战胜国际象棋冠军和围棋冠军的成果。另一种问题求解程序能够进行各种数学公式运算，其性能达到很高的水平，并正在被许多科学家和工程师所应用。有些程序甚至还能够用经验改善其性能。有些软件能够进行比较复杂的数学公式符号运算。

未解决的问题包括人类其后具有的但尚不能明确表达的能力，如国际象棋大师们洞察棋局的能力。另一个未解决的问题涉及问题的原概念，在人工智能中叫作问题表示的选择，人们常常能够找到某种思考问题的方法，从而使求解变得容易而最终解决该问题。目前为止，人工智能程序已经知道如何考虑要解决的问题，即搜索解空间，寻找较优的解答。

(4) 定理证明。早期的逻辑演绎研究工作与问题和难题的求解关系相当密切，已经开发出的程序能够借助对事实数据库的操作“证明”断定，其中每个事实由分立的数据结构表示，就像数理逻辑中由分立公式表示一样。与人工智能其他技术的不同之处是，这些方法能够完整地、一致地加以表示。也就是说，只要本原事实是正确的，那么程序就能够证明这些从事实得出的定理，而且也仅仅是证明这些定理。

对数据中臆测的定理寻找一个证明或反证，确实称得上是一项职能任务。为此，不仅需要有根据假设进行演绎的能力，而且需要某些直觉技巧。例如，为了求证主要定理而猜测应当首先证明哪一个引理。一个熟练的数学家运用他的判断力能够精确地推测出某个科目范围内哪些已证明的定理在当前的证明中是有用的，并把他的主问题归结为若干子问题，以便独立地处理它们。有几个定理证明程序已在有限的程度上具有某些这样的技巧。

(5) 专家系统和知识库。专家系统是一个基于专门的领域知识求解待定问题的计算机程序系统，主要用来模仿人类专家的思维活动，通过推理与判断求解问题。

一个专家系统主要由以下两个部分组成。

① 知识库的知识集合，它包括要处理问题的领域知识。

② 推理机的程序模块，它包含一般问题求解过程所用的推理方法与控制策略的知识。

推理是指从已有事实推出新事实(或结论)的过程。人类专家能够高效率求解复杂问题，除了因为他们拥有大量的专业知识外，还体现在他们选择知识和运用知识的能力方面。知识的运用方式称为推理方法，知识的选择过程称为控制策略。

好的专家系统应能为用户解释它是如何求解问题的，或者推理过程中结论获得的理由，或者为什么所期望的结论没有达到。

专家系统中的知识往往具有不确定性或不精确性，它必须能够使用这些模糊的知识进行推理，以得出结论。专家系统可用于解释、预测、判断、设计、规划、监督、排错、控制和教学等。专家系统构造过程一般有以下 5 个相互依赖、相互重叠的阶段：识别、概念化、形式化、实现与验证。

知识库类似于数据库。知识库技术包括知识的组织、管理、维护、优化等技术。对知识库的操作要靠知识库管理系统的支持。知识库与知识表示密切相关，知识表示是指知识在计算机中的表示方法和表示形式，它涉及知识的逻辑结构和物理结构。知识表示实际也隐含着知识的运用，知识表示和知识库是知识运用的基础，同时也与知识的获取密切相关。

知识表示与知识库的研究内容包括知识的分类、知识的一般表示模式、不确定性知识的表示、知识分布表示、知识库的模型、知识库与数据库的关系、知识库管理系统等。

“知识就是智能”，因为所谓智能，就是发现规律、运用规律的能力，而规律就是知识。发现知识和运用知识，本身还需要知识。因此，知识是智能的基础和源泉。

3. 智能学习

(1) 智能学习概述。学习是人类智能的主要标志和获得知识的基本手段。机器学习(自动获取新的事实及新的推理算法)是计算机具有智能的根本途径。学习是一个有特定目的的知识获取过程，其内部表现为新知识结构的不断建立和修改，而外部表现为性能的改善。一个学习过程，本质上是学习系统把导师(或专家)提供的信息转换成能被系统理解并应用的形式的过程。

机器学习研究计算机怎样模拟或实现人类的学习行为，以获取新的知识或技能，重新组织已有的知识结构，使之不断改善自身的性能。

一般来说，环境为学习单元提供外界信息源，学习单元利用该信息对知识库做出改进，执行单元利用知识库中的知识执行任务，任务执行后的信息又反馈给学习单元作为进一步学习的输入。

学习方法通常包括：归纳学习、类比学习、分析学习、连接学习和遗传学习。

① 归纳学习从具体实例出发，通过归纳整理，得到新的概念或知识。归纳学习的基本操作是泛化和特化，泛化是使规则能匹配应用于更多的情形或实例。特化操作则相反，它指减少规则适用的范围或事例。

② 类比学习以类比推理为基础，通过识别两种情况的相似性，使用一种情况中的知识分析或理解另一种情况。

③ 分析学习是利用背景或领域知识，分析很少的典型实例，然后通过演绎推导，形成新的知识，使得对领域知识的应用更有效。分析学习方法的目的在于改进系统的效率与性能，而同时不牺牲其准确性和通用性。

④ 连接学习是在人工神经网络中，通过样本训练，修改神经元间的连接强度，甚至修改神经网络本身结构的一种学习方法，主要基于样本数据进行学习。

⑤ 遗传学习源于模拟生物繁殖中的遗传变异原则(如交换、突变等)以及达尔文的自然选择原则(生态圈中适者生存)。一个概念描述的各种变体或版本对应于一个物种的各个个体，这些概念描述的变体在发生突变和重组后，经过某种目标函数(与自然选择准则对应)的衡量，决定谁被淘汰，谁继续生存下去。

(2) 记忆与联想。记忆是智能的基本条件，不管是脑智能，还是群智能，都以记忆为基础。记忆也是人脑的基本功能之一。在人脑中，伴随记忆的就是联想，联想是人脑的奥秘之一。

计算机要模拟人脑的思维，就必须具有联想功能。要实现联想，无非就是建立事物之间的联系。在机器世界里面，就是有关数据、信息或知识之间的联系。当然，建立这种联系的办法很多，如用指针、函数、链表等。我们通常的信息查询就是这样做的。但传统方法实现的联想只能对那些完整的、确定的(输入)信息，联想起(输出)有关的信息。这种“联想”与人脑的联想功能相差甚远。人脑对那些残缺的、失真的、变形的输入信息，仍然可以快速准确地输出联想响应。

从机器内部的实现方法看，传统的信息查询是基于传统计算机的按地址存取方式进行的。而研究表明，人脑的联想功能是基于神经网络的按内容记忆方式进行的。也就是说，只要是内容相关的事情，不管在哪里(与存储地址无关)，都可由其相关的内容被想起。例如，苹果这一概念，一般有形状、大小、颜色等特征，我们要介绍的内容记忆方式就是由形状(如苹果是圆形的)想起颜色、大小等特征，而不需要关心其内部特征。

当前，在机器联想功能的研究中，人们就是利用这种按内容记忆的原理，采用一种称为“联想存储”的技术实现联想功能。联想存储的特点如下。

① 可以存储许多相关(激励，响应)模式对。

② 通过自组织过程可以完成这种存储。

③ 以分布、稳健的方式(可能会有很高的冗余度)存储信息。

④ 可以根据接收到的相关激励模式产生并输出适当的响应模式。

⑤ 即使输入激励模式失真或不完全时，仍然可以产生正确的响应模式。

⑥ 可以在原存储中加入新的存储模式。

(3) 神经网络。人工神经网络(也称神经网络计算，或神经计算)实际上指的是一类计算模型，其工作原理模仿了人类大脑的某些工作机制。这种计算模型与传统的计算机的计算模型完全不同。传统的计算模型是这样的：它利用一个(或几个)计算单元(即 CPU)负担所有的计算任务，整个计算过程是按时间序列一步步地在该计算单元中完成的，本质上是串行计算。神经计算则是利用大量简单计算单元组成一个大网络，通过大规模并行计算完成。由于其思想的新颖性，所以一开始就受到广泛重视。

从计算模型的角度看，神经网络是由大量简单的计算单元组成网络进行计算。这种计算模型具有鲁棒性、适用性和并行性。这是传统计算模型所没有的。

从方法论的角度看，传统的计算依靠自顶向下的分析，先利用先验知识建立数学的、物理的或推理的模型，再在此基础上建立相应的计算模型进行计算。但神经网络计算是自底向上的，它很少利用先验知识，而是直接从数据通过学习与训练，自动建立计算模型。可见，神经网络计算表现出很强的灵活性、适应性和学习能力，这是传统计算方法所缺乏的。

(4) 深度学习与迁移学习。2006 年，多伦多大学的 Hinton(深度学习的创始人)教授研究组在《科学》期刊上发表了关于深度学习的文章；2012 年，他们参加计算机视觉领域著名的 ImageNet 竞赛，使用深度学习模型以超过第二名 10 个百分点的成绩夺冠，引起大家的关注。2015 年，微软研究院在 ImageNet 竞赛夺冠的模型中使用 152 层网络。深度学习的成功有 3 个重要条件：大数据、强力计算设备和大量工程研究人员进行尝试。目前，深度学习在图像、语音、视频等应用领域都取得了很大成功。

深度学习会继续发展。这里的发展不仅包括层次的增加，还包括深度学习的可解释性以及对深度学习所获得的结论的自我因果表达。例如，如何把非结构化数据作为原始数据，训练出一个统计模型，再把这个模型变成某种知识的表达——这是一种表示学习。这种技术对于非结构化数据，尤其对于自然语言的知识学习，是很有帮助的。另外，深度学习模型的结构设计是深度学习的一个难点。这些结构都是需要由人设计的。如何让逻辑推理和深度学习一起工作，增加深度学习的可解释性也是需要研究的问题。例如，建立一个贝叶斯模型需要设计者具有丰富的经验，到现在为止，基本上都是由人设计的。如果能从深度学习的学习过程中衍生出一个贝叶斯模型，那么，学习、解释和推理就可以统一起来了。

未来，我们将深度学习、强化学习和迁移学习相结合，可以实现几个突破——反馈可以延迟，通用的模型可以个性化，可以解决冷启动的问题等。这样的一个复合模型叫作深度、强化迁移学习模型。

(5) 计算智能与进化计算。计算智能(computing intelligence)涉及神经计算、模糊计算、进化计算等研究领域。在此仅对进化计算加以介绍。

进化计算(evolutionary computation)是指一类以达尔文进化论为依据设计、控制和优化人工系统的技术和方法的总称，它包括遗传算法(genetic algorithm)、进化策略(evolutionary strategy)和进化规划(evolutionary programming)。它们遵循相同的指导思想，但彼此存在一定差别。同时，进化计算的研究关注学科的交叉和广泛的应用背景，因而引入了许多新的方法和特征，彼此难于分类，这些都统称为进化计算方法。目前，进化计算被广泛运用于多种复杂系统的自适应控制和复杂优化问题等研究领域，如并行计算、机器学习、电路设计、神经网络、基于 Agent 的仿真、元胞自动机等。

(6) 遗传算法。遗传算法是模拟自然界中按“优胜劣汰”法则进行进化过程而设计的算法。

1967 年，Bagley 在他的博士论文中提出遗传算法的概念。1975 年，Holland 出版专著奠定了遗传算法的理论基础。

20 世纪 80 年代初，Bethke 利用 Walsh 函数和模式变换方法设计了一个确定模式的均值的有效方法，大大推进了对遗传算法的理论研究工作。

1987 年，Holland 推广了 Bethke 的方法。如今，遗传算法不但给出了清晰的算法描述，而且也建立了一些定量分析的结果，并在各方面得到应用。

遗传算法在众多领域得到广泛的应用，如用于控制(煤气管道的控制)、规划(生产任务规划)、设计(通信网络设计)、组合优化(TSP 问题、背包问题)以及图像处理和信号处理等，引起人们极大的兴趣。

(7) 数据挖掘与知识发现。知识获取是知识信息处理的关键问题之一。20 世纪 80 年代，人们在知识发现方面取得了一定的进展。利用样本，通过归纳学习，或者与神经计算结合起来进行知识获取已有一些试验系统。数据挖掘和知识发现是 20 世纪 90 年代初期崛起的一个活跃的研究领域。在数据库基础上实现的知识发现系统，通过综合运用统计学、粗糙集、模糊数学、机器学习和专家系统等多种学习手段和方法，从大量的数据中提炼出抽象的知识，从而揭示出蕴含在这些数据背后的客观世界的内在联系和本质规律，实现知识的自动获取。这是一个富有挑战性的，并具有广阔应用前景的研究课题。

从数据库获取知识，即从数据中挖掘并发现知识，首先要解决发现知识的表达问题。最好的表达方式是自然语言，因为它是人类的思维和交流语言。知识表示的最根本问题就是如何形成用自然语言表达的概念。概念比数据更确切、更直接、更易于理解。自然语言的功能就是用最基本的概念描述复杂的概念，用各种方法对概念进行组合，以表示所认知的事件，即知识。

机器知识发现始于 1974 年。到 20 世纪 80 年代末，数据挖掘取得突破。

大规模数据库和互联网的迅速增长，使人们对数据的应用提出新的要求。仅用查询检索已不能提取数据中有利于用户实现其目标的结论性信息。数据库中包含的大量知识无法得到充分的发掘与利用，会造成信息的浪费，并产生大量的数据垃圾。另一方面，知识获取仍是专家系统研究的瓶颈问题。从领域专家获取知识是非常复杂的个人到个人之间的交互过程，具有很强的个性和随机性，没有统一的办法。因此，人们开始考虑以数据库作为新的知识源。数据挖掘和知识发现能够自动处理数据库中大量的原始数据，抽取出具有必然性的、富有意义的模式，帮助人们找到问题的解答。数据库中的知识发现具有以下 4 个特征。

① 发现的知识用高级语言表示。

② 发现的内容是对数据内容的精确描述。

③ 发现的结果(即知识)是用户感兴趣的。

④ 发现的过程应是高效的。

比较成功的、典型的知识发现系统有用于超级市场商品数据分析、解释和报告的 CoverStory 系统；用于概念性数据分析和查询感兴趣关系的集成化系统 EXPLORA；用于交互式大型数据库分析的工具 KDW；用于自动分析大规模天空观测数据的 SKICAT 系统；通用的数据库知识发现系统 KDD 等。

4. 智能行动

(1) 智能检索。对国内外种类繁多和数量巨大的科技文献的检索，远非人力和传统检索系统所能胜任。研究智能检索系统已经成为科技持续快速发展的重要保证。

智能信息检索系统的设计者面临以下几个问题。

① 如何建立一个能够理解以自然语言陈述的询问系统。

② 如何根据存储的事实演绎出答案。

③ 如何表示和应用常识问题，因为理解询问和演绎答案需要的知识都有可能超出该学科领域数据库表示的知识范围。

(2) 智能调度与指挥。确定最佳调度或组合是人们感兴趣的一类问题。一个古典的问题就是推销员旅行问题。这个问题要求为推销员寻找一条最短的旅行路线。推销员从某个城市出发，访问每个城市一次，且只允许一次，然后回到出发的城市。这个问题的一般提法是：对由 n 个节点组成的一个图的各条边，寻找一条最小代价的路径，使得这条路径对 n 个节点的每个点只允许穿过一次。试图求解这类问题的程序产生了一种组合爆炸的可能性。这些问题多数属于 NP-hard 问题。

智能组合调度与指挥方法已被应用于汽车运输调度、列车的编组与指挥、空中交通管制以及军事指挥等系统。它已引起有关部门的重视。其中，军事指挥系统已从 C^3I 发展为 C^4ISR，即在 C^3I 的基础上增加了侦察、信息管理和信息战，强调战场情报的感知能力、信息综合处理能力以及系统之间的交互作用能力。

(3) 智能控制。智能控制是驱动智能机器自主地实现其目标的过程。许多复杂的系统难以建立有效的数学模型和用常规控制理论进行定量计算与分析，而必须采用定量数学解析法与基于知识的定性方法的混合控制方式。随着人工智能和计算机技术的发展，已有可能把自动控制和人工智能以及系统科学的某些分支结合起来，建立一种适用于复杂系统的控制理论和技术。

智能控制是同时具有以知识表示的非数学广义世界模型和数学公式模型表示的混合控制过程，也往往是含有复杂性、不完全性、模糊性或不确定性以及不存在已知算法的非数学过程，并以知识进行推理，以启发引导求解过程。因此，在研究和设计智能控制系统时，不把注意力放在数学公式的表达、计算和处理方面，而是放在对任务和世界模型的描述、对符号和环境的识别以及对知识库和推理机的设计开发上，即放在智能机模型上。智能控制的核心在高层控制，即组织级控制。其任务在于对实际环境或过程进行组织，即决策和规划，以实现广义问题的求解。已经提出的用以构造智能控制系统的理论和技术有分级递阶控制理论、分级控制器设计的熵方法、智能逐级增高而精度逐级降低原理、专家控制系统、学习控制系统和神经控制系统等。

智能控制有很多研究领域，它们的研究课题既有独立性，又相互关联。目前研究较多的是以下 6 个方面：①智能机器人规划与控制；②智能过程规划；③智能过程控制；④专家控制系统；⑤语音控制；⑥智能仪器。

(4) 人机对话系统。在人机对话系统领域，某些相对垂直的方面已经获得了足够多的数据，如客服和汽车(车内的人车对话)方面。还有一种是特定场景的特定任务，如 Amazon Echo，你可以和它对话，可以说“给我放首歌吧”或者“播报新闻”，Amazon Echo 中有多个麦克风形成的阵列，围成一圈，这个阵列可以探测到人是否在和它说话，如当人转过脸去和另外一个人说话时，它就不会有反应，并且大规模地降低噪声。在家庭或车内等场景中，这种“唤醒功能”非常准确。此外，人机对话系统还有另一个功能，当我们的双手无法操控手机时，可以通过语音控制。虽然它只有一问一答的形式，但有了准确的唤醒功能以后，给人的印象就好像它可以进行多轮问答的复杂对话。因此，当有了人工智能应用的特定场景，如果收集了足够多足够好的数据，是可以训练出强大的对话系统的。

(5) 智能机器人。智能机器人是具有人类特有的某种智能行为的机器。

一般认为，按照机器人从低级到高级的发展程度，可以将机器人分为三代。第一代机器人，即工业机器人，主要是指能以“示教-再现”的方式工作的机器人。这种机器人的本体是一只类似于人上肢功能的机械手臂，末端是手爪等操作机构。第二代机器人是指基于传感器信息工作的机器人。它依靠简单的感觉装置获取作业环境和对象的简单信息，通过对这些信息的分析、处理做出一定的判断，对动作进行反馈控制。第三代机器人，即人工智能机器人，它是具有高度适应性的有一定自主能力的机器人。它本身能感知工作环境、操作对象及其状态；能接受、理解人给予的指令，并结合自身认识外界的结果独立地决定工作规则，利用操作机构和移动机构实现任务目标；还能适应环境的变化，调整自身行为。

区别于第一代、第二代机器人，人工智能机器人必须有 4 种机能：①行动机能——施加于外部环境和对象的，相当于人的手、足的动作机能；②感知机能——获取外部环境和对象的状态信息，以便进行自我行为监视的机能；③思维机能——求解问题的认知、推理、记忆、判断、决策、学习等机能；④人机交互机能——理解指示命令、输出内部状态、与人进行信息交换的功能。简言之，人工智能机器人的“智能”特征就在于它具有与外部世界——环境、对象和人相协调的工作机能。

围绕上述 4 种机能，智能机器人的主要研究内容有：操作与移动、传感器及其信息处理、控制、人机交互、体系结构、机器智能和应用研究。目前，智能机器人的研究还处于初级阶段，研究目标一般围绕感知、行动、思考 3 个问题。实验室原型主要有：自动装配机器人、移动式机器人和水下机器人。

(6) 分布式人工智能与 Agent。分布式人工智能(distributed AI，DAI)是分布式计算与人工智能结合的结果。DAI 系统以鲁棒性作为控制系统质量的标准，并具有互操作性，即不同的异构系统在快速变化的环境中具有交换信息和协同工作的能力。

分布式人工智能的研究目标是要创建一种能够描述自然系统和社会系统的精神概念模型。DAI 中的智能并非独立存在的概念，只能在团体协作中实现，因而其主要研究问题是各 Agent 之间的合作与对话，包括分布式问题求解和多 Agent 系统(multiagent system，MAS)两个领域。其中，分布式问题求解把一个具体的求解问题划分为多个相互合作和知识共享的模块或节点。多 Agent 系统则研究各 Agent 之间智能行为的协调，包括规划、知识、技术和动作的协调。这两个研究领域都要研究知识、资源和控制的划分问题，但分布式问题求解往往含有一个全局的概念模型、问题和成功标准，而 MAS 则含有多个局部的概念模型、问题和成功标准。

MAS 更能体现人类的社会职能，具有更大的灵活性和适应性，更适合开放和动态的世界环境，因而备受重视，已成为人工智能，以至计算机科学和控制科学与工程的研究热点。当前，Agent 和 MAS 的研究包括 Agent 和 MAS 理论、体系结构、语言、合作与协调、通信和交互技术、MAS 学习和应用等。MAS 已在自动驾驶、机器人导航、机场管理、电力管理和信息检索等方面得到应用。

完全自主 Agent 的 4 个主要应用领域分别是：足球机器人(robot soccer)、无人驾驶车辆(autonomous vehicles)、拍卖 Agent(bidding agent)和自主计算(autonomic computing)。其中，足球机器人和无人驾驶车辆属于“物理 Agent”(physical agent)，拍卖 Agent 和自主计算属于“软件 Agent”。这些应用充分展示了机器学习与多 Agent 推理的紧密结合，它涉及自适应以及层次表达、分层学习、迁移学习(transfer lerarning)、自适应交互协议、Agent 建模等关键技术。

(7) 人工生命。人工生命(artificial life，alife)的概念是由美国圣达菲研究所非线性研究组的 Langton 于 1987 年提出的，旨在用计算机和精密机械等人工媒介生成或构造出能够表现自然生命系统行为特征的仿真系统或模型系统。自然生命系统行为具有自组织、自复制、自修复等特征，以及形成这些特征的混沌动力学、进化和环境适应。

人工生命所研究的人造系统能够演示具有自然生命系统特征的行为，在“生命之所能”(life as it could be)的广阔范围内深入研究“生命之所知”(life as we know it)的实质、只有从“生命之所能”的广泛内容考察生命，才能真正理解生物的本质。人工生命与生命的形式化基础有关。生物学从问题的顶层开始，考察器官、组织、细胞、细胞膜，直到分子，以探索生命的奥秘和机理。人工生命则从问题的底层开始，把器官作为简单机构的宏观群体考察，自底向上进行综合，由简单的被规则支配的对象构成更大的集合，并在交互作用中研究非线性系统的类似生命的全局动力学特性。

人工生命的理论和方法有别于传统人工智能和神经网络的理论和方法。人工生命通过计算机仿真生命现象所体现的自适应机理，对相关非线性对象进行更真实的动态描述和动态特征研究。

(8) 游戏。对于游戏开发者而言，人工智能最终意味着广泛的技术范围。这些技术可用于生成对手、战场的部队、队友、非玩家角色或游戏中一切模拟智能行为。其中一些技术，如有限状态机和启发式 A*搜索算法，多年以来应在许多游戏中得到有效验证。在最基本层，游戏中的有限状态机包括以下 3 个部分。

① 一个角色在游戏中可能有的几种状态。

② 决定何时变换状态的一组条件。

③ 实现每种状态角色行为的一组代码。

(9) 人机智能融合。人机智能融合就是充分利用人和机器的长处形成一种新的智能形式。人处理其擅长的包含“应该”(should)等价值取向的主观信息，机器则计算其拿手的涉及“是”(being)等规则概率统计的客观数据，进而变成一个可执行、可操作的程序性问题，也是把客观数据与主观信息统一起来的新机制，即需要意向性价值的时候由人处理，需要形式化(数字化)事实的时候由机器分担，从而产生了一种人+机大于人、人+机大于机的效果。

6.2 知识表示与推理

6.2.1 知识表示

知识表示是认知科学和人工智能两个领域共同存在的问题。在认知科学里，它关系到人类如何储存和处理资料。在人工智能里，其主要目标为储存知识，让程序能够处理，达到人类的智慧。

1. 知识和知识表示

知识与知识表示是人工智能中的一项基本技术，且这项技术非常重要，决定着人工智能如何进行知识学习，算是最底层也最基础的部分。

数据一般指单独的事实，是信息的载体，数据项本身没有什么意义，除非在一定的上下文中。信息由符号组成(如文字和数字)，并对符号赋予了一定的意义，因此有一定的用途和价值。

经验是人们在解决实际问题的过程中形成的成功操作程序。知识是由经验总结升华而来的，因此知识是经验的结晶。知识也由符号组成，但是还包括了符号之间的关系以及处理这些符号的规则或过程。知识在信息的基础上增加了上下文信息，提供了更多的意义，因此也就更加有用和有价值。知识是随着时间的变化而动态变化的，新的知识可以根据规则和已有的知识推导而来。

因此，可以认为知识是经过加工的信息，它包括事实、信念和启发式规则。关于知识的研究称为认识论，它涉及知识的本质、结构和起源。

知识是建立在数据和信息基础之上的，那么，一个系统需要什么样的知识才可能具有智能呢？一个智能程序需要哪些方面的知识才能高水平地运行呢？一般来说，至少需要包括以下几个方面的知识。

(1) 事实。事实是关于对象和物体的知识。人工智能中的知识应能表示各种对象、对象类型及其性质等。事实是静态的、为人们所共享的、可公开获得的、公认的知识，在知识库中属于底层知识。

(2) 规则。规则是有关问题中与事物的行动、动作相联系的因果关系的知识，是动态的，常常以“如果……那么……”形式出现。特别是启发式规则是专家提供的专门经验知识，这种知识无严格解释，但很有用处。

(3) 元知识。元知识是有关知识的知识，是知识库中的高层知识。包括怎样使用规则、解释规则、校验规则、解释程序结构等知识。一个专家可以拥有几个不同领域的知识，元知识可以决定哪一个知识库是适用的。元知识也可用于决定某一领域中的哪些规则最合适。

(4) 常识性知识。泛指普遍存在而且被普遍认识了的客观事实类知识，即指人们共有的知识。

知识表示就是研究用机器表示上述这些知识的可行性、有效性的一般方法，可以看作是将知识符号化并输入到计算机的过程和方法。知识表示在智能 Agent 的建造中起到了关键作用。可以说，正是以适当的方法表示了知识，才导致智能 Agent 展示出了智能行为。在某种意义上，可以将知识表示视为数据结构及其处理机制的综合，即知识表示 = 数据结构+处理机制。

其中，恰当的数据结构用于存储要解决的问题、可能的中间结果、最终解答以及问题求解有关的描述。这里称存储这些描述的数据结构为符号结构(或者为知识结构)，正是这种符号结构导致了知识的显示方式。然而，仅有符号结构是不够的，它无法表现出知识的

“力量”。为此还需要给出处理机制去使用这些符号结构。因此，知识表示是数据结构与处理机制的统一体，既考虑知识表示语言，又考虑知识使用。知识表示语言用符号结构描述获取的领域知识，而知识的使用则是应用这些知识实现智能行为。

目前，在知识表示方面主要有两种基本观点：一种是陈述性的知识表示观点；另一种是过程性的知识表示观点。

① 叙述式表示法。叙述式表示法把知识表示为一个静态的事实集合，并附有处理它们的一些通用程序，即叙述式表示描述事实性知识，给出客观事物所涉及的对象是什么。叙述式的知识表示，它的表示与知识运用(推理)是分开处理的。叙述式表示法易于表示“做什么”，其优点是：形式简单、采用数据结构表示知识、清晰明确、易于理解、增加了知识的可读性；模块性好、减少了知识间的联系、便于知识的获取、修改和扩充；可独立使用，这种知识表示出来后，可用于不同目的。

② 过程式表示法。过程式表示法将知识用使用它的过程来表示，即过程式表示描述规则和控制结构知识，给出一些客观规律，告诉怎么做，一般可用一段计算机程序来描述。例如，矩阵求逆程序，其中表示了矩阵的逆和求解方法的知识。这种知识是隐含在程序之中的，机器无法从程序的编码中抽出这些知识。过程式表示法一般是表示“如何做”的知识。其优点是：可以被计算机直接执行，处理速度快；便于表达如何处理问题的知识，易于表达怎样高效处理问题的启发性知识。

在人工智能程序中，采用比较多的是陈述性知识表示和处理方法，即知识的表示和运用是分离的。陈述性知识在设计人工智能系统中处于突出的地位，关于知识表示的各种研究也主要是针对陈述性知识的，原因在于人工智能系统一般易于修改、更新和改变。

当然，采用陈述性知识表示是要付出代价的，比如计算开销增大，并且效率降低。因为陈述性知识一般要求应用程序对其做解释性执行，显然效率比用过程性知识要低。换言之，陈述性知识是以牺牲效率来换取灵活性的。

陈述性知识表示和过程性知识表示在人工智能研究中都很重要，各有优缺点。这两种知识表示的应用具有以下倾向性。

① 由于高级的智能行为(如人类思维)似乎强烈地依赖于陈述性知识，因此人工智能的研究应注重陈述性知识的开发。

② 过程性知识的陈述化表示。基于知识系统的控制规则和推理机制一般都属于陈述性知识，它们从推理机分离出来，由推理机解释执行，这样做可以促进推理和控制的透明化，有利于智能系统的维护和进化。

③ 以适当方式将过程性知识和陈述性知识综合，可以提高智能系统的性能。如框架系统为这种综合提供了有效的手段，每个框架陈述性地表示了对象的属性和对象间的关系，并以附加程序等方式表示过程性知识。

2. 知识的分类

人类迄今为止所拥有的知识已经构成一个极其庞大的学科体系，随着人类科学技术活动的进一步展开，这个体系还会继续扩展，永远是一个开放的体系。

知识是认识论范畴的概念，是相对于认识主体而存在的。因此，与认识信息的概念相通，知识具有丰富的内涵。与认识论信息的情形类似，一切知识，无论是数学、物理学、化学、天文学、地理学、生物学的知识，还是工程科学的知识，它们所表达的"运动状态和状态变化的规律"必然具有一定的外部形态，与此相应的知识称为"形态性知识"；同时，知识所表达的运动状态和状态变化的规律也必然具有一定的逻辑内容，与此相应的知识可以称为"内容性知识"；最后，知识所表达的运动状态和状态变化的规律必然对认识主体呈现某种效用，与此相对应的知识可以称为"效用性知识"。形态性知识、内容性知识、效用性知识三者的综合，构成了知识的完整概念，如图 6-3 所示。

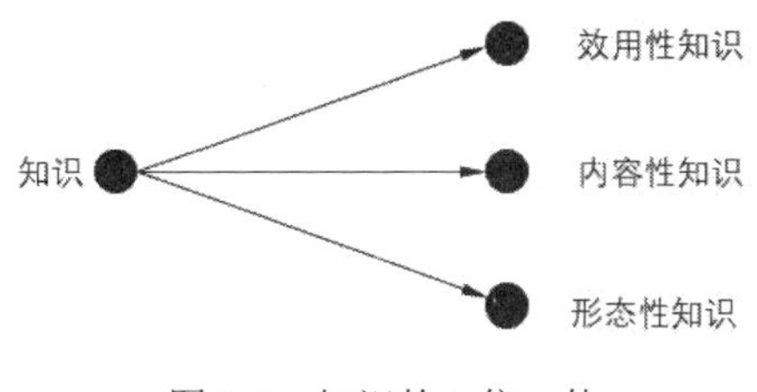

图 6-3　知识的三位一体

这可以作为一个公理表述："任何知识都由相应的形态性知识、内容性知识、效用性知识构成，这种情形称为知识的三位一体。"

容易看出，这里的形态性知识与认知论信息(全信息)的语法信息概念相联系，内容性知识与知识论信息(全信息)的语义信息概念相联系，效用性知识与认识论信息(全信息)的语用信息概念相联系。因此，知识的这种分类方法抓住了知识描述的本质，而且体现了知识与知识论信息(全信息)之间存在的内在联系。这在理论上具有重要的意义。反之，如果不能揭示知识与认识论信息(全信息)之间深刻的内在联系，那么知识理论的建立就会遇到许多困难。

明确了知识的分类，就可以对知识进行分门别类的描述。

3. 知识表示的语言问题

对世界的建模方式一般有两种：基于图标的方法和基于特征的方法。基于图标的方法是用图形或类似图形的方式对世界某些方面的模拟；基于特征的方法是用文字或其他叙述的方法对世界某些特征的描述。基于图标的方法比较直接，有的时候可能更有效一些。基于特征的方法容易与别的系统进行信息交流和转换，并且易于修改和分解成不同的部分。对那些难于表达的信息可以用公式表示为对特征值的约束，这些约束可以用来推断那些无法直接感知到的特征值。

智能 Agent 中对自身知识和环境知识的表示一般放在知识库中，其中知识的每条表示称为一个语句，表示这些语句的语言称为知识表示语言。知识表示语言的目标是用计算机易于处理的形式表示知识，这样可使得 Agent 执行效率更高。

知识表示语言由语法和语义定义。语言的语法描述了组成语句的可能的搭配关系，语义定义了语句所指的世界中的事实。

通过语法和语义，可以给出使用某一语言的 Agent 的必要的推理机制。基于该推理机制，Agent 可以从已知的语句推导出结论，或判断某条信息是不是已蕴涵在现有的知识当中。因此，智能 Agent 所需要的知识表示语言是一种能够表达所描述对象特征中的约束和特征值的语言，以及可以进行必要推理的推理机制。一个语言的语义确定了一个语句所指的事实。事实是世界的一部分，而它们的表示必须要编码成某种形式，并物理地存储到 Agent 中。所有的推理机制都是基于事实的表示，而不是这些事实本身，即与具体事实无关，只与事实的表示结构、形式有关。

因此，一个知识表示语言应该包括：

① 语法规则和语义解释。

② 用于演绎和推导的规则。

程序设计语言(如 C 或 Lisp)比较善于描述算法和具体的数据结构。知识表示语言应该支持知识不完全的情况，即无法确定事情到底是怎么样的，只知道是或不是的某种可能性。不能表达这种不完全性的语言是表达能力不够的语言。

一个好的知识表示语言应该结合自然语言和程序设计语言的优点：

① 表达能力很强，简练。

② 不含糊，与上下文无关。

③ 高效，可以推出新的结论。

已有许多知识表示语言试图满足这些目标。逻辑，特别是一阶逻辑就是一种这样的语言，它是人工智能中大多数知识表示模式的基础。数理逻辑是用数学方法研究形式逻辑的一个分支，它提供了必要的工具用来进行知识表示和推理。逻辑是人们思维活动规律的反映和抽象，是到目前为止能够表达人类思维和推理的最精确和最成功的方法。它能够通过计算机做精确的处理，而它的表达方式和人类自然语言又非常接近。因此，用数理逻辑作为知识表示工具自然很容易为人们所接受。

4. 策略和智能

策略就是关于如何解决问题的政策方略，包括在什么时间、什么地点、由什么主体采取什么行动、达到什么目标、注意什么事项等一套完整而具体的行动计划、行动步骤、工作方式和工作方法。

与策略相对应，“智能”应当理解为：在给定的问题、问题环境、主体目的的条件下，智能就是有针对性地获取问题环境的信息，恰当地对这些信息进行处理，以提炼知识达到认知，在此基础上把已有的知识与主体的目的信息相结合，合理地产生解决问题的信息，并利用得到的策略信息，在给定的环境下成功地解决问题，达到主体的目的。

智能包含 4 个要素和 4 种能力。4 个要素包括信息、知识、策略和行为；4 种能力包括获取有用信息的能力、由信息生成知识(认知)的能力、由知识和目的生成策略(决策)的能力、实施策略取得效果(施效)的能力。这便是“智能”概念的四位一体。

“智能”的 4 个要素和 4 种能力，并不是完全平等的关系。实际上，策略是智能的集中体现，因此称为“狭义智能”。这是因为获得信息和提炼知识的目的都是为了生成策略，而一旦生成了正确的策略，把它转变成为行动则是相对明确的过程。因此，策略处在智力能力的核心位置。

图 6-4 所示给出了智能中“信息-知识-策略”相互依赖、共为一体的关系，这个关系也可以表达为“信息-知识-策略-智能”，它表现了由信息向智能层层递进的关系。

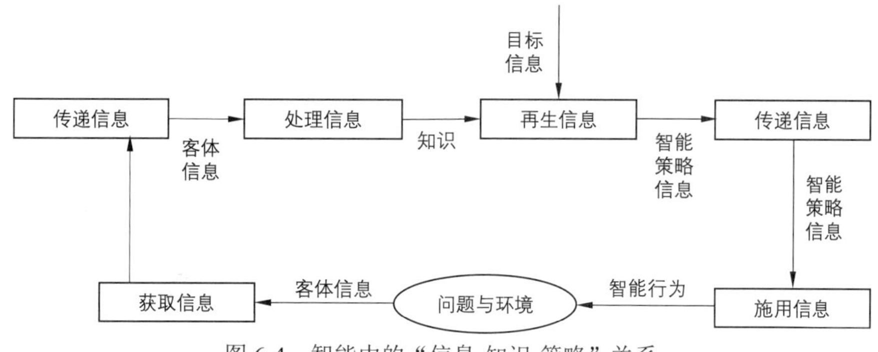

图 6-4　智能中的“信息-知识-策略”关系

智能的整体概念为经过获取和传递环节之后，相应的客体信息(包括要解决的问题和问题所受到的环境约束)到达了处理环节，这里客体信息被加工提炼成为相应的客体知识；然后，客体知识与主体的目标信息相结合，产生解决相应问题的智能策略信息，经过传递环节，智能策略信息被传送到施效环节，后者把智能策略信息转变成为相应的智能策略行为，在智能策略行为的干预下，使问题得到解决。

信息、知识、策略之间具有以下关系。

① 信息是基本资源。

② 知识是对信息进行加工所得到的抽象产物。

③ 策略是由客体信息和主体目标演绎出来的智慧化身，智能是把信息资源加工成知识，进而把知识激活成解决问题的策略并在策略信息引导下具体解决问题的全部能力。

图 6-4 所示的信息、知识、策略关系正好符合人类自身世界和优化世界活动过程中由信息生成知识、由知识激活智能的过程。其中，获取信息的功能由感觉器官完成，传递信息的功能由神经系统完成，处理信息和再生信息的功能由思维器官完成，施用信息的功能由效应器官完成。简言之，信息经加工提炼而成知识，知识被目的激活而成智能。

5. 人工智能对知识表示方法的要求

很多大型而复杂的基于知识的应用系统常常包含多种不同的问题求解活动，不同的活动往往需要采用不同方式表达的知识，是以统一的方式表示所有的知识，还是以不同的方式表示不同的知识，这是建造基于知识的系统时所面临的一个选择。统一的知识表示方法在知识获取和知识库维护上具有简易性，但是处理效率较低。不同的知识表示方法处理效率较高，但是知识难以获取，知识库难以维护。那么，在实际中如何选择和建立合适的知识表示方法呢？可以从以下几个方面考虑。

① 表示能力，要求能够正确、有效地将问题求解所需要的各类知识都表示出来。

② 可理解性，所表示的知识应易懂、易读。

③ 便于知识的获取，使得智能系统能够渐进地增加知识，逐步进化。同时，在吸收

新知识的同时应便于消除可能引起的新旧知识之间的矛盾，便于维护知识的一致性。

④ 便于搜索，表示知识的符号结构和推理机制应支持对知识库的高效搜索，使得智能系统能够迅速感知事物之间的关系和变化，同时很快地从知识库中找到有关的知识。

⑤ 便于推理，要能够从已有的知识中推出需要的答案和结论。

6.2.2 知识推理

所谓知识推理就是在已有知识的基础上，推断出未知知识的过程。可以是从已知的知识出发，从中获取所蕴含的新事实，也可以是从大量已有的知识进行归纳，从个体知识推广到一般性的知识。

根据上述概念，我们可以知道，知识推理包括的内容可以分为两种，第一种是我们已经知道的，用于进行推理的已有知识；另一种是我们运用现有知识推导或归纳出来的新知识。对于知识而言，其形式是多种多样的，可以是一个或者多个段落描述，也可以是传统的三段论形式。以三段论为例，其基本结构包括大前提、小前提和结论三个部分，在这三个部分中，大前提、小前提是已知的知识，而结论是我们通过已知知识推理出来的新知识。在知识表示上，还有规则推理中的规则形式，知识图谱上的三元组形式等。

推理的方法大致可以分为逻辑推理和非逻辑推理。逻辑推理的过程约束和限制都比较严格，相对而言，非逻辑推理对于约束和限制的关注度则没有那么高。根据逻辑推理的方法进行细分，可以分成演绎推理和归纳推理。

1. 演绎推理

演绎推理是从一般到个别的推理，这是一种自上而下的逻辑，在给定一个或者多个前提的条件下，推断出一个必然成立的结果。

举例来说，“如果今天是星期二，那么小王会去实验室”，我们将这样的假设性描述称为假言命题，其中前半句称为前件，后半句称为后件，并且，其中“今天是星期二”被称为性质命题，则根据性质命题，我们可以推理出“小王会去实验室”。我们将这种逻辑推理称为假言推理，并且属于肯定前件假言推理。进一步，根据“小王不会去实验室”，可以推理出“今天不是星期二”，这种推理机制也属于假言推理，并且属于否定后件的假言推理。

再举例如下，“如果小王生病了，那么小王会缺席”“如果小王缺席，他将错过课堂讨论”，这个例子一共给出了两个假言命题，其中第一个假言命题的后件和第二个假言命题的前件所描述的内容是一致的。根据这两个假言命题，我们可以推理出一个新的假言命题，即“如果小王生病了，他将错过课堂讨论”。这种推理形式称为假言三段论。

无论是“假言推理”还是“假言三段论”，都属于演绎推理的经典方法，通过对前件、后件，性质命题的形式化，我们可以将这些假设进行推理。

演绎推理的历史悠久，可以进一步分成自然演绎、归结原理、表演算等类别。其中自然演绎是通过数学逻辑来证明结果成立的过程；归结原理是采用反证法的原则，将需要推导的结果，通过反证其不成立的矛盾性来进行推导；表演算是通过构建规则的完全森林，每一个节点用概念集进行标记，每一条边用规则进行标记，表示节点之间存在的规则关系，然后利用扩展规则，给节点标签添加新的概念，通过在森林中添加新节点的方法来进行推理，其推理过程完全基于所构建的规则森林。

2. 归纳推理

归纳推理与演绎推理相反，它是一个自下而上的过程，即从个体到一般的过程。通过已有的一部分知识，我们可以归纳总结出这种知识的一般性原则。举例来说："如果我们所见过的每一个糖尿病人都有高血压，那么我们可以大致认为，糖尿病应该会导致高血压。"

比较典型的归纳推理的方法包括归纳泛化和统计推理，其中归纳泛化是指通过观察部分数据，进而将通过这部分数据得出的结论泛化到整体的情况上。举例来说："当前有 20 个学生，每个学生不是硕士生，就是博士生。随机从这 20 个人中抽取 4 个人，发现其中硕士生有 3 个，博士生有 1 个，那么我们可以推断出，这 20 个人中，有 15 个硕士生，5 个博士生。"而统计推理是将整体的统计结果应用到个体之上，例如，当前 15 个硕士生中，有 60%的学生申请了博士学生，那么若小王是这 15 个硕士中的一个，那么小王将有 60%的概率申请博士学位。

相比演绎推理，归纳推理没有进行形式化的推导。并且，归纳推理的本质是基于数据而言，数据所反馈的结论不一定是事实，也就是说即使归纳推理获得的结论在当前数据上全部有效，也不能说其能够完全适应于整体。而演绎推理的前提是事实，通过这种推理方法获取的结果也是一个事实，也就是在整体上也是必然成立的。

归纳推理也可以进行细分，分为溯因推理和类比推理。溯因推理是一种逻辑推理，其给定一个或者多个观察到的事实(O)，根据已有的知识来推断出已有观察最简单且最有可能的解释过程。举例来说："当一个病人显示出某种病症，而造成这个病症的原因有很多的时候，寻找引起整个病症最可能的原因就是溯因推理。"在溯因推理中，要使基于知识(T)而生成的解释对于事实(O)的解释(E)是合理的，需要满足条件：解释(E)可以通过知识(T)和事实(O)推理得出，而解释(E)和知识(T)是相关并且相容的。举例来说："我们已经知道，下雨后，马路一定会湿(T)，如果我们观察到马路是湿的(O)，则可以通过溯因推理出大概率是下过雨了(E)。"

类比推理可以看作是基于对一个事物的观察而进行的对另外一个事物的归纳推理。通过寻找两个事物之间的类别信息，将已知事物上的结论迁移到新的事物之上。举例来说："小王和小刘都是同龄人，小王和小刘都喜欢同一个歌手 A，此外小王还喜欢歌手 B，那么我们可以推理出，小刘也有一定概率喜欢歌手 B。"这种推理方法相对错误率要高一些。

3. 其他推理分类

除了上面介绍的推理方式以外，一般的推理方法还包括以下几种。

(1) 确定性推理和非确定性推理。确定性推理是指所利用的知识是精确的，并且推理出的结论也是确定的。在非确定性推理中，知识都具有某种不确定性。不确定性的推理又分为似然推理和近似推理，而后者则是基于模糊逻辑的推理。

(2) 将推理方法按照推理过程中推理出的结论是否单调递增来进行划分，可分为单调推理和非单调推理。在单调推理中，随着推理的方向向前推进和新知识的加入，推理出来的结论单调递增，逐步接近最终目标，上述多个命题的演绎推理就属于单调推理。而非单调推理是指在推理过程中，随着新知识的加入，需要否定已经推出来的结论，使推理回退到前面的某一步，重新开始。

(3) 将推理方法是否是与问题有关的启发性知识来划分，分为启发式推理和非启发式推理。在启发式推理的过程中，会利用一些启发式的规则、策略等，而非启发式推理则是一般的推理过程。

6.3 搜索策略

6.3.1 搜索的基本概念

人工智能所研究的对象大多属于结构不良或非结构化的问题。对于这些问题，一般很难获得其全部信息，更没有现成的算法可供求解使用。因此，只能依靠经验，利用已有知识逐步摸索求解。这种根据问题的实际情况，不断寻求可用知识，从而构建一条代价最小的推理路线，使问题得以解决的过程称为搜索。

在实际情况中，对于给定的问题，智能系统的行为首先应是找到能够达到所希望目标的动作序列，并使其付出的代价最小、性能最好。基于给定的问题，问题求解的第一步是问题建模。搜索就是为智能系统找到动作序列的过程。搜索算法的输入是问题的实例，输出是表示为动作序列的方案。一旦有了方案，系统就可以执行该方案给出的动作了。通常，解决一类问题主要包括 3 个阶段：问题建模、搜索和执行，而且多数实际问题都需要这 3 个阶段的多次迭代，才能予以解决。在搜索阶段中，能进行搜索的前提是问题具有良好的结构。为此，下面介绍形式化问题模型(formalized problem medel)。

适用于进行搜索的问题主要由以下几个部分组成。

(1) 初始状态(initial state)：描述了智能体(Agent)在问题中的初始状态。

(2) 动作集合(actions)：每个动作把一个状态转换为另一个状态。

(3) 目标检测(goal test)函数：用于判断一个状态是否为目标。

(4) 路径费用(path cost)函数：指明路径费用的函数。该函数用于支持搜索算法，寻找费用最优的路径。

以前面介绍的九宫格问题为例。九宫格问题是：要求 Agent 改变一个 3 行 3 列棋盘上的 8 个数码的位置，使这些数码的排列符合预期的格局。在图 6-5 中，改变其中数码的方式是将“空白格”(未被数码占据的方格)向左移、向上移、向右移。进一步讲，若“空白格”位于当前数码 6 的位置，则它还可以向下移。

2	8	3
1	6	4
7		5

1	2	3
8		4
7	6	5

图 6-5　棋盘格局和可执行的动作方向(左图)与九宫图问题期望的目标格局(右图)

九宫格问题的形式化模型如下。

(1) 初始状态：棋盘的初始格局，包含每个格子中存放的数码、空白格的位置。

(2) 动作集合：{空白格左移，空白格上移，空白格右移，空白格下移}。其中的动作不是在每个状态上都可以执行。例如，当空白格位于最左侧的列时，“空白格左移”动作不可执行。

(3) 目标检测函数：若一个状态 s 中的棋盘格局与上图右图相同，则它是目标状态，并且从初始状态到 s 的动作序列是该问题的一个解。

(4) 路径费用函数：此问题中每个动作的代价假设为 1，则路径费用与该路径上的动作数目在数值上相同。

对于九宫图问题的求解，也可以尝试画出图 6-6 所示的有向图——状态空间，然后进行搜索。该状态空间中的状态数目是巨大的，普通计算机的内存不能完全存储。为了说明，我们假设需要 40 步动作来解决一个九宫格问题，相应地，目标状态节点所在的深度为 40。那么，在最坏的情况下，我们需要尝试多少个状态才能达到这个目标呢？这需要我们分析该状态空间的平均分支因子。因为，若它为 b，则最坏的情况下我们需要尝试 $1+b+b^2+b^3+\cdots+b^{40}$ 个状态。九宫图问题的分支因子分布如图 6-7 所示。对第一行，若空白格位于最左侧的方格，则可执行 2 个动作(向右移、向下移)，若它位于中间的方格，则可执行 3 个动作(向左移、向右移、向下移)，若它位于最右侧的方格，则可执行 2 个动作(向左移、向下移)。

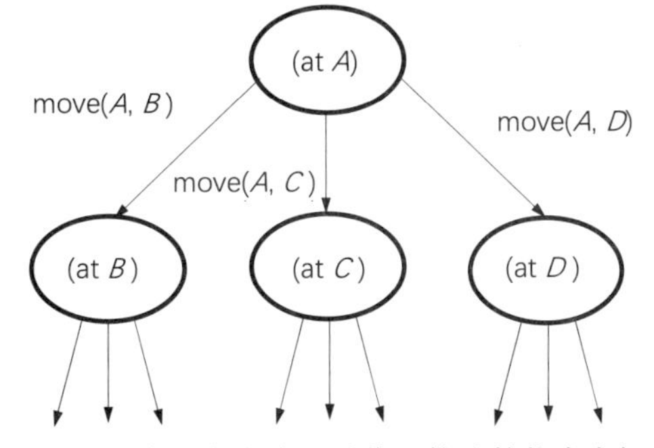

图 6-6　在状态上应用动作而构成的状态空间

2个	3个	2个
3个	4个	3个
2个	3个	2个

图 6-7　九宫图问题的分支因子分布

类似地，可以得出空白格在其他位置时的可执行动作数(注意：在每个状态中，空白格只处于其中一个位置)。因此，平均情况下，一个状态上可行性的动作数为 $b=(2\times4+3\times4+4)/9\approx2.667$。现在可知，最坏的情况下需要尝试的状态数目至少是 $2.667^{40}\times9$ 位 $>2^{40}$B = 2TB。这个数量显然超出了当前流行的个人计算机的内存存储量。

为了在部分程度上缓解对存储量的要求，人工智能中的搜索可以分成两个不断交替的阶段：问题空间的生成和在该空间上对目标状态的搜索，即状态空间一般是逐渐扩展的，“目标”状态是在每次扩展的时候进行判断的。不过多数搜索算法也存储访问过的状态，这使得所需的存储空间快速增加。解决该问题的一个途径是引导搜索算法专注于探索有希望发现目标的方向，用于完成引导的信息称为启发式信息。

一般情况下，搜索策略可以根据是否使用启发式信息分为盲目搜索策略和启发式搜索策略。也可以根据搜索空间的表示分为状态空间搜索策略和与或图搜索策略，状态空间搜索是用状态空间法求解问题所进行的搜索，与或图搜索策略是指用问题规约方法求解问题时所进行的搜索。

6.3.2 盲目搜索

盲目搜索策略一般是指不知道从当前状态到目标状态需要走多少步或每条路径的花费，所能做的只是可以区分出哪个是目标状态。因此，它一般是按预定的搜索策略进行搜索。由于这种搜索总是按预定的、机械的顺序进行，没有考虑到问题本身所含有的信息，所以这种搜索具有很大的盲目性，效率不高，不适用于复杂问题的求解。

最简单的盲目搜索方法是“生成再测试”方法(generate and test)。该方法如下：

```
Procedure Generate & Test
    Begin
        Repeat
            生成一个新的状态，称为当前状态;
        Until    当前状态=目标
    End.
```

上述算法在每次 Repeat-Until 循环中都生成一个新的状态，并且只有当新的状态等于目标状态时才退出。在该算法中，最重要的部分是新状态的生成。如果生成的新状态不可扩展，则该算法应该停止，为了简单起见，在上述算法中省略了这一部分。

深度优先搜索算法和广度优先搜索算法可以看作是生成再测试方法的两个具体版本。它们的区别是生成新状态的顺序不同。假设问题空间是一棵树，则深度优先搜索总是优先生成并测试深度增加的节点，而广度优先搜索则总是优先考虑同一深度的节点。

(1) 深度优先搜索。深度优先搜索算法(简称 DFS)是一种用于遍历或搜索树或图的算法。沿着树的深度遍历树的节点，尽可能深地搜索树的分支。当节点的所在边都已被探寻过，搜索将回溯到发现节点的那条边的起始节点。这一过程一直进行到已发现从源节点可达的所有节点为止。

(2) 广度优先搜索。广度优先搜索算法(简称 BFS)又称为宽度优先搜索。从起点开始，首先遍历起点周围邻近的点，然后再遍历已经遍历过点的邻近点，逐步向外扩散，直到找到终点。

在执行算法的过程中，每个点需要记录达到该点的前一个点的位置——父节点。这样做之后，一旦到达终点，便可以从终点开始，反过来顺着父节点的顺序找到起点，由此就构成了一条路径。

6.3.3 启发式搜索

启发式搜索策略是指在搜索过程中通过分析与问题有关的信息来调整搜索顺序，用于指导搜索朝着最有希望发现目标状态的方向前进，加速问题的求解并找到最优解。

6.3.2 节所介绍的搜索方法都是按事先规定的、根据节点的深度制定的路线进行搜索，搜索过程机械化、具有较大的盲目性，生成的无用节点较多，搜索空间较大，因而效率不高。除了节点的深度信息以外，如果能够利用节点暗含的与问题相关的一些特征信息预测目标节点的存在方向，并沿着该方向搜索，则有希望缩小搜索范围，提高搜索效率。利用节点的特征信息引导搜索过程的一类方法称为启发式搜索。

任何一种启发式搜索算法在生成一个节点的全部子节点之前，都将使用算法设计者提供的评估函数判断这个“生成”的过程是否值得进行。评估函数通常为每个节点计算一个整数值，称为该节点的评估函数。一般评估函数值小的节点被认为是值得进行“生成”的过程。按照惯例，我们将“生成节点 n 的全部子节点”称为“扩展节点 n”。启发式搜索可用于两种不同方向的搜索：前向搜索和反向搜索。

① 前向搜索一般用于状态空间的搜索，从初始状态出发向目标状态方向进行。

② 反向搜索一般用于问题规约中，从给定的目标状态向初始状态进行。

为这两种搜索方法设计评估函数时采用不同的思路。

1. 启发性信息和评估函数

在搜索过程中，关键是在下一步选择哪个节点进行扩展，选择的方法不同，就形成了不同的搜索策略。如果在选择节点时能充分利用与问题有关的特征信息，估计出它对尽快找到目标节点的重要性，就能在搜索时选择重要性较高的节点，以便快速找到解或最优解，我们称这样的过程为启发式搜索。“启发式”实际上是一种“大拇指准则(Thumb Rules)”：在大多数情况下是成功的，但不能保证一定成功的准则。

用来评估节点重要性的函数称为评估函数。评估函数 $f(n)$ 对从初始节点 S_0 出发，经过节点 n 达到目标节点 S_g 的路径代价进行估计。其一般形式为

$$f(n) = g(n)+h(n)$$

其中 $g(n)$ 表示从初始节点 S_0 到节点 n 的已获知到的最小代价；$h(n)$ 表示从 n 到目标节点 S_g 的最优路径代价的估计值，它体现了问题的启发式信息，所以 $h(n)$ 被称为启发式函数。$g(n)$ 和 $h(n)$ 的定义都要根据当前处理的问题的特性而定，$h(n)$ 的定义更需要算法设计者的创造力。

2. 最好优先搜索算法

广度优先搜索和深度优先搜索不适用于状态空间存在“环”的情况。为了处理“环”，“最好优先搜索算法(best-first search)”用 OPEN 表和 CLOSED 表记录状态空间中那些被访问过的所有状态。这两个表中的节点及它们关联的边构成了状态空间的一个子图，被称为“搜索图”。OPEN 表存储一些节点，其中每个节点 n 的启发式函数值已经计算出来，但是 n 还没有被“扩展”。CLOSED 表存储一些节点，其中每个节点已经被扩展。该类算法每次迭代从 OPEN 表中取出一个较优的节点 n 进行扩展，将 n 的每个子节点根据情况放入 OPEN

表。算法循环，直到发现目标节点或者 OPEN 表为空。算法的每个节点都带有一个父指针，该指针用于合成解的路径。

3. 贪婪最好优先搜索算法

最好优先搜索算法是一个通用的算法框架。如果将该框架中的$f(n)$实例化为$f(n)=h(n)$，则得到一个具体的算法，称为贪婪最好优先搜索(greedy best-first-search，GBFS)算法。可以看出 GBFS 算法在判断是否优先扩展一个节点 n 时仅以 n 的启发值 $h(n)$为依据。$h(n)$值越小，表明从 n 到目标节点的代价越小，因而 GBFS 算法沿着 n 所在的分支搜索就越可能发现目标节点。因此 GBFS 算法一般可以较快地计算出问题的解。

4. A 算法和 A*算法

如果最好优先搜索算法中的$f(n)$被实例化的$f(n)=g(n)+h(n)$，则称为 A 算法(图 6-8 所示为以九宫图为例介绍 A 算法的运行过程)。进一步细化，如果启发函数 h 满足对于任一节点 n，$h(n)$的值都不大于 n 到目标节点的最优代价，则此类 A 算法为 A*算法。A*算法在一些条件下能够保证找到最优解，即 A*算法具有最优性。

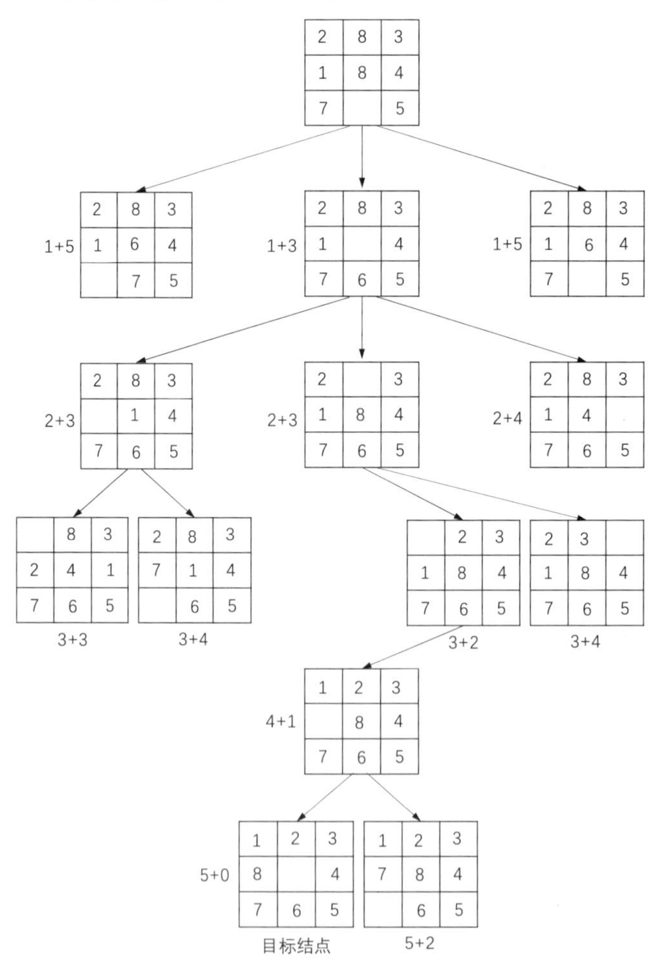

图 6-8　A 算法采用定义的评估函数判断每个节点的重要性

如图 6-8 所示，在 A 算法的初始时刻，OPEN 表中只有初始节点，因此我们扩展它，得到图中第二层节点，再将这些节点全部放入 OPEN 表。在第二次迭代过程中，A 算法选择 OPEN 表中具有最小 f 值为 $1+3=4$ 的节点扩展，得到第三层的三个节点，并将它们放入 OPEN 表。在第三次迭代中，A 算法选择 OPEN 表中 f 值为 $2+3=5$ 的节点进行扩展。在第四次迭代中，A 算法选择 OPEN 表中 f 值为 $2+3=5$ 的另一个节点进行扩展。在第五次迭代中，A 算法选择 OPEN 表中 f 值为 $3+2=5$ 的节点进行扩展。在第六次迭代中，A 算法选择 OPEN 表中 f 值为 $4+1=5$ 的节点进行扩展。在第七次迭代中，A 算法选择 OPEN 表中 f 值为 $5+0=5$ 的节点进行扩展。通过图 6-8 的例子可以发现，A 算法相对于广度优先搜索和深度优先搜索都具有优势。

但是，由于对启发函数 h 没有任何限制，A 算法不能保证找到最优解。经研究发现，A 算法在以下三个条件均成立时，能够保证得到最优解。

(1) 启发函数 h 对任一节点 n 都满足 $h(n)$不大于 n 到目标的最优代价。

(2) 搜索空间中的每个节点都具有有限个后继。

(3) 搜索空间中的每个有向边的代价均为正值。

为了表明此类 A 算法的重要性，将此类 A 算法称为 A*算法；称上述三个条件为 A*算法的运行条件。

6.3.4 博弈

博弈一向被认为是一项富有挑战性的智力活动，如下棋、打牌、游戏等。这里讲的博弈是二人博弈、二人零和、全信息和非偶然博弈，博弈双方的利益是完全对立的。

(1) 对垒双方 MAX 和 MIN 轮流采取行动，博弈的结果只有 3 种情况：MAX 胜、MIN 败；MAX 败、MIN 胜；和局。如果记“胜利”为+1 分，“失败”为-1 分，“平局”为 0 分，则双方在博弈结束的时候总分总是为“零”，称此类博弈为“零和”。

(2) “全信息”是指：对弈过程中，任何一方都了解当前和过去的格局。

(3) “非偶然”是指：任何一方都根据当时的实际情况采取行动，选择对自己最有利而对对方最不利的对策，不存在“碰运气”(如掷骰子)的偶然因素。

具有以上特点的博弈游戏有一字棋、象棋、围棋等。下面用一个例子介绍。

【例 6-1】 假设有 7 枚钱币，任一选手只能将已分好的一堆钱币分成两堆个数不等的钱币，两位选手轮流进行，直到每一堆都只有一个或两个钱币不能再分为止，哪个选手遇到不能再分的情况则为输。

思考一下，如何估算这个问题。

用数字序列加上一个说明表示一个状态，其中数字表示不同堆中钱币的个数，说明表示下一步由谁分，如(7,MIN)表示只有一个由 7 枚钱币组成的堆，MIN 有 3 种可供选择的分法，即(6,1,MAX)，(5,2,MAX)，(4,3,MAX)，其中 MAX 表示另一个选手，不论 MIN 选择哪一种方法，MAX 只能在它的基础上再做符合要求的划分，整个过程如图 6-9 所示。

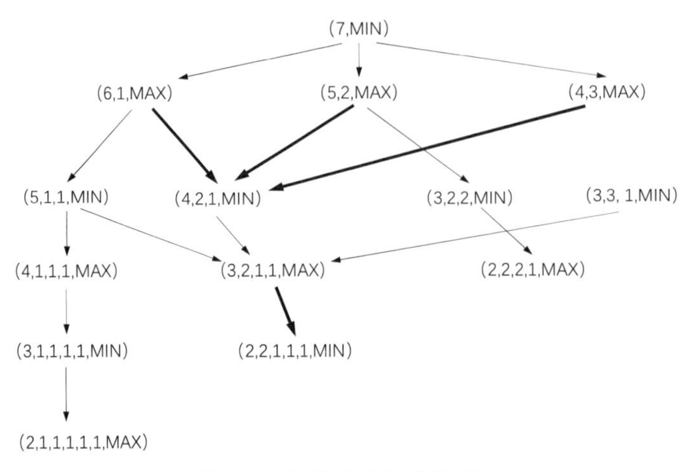

图 6-9　分钱币博弈过程示例

图 6-9 所示已表示出双方所有可能出现的结果，从中可以看出，无论 MIN 开始时怎么走，MAX 总可以获胜，取胜的策略用粗箭头表示。

然而实际情况没有这么简单，对任何一种棋，我们都不可能枚举出所有情况，因此，只能模拟人“向前看几步”，然后做决策，决定自己走哪一步最有利。也就是说，只能分析出几层的走法，然后按照一定的估算方法决定走哪一步棋。

在博弈过程中，任何一方都希望本方取得胜利。因此，当某一方当前有多个行动方案可选择时，他总是挑选对自己最有利而对对方最不利的行动方案。此时，如果我们站在 MAX 方的立场上，则可供 MAX 方选择的若干行动方案间是“或”关系。因为主动权在 MAX 手中，他或选择某个行动方案，或选择另一个行动方案，完全由 MAX 方自己决定。当 MAX 方选取任一方案走了一步后，MIN 方也有若干可供选择的行动方案，此时这些行动方案对 MAX 方来说是“与”关系，因为这时主动权在 MIN 方手中，这些可供选择的行动方案中的任何一个都可能被 MIN 方选中，MAX 方必须应付所有可能发生的情况。

这样，如果站在某一方(如 MAX 方，即 MAX 要取胜)，把上述博弈过程用图表示出来，则得到的是一棵“与或树”。描述博弈过程的与或树称为博弈树，它有以下特点。

(1) 博弈的初始格局是初始节点。

(2) 在博弈树中，“或”节点和“与”节点是逐层交替出现的。自己一方扩展的节点之间是“或”关系，对方扩展的节点之间是“与”关系，双方轮流扩展节点。

(3) 本方获胜的所有终局都是本原问题，相应的节点是可解节点；所有使对方获胜的终局都被认为是不可解节点。

在人工智能中可以采用搜索方法求解博弈问题。下面讨论博弈中两种最基本的搜索策略。

1. 极大极小过程

在二人博弈问题中，为了从众多可供选择的行动方案中选出一个对自己最有利的行动方案，需要对当前的情况以及将要发生的情况进行分析，利用某搜索算法从中选出最优的走步。在博弈问题中，每一个格局可供选择的行动方案都有很多，因此会生成十分庞大的博弈树，通过直到终局的与或树搜索得到最好的一步棋是不可能的，例如，曾经有人估计，西洋跳棋完整的博弈树大约有 10^{40} 个节点。

最常用的分析方法是极小极大分析法，其基本思想或算法如下。

(1) 设博弈的双方分别为 MAX 方和 MIN 方，然后设计算法为其中的一方(如 MAX)寻找一个最优行动方案。

(2) 为了找到当前的最优行动方案，需要对各个可能的方案所产生的后果进行比较。具体来说，就是要考虑每一个方案实施后对方可能采取的所有行动，并计算可能的得分。

(3) 为计算得分，需要根据问题的特性信息定义一个估价函数，用来估算当前博弈树端节点的得分，此时估算出的得分称为静态估值。

(4) 当末端节点的估值计算出来后，再推算出父节点的得分，推算的方法是：对“或”节点，选其节点中一个最大的得分作为父节点得分，这是为了使自己在可供选择的方案中选一个对自己最有利的方案；对“与”节点，选其子节点中一个最小的得分作为父节点的得分，这是为了立足于最坏的情况。这样计算出的父节点的得分称为倒推值。

(5) 如果一个行动方案能获得较大的倒推值，则它就是当前最好的行动方案。

在博弈问题中，每一个格局可供选择的行动方案都有很多，因此会生成十分庞大的博弈树。试图利用完整的博弈树进行极大极小分析是困难的。可行的办法是只生成具有一定深度的博弈树，然后进行极大极小分析，找出当前最好的行动方案。在此之后，再在已选定的分枝上扩展一定深度，再选出最好的行动方案。如此进行下去，直到取得胜败的结果为止。至于每次生成博弈树的深度，当然是越大越好，但由于受到计算机存储空间的限制，只能根据实际情况而定。

图 6-10 所示是向前看两步、共计四层的博弈树，用□表示 MAX，用○表示 MIN，端节点上的数字表示它们对应估价函数的值。在 MIN 处用圆弧连接，用 0 表示其子节点取估值最小的格局。

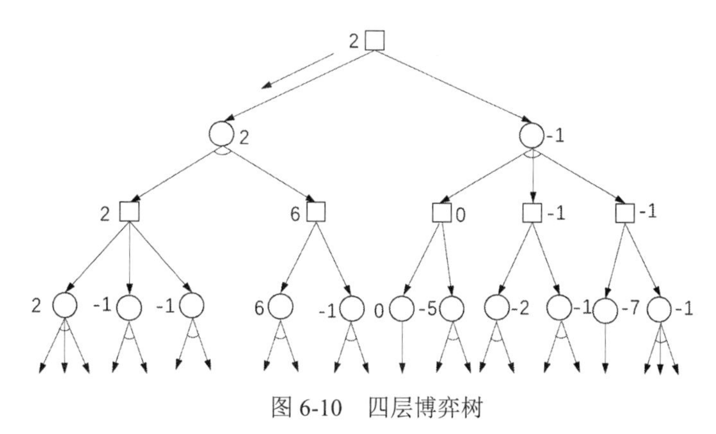

图 6-10　四层博弈树

图 6-10 中，节点处的数字在端节点是估价函数的值，通常称它为静态值，在 MIN 处取最小值，在 MAX 处取最大值，最后 MAX 选择箭头方向的走步。

【例 6-2】用一字棋来具体说明极大极小过程，设只进行两层，即每方只走一步(实际上，多看一步将增加大量的计算和存储)，如图 6-11 所示。

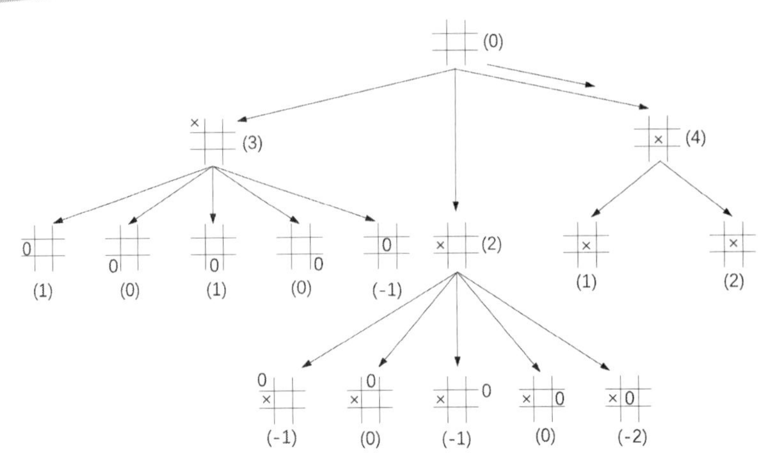

图 6-11　一字棋博弈的极大极小过程

估价函数 $e(p)$规定如下。

(1) 若格局 p 对任何一方都不是获胜，则

$$e(p)=(\text{所有空格都放上 MAX 的棋子之后三子成一线的总数})-(\text{所有空格都放上 MIN 的棋子后三子成一线的总数})$$

(2) 若 p 是 MAX 获胜，则 $e(p)=+\infty$。

(3) 若 p 是 MIN 获胜，则 $e(p)=-\infty$。

因此，若 p 为

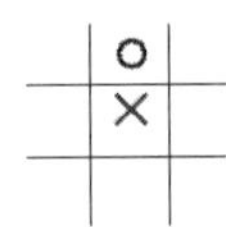

就有 $e(p)=6-4=2$，其中×表示 MAX 方，○表示 MIN 方。

在生成后继节点时，可以利用棋盘的对称性，省略从对称上看是相同的格局。

图 6-11 给出了 MAX 最初一步走法的搜索树，由于放在中间位置有最大的倒推值，故 MAX 第一步就选择它。

2. $\alpha-\beta$过程

以上讨论的极大极小过程先生成一棵博弈树，而且会生成规定深度内的所有节点，然后再进行估值的倒推计算，这样使得生成博弈树和估计值的倒推计算两个过程完全分离，因此搜索效率较低。如果能一边生成博弈树，一边进行估值计算，则可以不必生成规定深度内的所有节点，以减少搜索的次数，这就是下面要介绍的 α-β 过程。

α-β 过程就是把生成后继和倒推值估计结合起来，及时剪掉一些无用的分枝(即避免生成无用分枝)，以此提高算法的效率。

【例 6-3】继续用一字棋来说明。将图 6-11 左边所示的一部分重画在图 6-12 中。

图 6-12 展示了 β 值小于等于父节点的 α 值时的情况。实际上，当某个 MIN 的 β 值不大于它先辈的 MAX 节点(不一定是父节点)的 α 值时，MIN 节点就可以停止向下搜索。

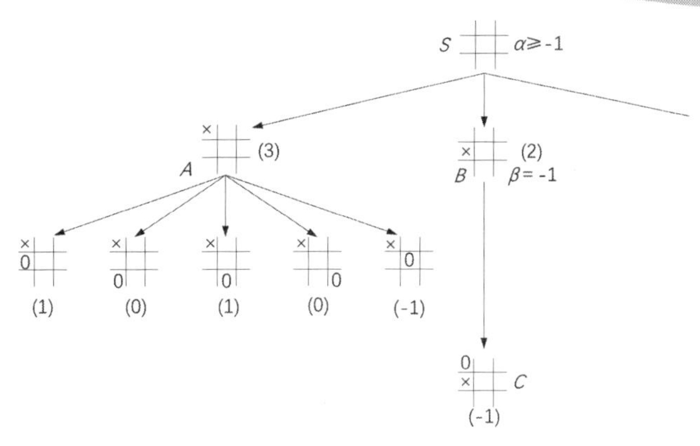

图 6-12　一字棋博弈的 $\alpha-\beta$ 过程

同样，当某个节点的 α 值大于等于它的先辈 MIN 节点的 β 值时，该 MAX 节点就可以停止向下搜索。

通过上面的讨论可以看出，$\alpha-\beta$ 过程首先使搜索树的某一部分达到最大深度，这时计算出某些 MAX 节点的 α 值，或者是某些 MIN 节点的 β 值。随着搜索的继续，不断修改祖先节点的 α 或 β 值。对任一节点，当其某一后继节点的最终值给定时，就可以确定该节点的 α 或 β 值。当该节点的其他后继节点的最终值给定时，就可以对该节点的 α 或 β 值进行修正。

注意 α，β 值修改有以下规律：

① MAX 节点的 α 值永不下降。

② MIN 节点的 β 值永不增加。

因此可以利用上述规律进行剪枝，一般可以停止对某个节点搜索，即剪枝的规律表述如下。

(1) 若任何 MIN 节点的 β 值小于或等于任何它的先辈 MAX 节点的 α 值，则可停止 MIN 节点之下的搜索，这个 MIN 节点的最终倒推值即为它已得到的 β 值。该值与真正的极大极小值的搜索结果的倒推值可能不相同，但是对开始节点而言，倒推值是相同的，使用它选择的走步也是相同的。

(2) 若任何 MAX 节点的 α 值大于或等于它的先辈 MIN 节点的 β 值，则可以停止该 MAX 节点之下的搜索，这个 MAX 节点处于的倒推值即为它已得到的 α 值。

当满足规划(1)而减少了搜索时，我们说进行了 α 剪枝；当满足规则(2)而减少了搜索时，我们说进行了 β 剪枝。保存 α 和 β 值，并且一旦可能，就进行剪枝的整个过程通常称为 α-β 过程，当初始节点的全体后继节点的最终倒推值全部给出时，上述过程便结束。在搜索深度相同的条件下，采用这个过程获得的结果总与简单的极大极小过程的结果是相同的，区别只在于 α-β 过程通常只用较少的搜索便可以找到一个理想的走步。

6.3.5　高级搜索

1. 爬山法

爬山法(hill-climbing)搜索是一种最基本的局部搜索。它像在地图上进行登高一样，一直向值增加的方向持续移动，在到达一个“峰顶”时终止，并且在相邻状态中没有比它更高的值。爬山法是深度优先搜索的改进算法。在这种方法中，使用某种贪心算法决定在搜索空间中向哪个方向搜索。由于爬山法总是选择往局部最优的方向搜索，因此可能会有“无解”的风险，而且找到的解不一定是最优解。但是，爬山法比深度优先搜索的效率高很多。

此外，爬山法还有一个很大的优点，就是它对存储空间的要求非常低，它只需要存储当前状态，并不需要把它走过的节点都记录下来。所以它对于现实世界的问题，尤其是无限空间状态的问题是很有实用性的，也就是说它可以用来解决一些实际的大问题。

【例 6-4】利用八皇后问题举例说明爬山法算法。

局部搜索算法通常使用完全状态形式化，即每个状态都表示为在棋盘上放八个皇后，每列各一个。后继函数放的是移动一个皇后到和它同一列的另一个方格中的所有可能的状态(因此，每个状态有 $8\times7=56$ 个后继)。启发式函数 h 是可以彼此攻击的皇后对的数量，无论中间是否有障碍。该函数的全局最小值是 0，仅在找到完美解时才能找到这个值，图 6-13 左图所示显示了一个 $h=17$ 的状态。图中还显示了它的所有后继的值，最好的后继是 $h=12$。爬山法算法通常在最佳后继的集合中随机选择一个进行扩展。

18	12	14	13	13	12	14	14
14	16	13	15	12	14	12	16
14	12	18	13	15	12	14	14
15	14	14	Q	13	16	13	16
Q	14	17	15	Q	14	16	16
17	Q	16	18	15	Q	15	Q
18	14	Q	15	15	14	Q	16
14	14	13	17	12	14	12	18

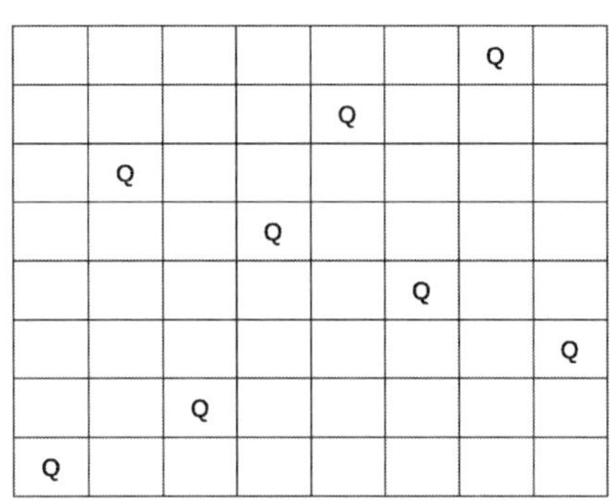

图 6-13　八皇后问题的爬山法搜索示意图

爬山法有时称为贪婪局部搜索，因为它只是选择邻近状态中最好的一个，而事先不考虑下一步。尽管贪婪算法是盲目的，但往往是有效的。爬山法能很快朝着解的方向进展，因为它通常很容易改变一个坏的状态。例如，从图 6-13 左图中的状态，只需要 5 步就能达到图 6-13 右图中的状态，它的 $h=1$，这基本上很接近于解了。但爬山法经常会遇到以下几个问题。

① 局部极大值：局部极大值是一个比它的每个邻近状态值都高的峰值，但是比全局最大值要低。爬山法算法到达局部极大值附近就会被拉向峰顶，然后卡在局部极大值处无处可走。更具体地，图 6-13 右图中的状态事实上是一个局部极大值(即函数 h 的局部极小值)。不管移动哪个皇后，得到的情况都会比原来差。

② 山脊：山脊造成的是一系列的局部极大值，贪婪算法处理这种情况是很难的。

③ 平顶区：平顶区是在状态空间地形图上评估函数值平坦的一块区域。它可能是一块平的局部极大值，不在上山的出路，或者是一个山肩，从山肩还有可能取得进展。爬山法搜索可能无法找到离开高原的道路。

针对爬山法的不足，有许多变化的形式。例如，随机爬山法，它在上山移动中随机地选择下一步；选择的概率随上山移动的陡峭程度而变化。这种算法通常比最陡上升算法的收敛速度慢很多，但是在某些状态空间地形图上能找到更好的解。再如，首选爬山法，它在实现随机爬山法的基础上，采用的方式是随机地生成后继节点，直到生成一个优于当前节点的后继。这个算法在有很多后继节点的情况下有很好的效果。

2. 模拟退火

模拟退火算法(simulated annealing，SA)的思想最早是由Metropolis等于1953年提出的。1983年，Kirkpatrick等将其用于组合优化。模拟退火算法是基于Mente Carlo迭代求解策略的一种随机寻优算法，其出发点是基于物理中固体物质的退火过程与一般组合优化问题之间的相似性。物质在加热的时候，粒子间运动减弱，并逐渐趋于有序，最后达到稳定。

模拟退火的解不像局部搜索那样依赖初始点。它引入了一个接受概率 p。如果新的点目标函数更好，则 $p=1$，表示选取新点；否则，接受概率 p 是当前点，新点的目标函数以及另一个控制参数“温度” T 的函数。也就是说，模拟退火没有像局部搜索那样每次都贪婪地寻找比现在好的点，目标函数差一些的点也有可能接收进来。随着算法的执行，系统温度 T 逐渐降低，当温度最终没有发生变化时终止。模拟退火算法是一种通用的搜索、优化算法，目前已在工程中得到广泛应用，如VLSI(超大规模集成电路)、生产调度、机器学习等。

(1) 模拟退火的基本思想。模拟退火算法最早是针对组合优化提出的，其目的在于：

① 为具有NP复杂性的问题提供有效的近似求解算法。

② 克服优化过程陷入局部极小。

③ 克服初值依赖性。

模拟退火算法的基本思想基于物理退火过程，因此我们首先简单介绍物理退火过程。简单而言，物理退火过程由以下3部分组成。

① 加温过程。其目的是增强粒子的热运动，使其偏离平衡位置。当温度足够高时，固体将熔解为液体，从而消除系统原先可能存在的非均匀状态，使随后进行的冷却过程以某一平衡态为起点。熔解过程与系统的熵增过程相联系，系统能量也随温度的升高而增大。

② 等温过程。物理学的知识告诉我们，对于与周围环境交换热量而温度不变的封闭系统，系统状态的自发变化总是朝自由能减少的方向进行。当自由能达到最小时，系统达到平衡态。

③ 冷却过程。其目的是使粒子的热运动减弱并渐趋有序，系统能量逐渐下降，从而得到低能的晶体结构。

固体在恒定温度下达到热平衡的过程可以用Monte Carlo方法模拟，虽然该方法简单，但必须大量采样才能得到比较精确的结果，因而计算量很大。鉴于物理系统倾向于能量较低的状态，而热运动又妨碍它准确落到最低态，那么采样时着重取有重要贡献的状态则可以较快达到较好的结果。因此，Metropolis等在1953年提出了重要性采样法，即以概率接受新状态。具体而言，在温度 t，由当前状态 i 产生新状态，两者的能量分别为 E_i 和 E_j，

若 $E_i < E_j$，则接受新状态 j 为当前状态；否则，若概率 $p_r = \exp[-(E_j - E_i)/kt]$ 大于[0, 1]区间内的随机数，则仍旧接受新状态 j 为当前状态，若不成立，则保留状态 i 为当前状态，其中 k 为 Boltzmann 常数。当这种过程多次重复，即经过大量迁移后，系统将趋于能量较低的平衡态，各种状态的概率分布将趋于某种正则分布，如 Gibbs 正则分布。同时，我们也可以看到这种重要性采样过程在高温下可接受与当前状态能量差较大的新状态，而在低温下基本只接受与当前能量差较小的新状态，这与不同温度下热运动的影响完全一致，而且当温度趋于零时，就不能接受比当前状态能量高的新状态。这种接受准则通常称为 Metropolis 准则，它的计算量相对 Monte Carlo 方法要显著减少。

(2) 模拟退火算法。1983 年，Kirkpatrick 等意识到组合优化与物理退火的相似性，并受到 Metropolis 准则的启迪，提出了模拟退火(SA)算法。SA 算法是基于 Monte Carle 迭代求解策略的一种随机寻优算法，其出发点是基于物理退火过程与组合优化之间的相似性。SA 由某一较高初温开始，利用具有概率突跳特性的 Metropolis 抽样策略在解空间中进行随机搜索，伴随温度的不断下降重复抽样过程，最终得到问题的全局最优解。

标准模拟退火算法的一般步骤可描述如下：

(1) 给定初温 $t=t_0$，随机产生初始状态 $s=s_0$，令 $k=0$。
(2) Repeat：
  (2.1)Repeat：
    (2.1.1)产生新状态 sj=Generate(s)：
    (2.1.2) if $\min(1, \exp[-(C(S_j)-C(S))、t_k]) \geqslant \text{random}[0,1]$ $s=s_j$;
    (2.1.3) Until 抽样稳定准则满足;
  (2.2)退温 t_{k+1}=update(t_k)，并令 $k=k+1$;
(3) Until 算法终止则满足。
(4) 输出算法搜索结果。

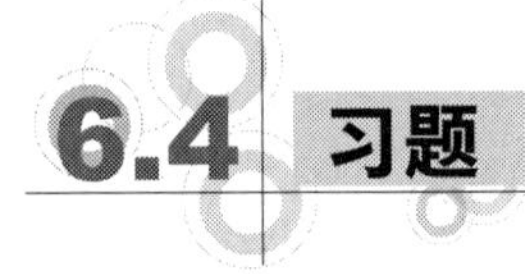

6.4 习题

1. 简述什么是人工智能。
2. 为什么能够用机器(计算机)模仿人类的智能？
3. 你认为应从哪些层次对认知行为进行研究？
4. 未来人工智能可能的突破有哪些方面？

第7章

机器学习

问题导入

机器也会学习

在生活中，无论是钢琴演奏还是外语交流，人们都能通过不断地学习来逐步提升相应的专业技能。类似地，机器学习也是一个过程，在这个过程中，计算机通过阅读训练数据来提炼有意义的信息。在早期研究中，人们提出了一个问题：机器可以思考吗？如果计算机能够执行学习所需的分析推理的算法，那么这将对解决这个问题大有裨益，因为大多数人认为学习是思维的重要组成部分。毫无疑问，机器学习有助于克服人类在知识和常识方面的瓶颈，因此许多人将机器学习视为人工智能的梦想。

7.1 机器学习概述

机器学习是一门从数据中研究算法的多领域交叉学科，主要研究计算机如何模拟或实现人类的学习行为，使其根据已有的数据或以往的经验进行算法选择、构建模型、预测新数据，并重新组织已有的知识结构使之不断改进自身的性能。

7.1.1 机器学习的基本概念

传统编程模式如图 7-1 所示。从图 7-1 可以看出，传统编程其实是基于规则和数据的，目的是快速得到一个答案。这里的规则一般是指我们熟悉的数据结构与算法，是计算机程序的核心。当规则确定后，将需要处理的数据输入计算机，计算机充分发挥其计算能力的优势，快速得到一个答案，输出给用户。一般而言，当规则制定后，对于每一次输入的数据，计算机程序输出的答案应该也是唯一确定的，这就是传统编程模式的特点。

机器学习模式又是怎样的呢？我们同样用一个基本模型将其表述出来，如图 7-2 所示。

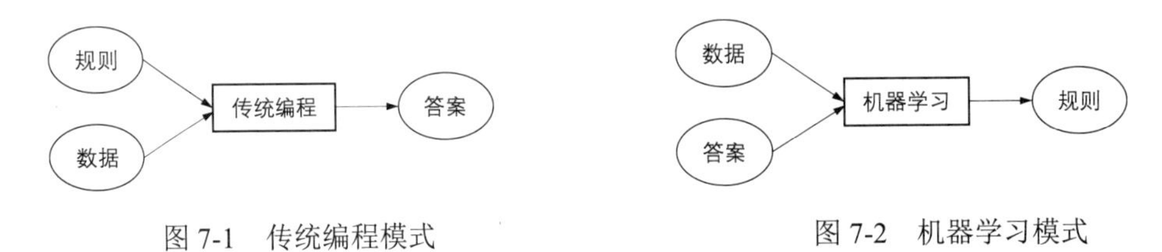

图 7-1　传统编程模式　　　　图 7-2　机器学习模式

从图 7-2 可以看出，机器学习模式其实是从已知的数据和答案中寻找出某种规则。也就是说，机器学习是利用输入的数据和对应的答案，去寻找满足这样一种答案的数据背后的某种规则。

综上所述，机器学习是以计算机为工具和平台，以数据为研究对象，以学习方法为中心，是概率论、线性代数、信息论、最优化理论和计算机科学等多个领域的交叉学科。其研究一般包括机器学习方法、机器学习理论、机器学习应用三个方面。

(1) 机器学习方法的研究，旨在开发新的学习方法。

(2) 机器学习理论的研究，旨在探求机器学习方法的有效性和效率。

(3) 机器学习应用的研究，主要考虑将机器学习模型应用到实际问题中去，解决实际的业务问题。

7.1.2 机器学习的意义

机器学习在人工智能的研究中具有十分重要的地位。一个不具有学习能力的智能系统难以称得上是一个真正的智能系统，但是以往的智能系统都普遍缺少学习的能力。例如，它们遇到错误时不能自我校正；不会通过经验改善自身的性能；不会自动获取和发现所需要的知识。它们的推理仅限于演绎而缺少归纳，因此至多只能够证明已存在事实、定理，而不能发现新的定理、定律和规则等。随着人工智能的深入发展，这些局限性表现得愈加突出。正是在这种情形下，机器学习逐渐成为人工智能研究的核心之一。它的应用已遍及人工智能的各个分支，如专家系统、自动推理、自然语言理解、模式识别、计算机视觉、智能机器人等领域。其中尤其典型的是专家系统中的知识获取瓶颈问题，人们一直在努力试图采用机器学习的方法加以克服。

7.2 机器学习的分类

机器学习的分类方式有很多种，其中按学习方式不同，可分为有监督学习、无监督学习和强化学习。

7.2.1 有监督学习

有监督学习(supervised learning)，简称监督学习，是指基于一组带有结果标注的样本训练模型，用该模型对新的未知结果的样本作出预测。通俗点讲，就是利用训练数据学习得到一个将输入映射到输出的关系映射函数，然后将该关系映射函数使用在新实例上，得到新实例的预测结果。例如，某商品以往的销售数据可以用来训练商品的销量模型，该模型可以用来预测该商品未来的销量走势。常见的监督学习任务是分类(classification)和回归(regression)。

(1) 分类。当模型用于预测样本所属类别时，就是一个分类问题，例如，区别图片中的对象是猫还是虎。

(2) 回归。当所要预测的样本结果为连续数值时，就是一个回归问题，例如，预测某支股票未来一周的价格趋势。

7.2.2 无监督学习

无监督学习(unsupervised learning)是人工智能网络的一种算法(algorithm)，其目的是对原始资料进行分类，以便了解资料内部结构。在无监督学习中，训练样本的结果信息是没有被标注的，即训练集的结果标签是未知的。我们的目标是通过对这些无标记训练样本的学习来揭示数据的内在规律，发现隐藏在数据之下的内在模式，为进一步的数据处理提供基础，此类学习任务中比较常用的就是聚类(clustering)和降维(dimension reduction)。

(1) 聚类。聚类模型试图将整个数据集划分为若干个不相交的子集，每个子集被称为一个簇(cluster)。通过划分，每个簇可能对应一些潜在的概念，如一个簇表示一个潜在的类别。聚类问题既可以作为一个单独的过程，用于寻找数据内在的分布结构，又可以作为分类等其他学习任务的前驱过程，用于数据的预处理。假设样本集通过使用某种聚类方法后被划分为几个不同的簇，则一般我们希望不同簇内的样本尽可能不同，而同一簇内的样本尽可能相似。

(2) 降维。在实际应用中，我们经常会遇到样本数据的特征维度很高但数据很稀疏，并且一些特征可能还是多余的、对任务目标并没有贡献的情况，这时机器学习任务会面临一个比较严重的障碍，我们称之为维数灾难(curse of dimensionality)。维数灾难不仅会导致计算困难，还会对机器学习任务的精度造成不良影响。缓解维数灾难的一个重要途径就是降维，即通过某些数学变换关系，将原始的高维空间映射到另一个低维的子空间，在这个子空间中，样本的密度会大幅提高。一般来说，原始空间的高维样本点映射到低维子空间后会更容易进行学习。

7.2.3 强化学习

强化学习(reinforcement learning)是基于试错的学习方式，它源于行为智能，试图通过这种学习手段使机器获得正确行为的能力，在其感知到的外界环境与其应采取的行动之间建立最优的映射关系。强化学习是从动物学习、参数扰动自适应控制等理论发展而来的。它把学习过程看作是一个试探评价过程，强化学习模式如图 7-3 所示。

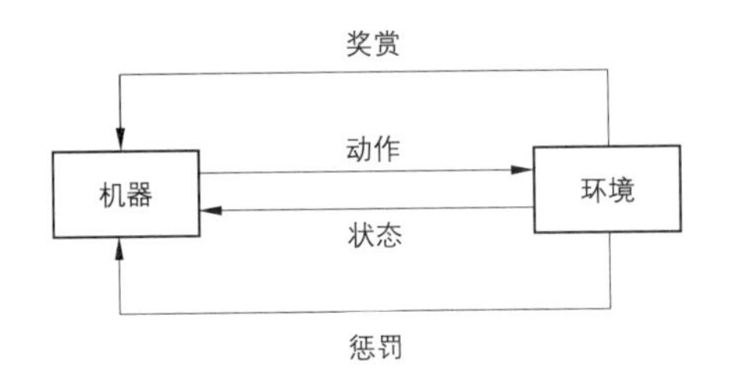

图 7-3 强化学习模式示意

机器先选择一个作用于环境的初始动作，环境接收到该动作后状态发生变化，同时产生一个强化信号(奖赏或惩罚)反馈给机器，机器再根据强化信号和环境当前状态选择下一个动作，训练的原则是使机器受到正强化(奖赏)的概率增大。通俗地讲，就是让机器自己不断去尝试和探测，采取一种趋利避害的策略，通过不断地试错和调整，最终发现哪种行为能够产生最大的回报，从而学习出一套较为理想的处理问题的模式，当以后再面临一些问题时，它就可以很自然地采用这种最佳模式去处理和应对。

强化学习是一种重要的机器学习方法，在智能控制机器人及分析预测等领域有许多应用，比如在围棋界打败人类世界冠军的 AlphaGo，就运用了强化学习。

7.3 机器学习系统

7.3.1 机器学习方法的三要素

机器学习方法由模型、策略和算法三要素构成，可以简单表示为：

机器学习方法＝模型+策略+算法

1. 模型

我们用一个例子来介绍什么是模型。

【例 7-1】假设我们现在要帮助某银行建立一个模型，用于判断是否可以给某个用户办理信用卡，我们可以获得用户的性别、年龄、学历、工作年限和负债情况等基本信息，如表 7-1 所示。

表 7-1　用户信用模型数据

特征 用户	性别	年龄	学历	工作年限	负债情况(元)
用户 1	男	27	本科	1	0
用户 2	女	32	本科	2	10 000
用户 3	女	23	高中	1	0
用户 4	男	34	硕士	2	5000
……	……	……	……	……	……
用户 K	男	43	博士	5	1000

如果将用户的各个特征属性数值化(比如性别男女分别用 1 和 2 来代替，学历特征高中、本科、硕士、博士分别用 1、2、3、4 来代替)，然后将每个用户看作一个向量 x_i，其中 $i=1, 2, \cdots, K$，向量 x_i 的维度就是第 i 个用户的性别、年龄、学历、工作年限和负债情况等特征，即

$$x_i=\left(x_i^{(1)},x_i^{(2)},\cdots,x_i^{(j)},\cdots,x_i^{(N)}\right)$$

那么一种简单的判别方法就是对用户的各个维度特征求一个加权和，为每一个特征维度赋予一个权重 $w_j(j=1, 2, \cdots, N, N$ 取正整数)，当这个加权和超过某一个门限值(threshold)时，就判定可以给该用户办理信用卡，低于门限值就拒绝办理。

2. 策略

训练集指的是一批已经知道结果的数据，它具有和预测集相同的特征，只不过它比预测集多了一个已知的结果项。仍以表 7-1 所示为例，它对应的训练集可能如表 7-2 所示。

表 7-2　用户信用模型数据(训练集)

特征 用户	性别	年龄	学历	工作年限	负债情况(元)	是否同意办卡(0-不同意,1-同意)
用户 1	男	27	本科	1	0	0
用户 2	女	32	本科	2	10 000	1
用户 3	女	23	高中	1	0	1
用户 4	男	34	硕士	2	5000	0
……	……	……	……	……	……	……
用户 K	男	43	博士	5	1000	1

要从给定结果的训练集中学习出模型的未知参数 w_j，$j=1,2,\cdots,N$，我们采取的策略是

为模型定义一个“损失函数(loss function)”，也称作“风险函数”。该损失函数可用来描述每一次预测结果与真实结果之间的差异。

3. 算法

通过定义损失函数并采用最小化损失函数策略，我们成功地将上面的问题转化为一个最优化问题，接下来我们的目标就是求解该最优化问题。

求解最优化问题的算法很多，最常用的就是梯度下降法。

7.3.2　机器学习系统的基本结构

机器学习系统的基本结构如图 7-4 所示。

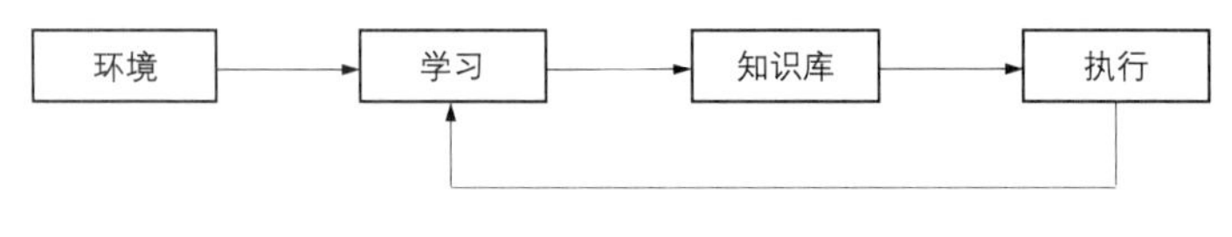

图 7-4　机器学习系统的基本结构

环境向系统的学习部分提供某些信息，学习部分利用这些信息修改知识库，以增进系统执行部分完成任务的效能，执行部分根据知识库完成任务，同时将获得的信息反馈给学习部分。在具体的应用中，环境、知识库和执行部分决定了具体的工作内容，学习部分需要解决的问题完全由上述 3 部分确定。

影响机器学习系统设计的最重要的因素是环境向系统提供的信息。知识库中存放的是指导执行部分动作的一般原则，但环境向学习系统提供的信息却是各种各样的。如果信息的质量比较高，与一般原则差别比较小，则学习部分就比较容易处理。如果向机器学习系统提供的是杂乱无章的指导执行具体动作的具体信息，则机器学习系统需要在获得足够数据之后，删除不必要的细节，进行总结推广，形成指导动作的一般原则，放入知识库。这样，学习部分的任务就比较繁重，设计起来也较为困难。

因为机器学习系统获得的信息往往是不完全的，所以其进行的推理并不完全是可靠的，它总结出来的规则可能正确，也可能不正确，这要通过执行效果加以检验。正确的规则能使系统效能得到提高，应予保留；不确定的规则应予修改或从数据库中删除。

知识库是影响机器学习系统设计的第二个因素。知识的表示有多种形式，如特征向量、一阶逻辑语句、产生式规则、语义网络等。这些表示方式各有其特点，在选择表示方式时要兼顾以下几个方面。

(1) 表达能力强。例如，如果研究一些孤立的木块，则可选用特征向量表示方式，用(<颜色>，<形状>，<体积>)形式的向量表示木块。用一阶逻辑公式描述木块之间的相互关系，如用公式 $\exists x \exists y(RED(x) \wedge GREEN(y) \wedge ONTOP(x,y))$ 表示一个红色的木块在一个绿色的木块上面。

(2) 易于推理。例如，在推理过程中经常会遇到判别两种表示方式是否等价的问题。在特征向量表示方式中，解决这个问题比较容易；在一阶逻辑表示方式中，解决这个问题要花费较高的计算代价。因为机器学习系统通常要在大量的描述中查找有效信息，很高的计算代价会严重影响查找范围。因此，如果只研究孤立的木块而不考虑相互位置，则应该使用特征向量表示。

(3) 容易修改知识库。机器学习系统的本质要求它不断地修改自己的知识库，推广后得出的一般执行规则，要加到知识库中去。当发现某些规则不适用时，要将其删除。因此，机器学习系统的知识表示一般都采用明确、统一的方式，如特征向量、产生式规则等，以利于知识库的修改。新增加的知识可能与知识库中原有的知识相矛盾，因此有必要对整个知识库作全面调整。删除某一知识也可能使其他知识失效，因此需要进一步作全面检查。

(4) 知识表示易于扩展。随着系统学习能力的提高，单一的知识表示已经不能满足需要，一个系统可能同时需要使用几种知识表示方式。有时还要求系统自己能够构造出新的表示方式，以适应外界信息不断变化的需要。因此，要求系统包含如何构造表示方式的元级描述。现在，人们把这种元级知识也看成知识库的一部分。这种元级知识使机器学习系统的能力得到极大提高，使其能够学会更加复杂的东西，不断地扩大它的知识领域和执行能力。

机器学习系统不能在全然没有任何知识的情况下进行，每一次学习都要求具有某些知识，以理解环境提供的信息，分析比较，作出假设然后检验并修改这些假设。因此，机器学习系统是对现有知识的扩展和改进。

7.4 机器学习的步骤

机器学习作为人工智能的一个分支，基本上是一种算法或模型，可以通过“学习”来改善自身，进而变得越来越精通执行各种任务。机器学习的应用正在迅速发展，已成为医学、电子商务、银行等诸多领域不可或缺的一部分。

7.4.1 机器学习的一般过程

电子邮件这种低成本的信息传输渠道，在为人们的生活和工作带来极大便利的同时，也被一些商家和别有用心的人用来传递各种垃圾信息。因此，现在的电子邮件服务商在注重速度、容量和稳定性等性能指标之外，也将如何为用户过滤掉垃圾邮件，最大限度地避免用户受到骚扰作为重要的功能指标之一。不过这并非一个容易解决的问题，虽然人们可以轻易地区分一封邮件是有意义的还是无意义的，但是却很难总结出一个评测垃圾邮件的准则，这种很难摸索出规律性却可以进行统计的问题，很符合用统计机器学习方法来解决问题的特征。

【例 7-2】设计一个基于机器学习的邮件过滤系统，通过分析一系列事先已经被用户标注为有意义邮件或垃圾邮件的记录，得到一个邮件的判别模型，以分辨出新收到的邮件是否属于垃圾邮件。应用对机器学习要素的定义，这个机器学习过程的任务、度量和经验可以分别定义如下。

(1) T(执行任务)：判别是否是垃圾邮件。

(2) P(性能度量)：成功过滤出垃圾邮件占所有邮件的百分比，以及非垃圾邮件被误判的百分比。

(3) E(历史经验)：一组事先已经被用户标记为垃圾邮件的记录。

总体来说，机器学习中所说的模型训练，是指从真实世界的一系列历史经验中获得一个可以拟合真实世界的决策模式，这个过程通常包括图 7-5 所示的若干步骤，下面我们将按照机器学习模型的训练过程逐一讲解各个步骤要解决的问题。

训练过程的第一步是处理如何从传感器中取得数据、怎样过滤噪声这些问题，在工程上，这些都是不可或缺的工序，不过我们实战中并不会涉及这方面的内容，因为这只是工程数据采集和数据统计方面的重点，而并非机器学习理论的主要关注点。我们将会聚焦在挑选哪些数据的特征属性用来建立模型、根据何种策略选择模型、如何优化模型参数，以及如何测试模型这样的问题上。

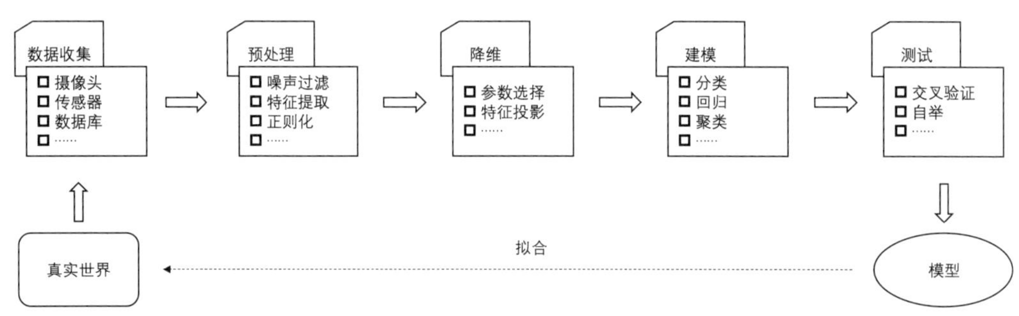

图 7-5 机器学习的一般过程

从图 7-5 可以看出，整个机器学习的训练过程——不论经过哪些步骤，每个步骤的作用和目的是什么，最终的目的都是获得一个高性能模型，用来拟合真实世界的结果。那么首先需要明确的问题就是：机器学习训练过程的产出物，即所谓的“模型”究竟是什么？

从形式上说，模型是一个可被计算的、有输出结果的方法或函数，这个函数可能是有科学含义的，也可能没有任何含义，可能用于决策，也可能用于预测。通过机器学习训练得出的模型，有可能是可以被解释的。人类可以从模型中得知一些之前并不知道的，被计算机从数据中挖掘出来的新规律、新知识，这种模型不仅对计算机有意义，也扩展了人类的知识范围。机器学习训练得到的模型更加可能是一个人类无法解释的“黑盒”，这样的模型并不包含什么严谨的逻辑规律，只是单纯对真实世界的拟合模拟，计算机只要按照这个可被运行的模型去执行，就能够把输入给模型的自然界的信息，通过模型映射得出该信息所隐含的某些特征，这些特征决定了输入数据是属于某个分类，还是对应于某个指标。例如，若把模型看作是一个决策函数 $f(x)$，它应该可以完成类似图 7-6 所示的映射。

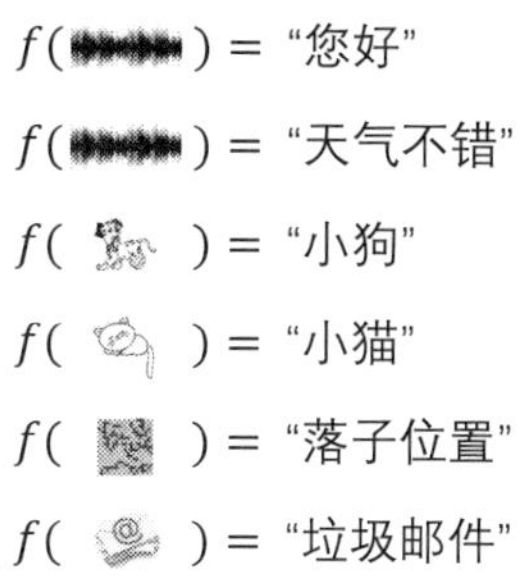

f(语音) = "您好"

f(语音) = "天气不错"

f(图片) = "小狗"

f(图片) = "小猫"

f(棋盘) = "落子位置"

f(邮件) = "垃圾邮件"

图 7-6　决策模型的输入/输出

许多人看到这个流程后，会觉得机器学习的一切步骤似乎是有迹可循、有规律可循的，从数据清洗、特征提取，到模型选择，只要按部就班地跟着操作，就能得到一个可以映射真实世界的模型。其实这是一种错觉，机器学习解决问题的过程是充满灵活性的，从如何把问题设计出来，把现实世界中的问题提炼成一个机器学习处理的问题开始，就需要处理者对问题本身有深刻的洞察。从数据清洗到特征筛选，到模型选择、模型优化，再到模型验证这些步骤，都伴随着好坏优劣的价值判断，这些判断不存在统一的标准方法，均需要处理者深入具体问题，很多情况还需要不断尝试才能得出满意的结果。目前的机器学习理论，距离实现自动化还有相当遥远的距离。

7.4.2　样本和样本空间

1. 样本

机器学习训练过程的第一步是确定建模训练样本。例 7-2 中建模的数据来源是邮件服务商已有的邮件服务器的电子邮件，每一封参与训练的电子邮件都可以视为一个训练“样本”(instance)。样本是一种包含了若干关于某些事实或对象的描述的数据结构，例如陈述句“邮件的发件人叫‘高晓光’”，这是一个描述。而像“这一封电子邮件是垃圾邮件”或者“这一封电子邮件不是垃圾邮件”，这也是一个事实描述。不过，这样的描述已是直接的结论了，不需要任何其他处理就能利用它来完成邮件分类，也就根本不需要用到机器学习来解决。对于需要用到机器学习来解决的问题，样本描述的事实通常都是间接的、隐晦的，很多情况下甚至无法用明确的语言描述出这些属性与最终结论的联系，这种描述某个隐含事实的信息，被称为样本的“属性”(attribute)。每个样本应当由若干个属性所组成，样本的属性经常也被称作这些样本的“特征”(feature)，例如一封电子邮件的特征可能会是下面的样式：

发件人　　=　“miaofa@sina.com”
标题　　　=　“这是一封测试邮件”
收件人数量 =　8
附件数量　=　3
邮件长度　=　256KB

发件人等级　=　高信用用户

……

一般来说，参与训练的每个样本的特征应当具备一致性，这是指每个特征在不同样本中所表示的含义是一样的，但并不是要求每个样本都具有全部的特征，可以允许有特征缺失。一个特征又由特征的含义和值构成，通常，每个样本相同含义的特征，它的值应该具有一样的数据结构和一致的度量单位，如果不是，应该在数据预处理阶段将它们转换成为一致的数据结构。在机器学习训练中，由于训练样本终归要交付给计算机去运算，所以会更加倾向于使用计算机可以理解的特征值来参与模型训练，如“8、3、256KB、高信用用户”这样的整型、浮点数值和枚举值，如果不是这样的特征值，那么在数据预处理阶段要进行归一化处理，转变为无量纲表达式。

2. 样本空间

我们尝试想象以下场景：假设每个样本都由收件人数量、邮件长度、附件数量三个特征构成，把这三个特征按照各个特征的数值大小分别放在一条坐标轴上。这样，每一个样本都将会在这三条坐标轴构成的三维空间中对应唯一的一个点，我们再使用一条指向这个点的线段来表示每个样本，例如“(收件人数量 = 8、附件数量 = 3、邮件长度 = 256KB)”这个样本，就将构成如图 7-7 所示的坐标。

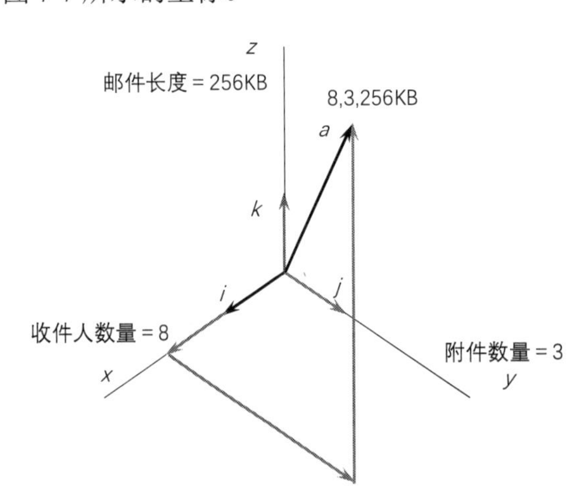

图 7-7　样本向量空间示例

这种指向空间某个点，带有方向和大小的量在线性代数中被称为“向量”(vector)，把由向量组成的空间称为“向量空间”(vector space，也叫“线性空间”)。在机器学习中，为了便于计算处理，会使用一系列的向量来代表参与训练的每一个样本，在这个语境中，我们把这种有 N 个不同特征构成坐标轴的 N 维(有多少个特征就有多少个维度)空间称为“样本空间”(instance space)或者“特征空间”(feature space)。相对应地，每一个样本被称为一个在该空间上的“特征向量”(feature vector)。

一旦把样本的表示形式从语言文字转化为数学中极为常见的向量之后，我们瞬间就拥有了大量的数学工具，如向量运算、矩阵等来处理这些样本。在本节的实战中，输入的训练数据，也已经从一封封在数据库中存储的电子邮件样本，经由人工提取出三个关键特征后(即“收件人数量”“邮件长度”“附件数量”这三个特征，是例 7-2 中随机选择的，真正如何进行特征选择是机器学习的关键内容之一)，形成一组由 N 个特征向量组成的集合：

$$T = \{(x_{11}, x_{12}, x_{13}),\ (x_{21}, x_{22}, x_{23}),\ (x_{31}, x_{32}, x_{33}),\ \cdots,\ (x_{n1}, x_{n2}, x_{n3})\}$$

在进行数据收集的阶段，根据不同的学习任务，有可能仅仅收集样本本身就足够了，也可能除了收集样本外，还要给样本更进一步附带上一项“标记”(label)信息，标记描述了这个样本所代表的那个隐含事实或者对象，也就是“结论”。在例 7-2 中，样本是邮件的全部数据，对应标记信息就是“此邮件是否是垃圾邮件”这个事实的描述。当样本带有标记信息后，这两项信息的组合就称为一个“样例”(example)。

例 7-2 所做的是电子邮件分类系统，是最典型的分类任务。分类任务通常是在样例数据上完成训练的学习任务类型，因此，我们准备的邮件样本需要进一步给出标注信息，把样本变成样例。在训练集向量中，也加入 y 项来表述标记信息，那么参与训练的样例集合形式如下。

$$T = \{(x_{11}, x_{12}, x_{13}, y_1),\ (x_{21}, x_{22}, x_{23}, y_2),\ (x_{31}, x_{32}, x_{33}, y_3),\ \cdots,\ (x_{n1}, x_{n2}, x_{n3}, y_n)\}$$

7.4.3 任务分类

数据收集的结果所获得的是“样本”还是“样例”，很大程度上决定了机器学习能够完成哪些工作任务。如果仅仅是以一组样本来构造训练集，那这种机器学习一般会去做“聚类”方面的任务。聚类是指机器通过训练集中获得的特征，自动把输入集合中的样本分为若干个分组(cluster，簇，此处理解为“分组”即可)，使得每个分组中存放具有相同或相近特征的样本。例如，现在淘宝、京东等购物网站，会根据用户的年龄、地域、消费行为等特征，刻画出消费者的用户画像模型，进而划分出不同的用户群体，以便采取对应的广告和商品推荐策略，这就是一种聚类分析。聚类通常是为了发现数据的内在规律，将同类的数据放到一起，为进一步深入分析和处理建立基础。我们将以样本数据作为训练集的机器学习过程称为“无监督学习”。

如果像邮件过滤系统的例子那样，以若干个样例来构成训练集，那机器学习的任务通常会是“分类”和“回归”。一般来说，既然都有标记信息了，肯定就没有必要再专门去做聚类了，因为标记所带的信息就可以作为聚类的直接依据。

“分类”和“回归”都是典型的机器学习任务类型，总体而言，分类和回归都是根据样例训练集中得出的历史经验来推断新输入给模型的样本是否属于某一类，或者某种隐含特征的强度如何，使得机器可以代替人工，自动找出新输入数据的标签信息。

分类和回归的主要差别是，分类做的是定性分析，输出的是离散变量的预测，而回归做的是定量分析，输出的是连续变量的预测。例如在邮件分类中，如果我们判别垃圾邮件这个任务所期望的输出是一封邮件“是”或者“不是”垃圾邮件，那这个便是一个分类任务，而如果我们期望的输出是一封邮件“属于垃圾邮件的概率”有多大，那这就属于一个回归任务。分类的目标一般是用于寻找决策边界，用于做出决策支持，而回归的目标大多是希望找到与事实相符的最优化拟合，用于做事实模拟。这类以样例数据作为训练集的机器学习任务，被称为“有监督学习”。

在机器学习中还流行另一大类任务类型，即强化学习，这是目前以行为主义学派思想来指导机器学习的任务类型。无论训练集是由样本还是由样例构成，监督学习和非监督学习都是从历史经验之中学习，而强化学习并不主要依赖于历史经验，它是一种基于环境对行为收益的评价来改进自身的模型。强化学习的学习过程就好比婴儿牙牙学语，婴儿出生时脑海中对人类语言一无所知，在语言学习过程中，婴儿最初是发出完全随机的声音，例如，婴儿肚子饿的时候，他发出的声音又恰巧被大人注意到，并且猜测到他发出声音的意图是表达“我饿了”这个信息，然后给予投喂，下次婴儿再感到饥饿时也会再次发出类似的声音。强化学习过程需要的不是“历史数据”，而是一位“裁判”或“老师”，用来给行为进行打分评价，并对正确的行为给予激励，对错误的行为给予惩罚。

当前，许多著名的人工智能项目都是在强化学习的基础上实现的，如与李世石对弈之后，AlphoGo 的开发团队 DeepMind 就曾经宣布，为了获得更好的效果，将放弃所有人类对弈图谱，抛弃掉全部历史数据，从零开始，完全以机器对弈的方式训练最新版的 AlphoGo。由于围棋棋盘上每步落子的正确与否，是可以从最终胜负的结果得出的，所以新版 AlphoGo 的训练过程，也是一种强化学习的思路。此外，从玩游戏到无人驾驶的训练等也都是基于强化学习完成的。

7.4.4 数据预处理

在对样本、样例和机器学习主要的任务类型了解之后，我们的邮件过滤系统实战已经可以正式进入训练阶段了。这个阶段第一步要做的就是对数据进行“预处理”(preprocessing)，预处理是数据规范化和筛选的过程，目的是保证数据是正确的，并且是合适的，以便后续建立模型、优化模型等步骤中可以得到高质量的数据输入。保证数据是正确的部分，称为“数据清洗”(data cleansing)，而保证数据是合适的部分，称为“特征选择”(feature selection)。

“数据清洗”容易理解，在实践中，样本数据可能来源于数据库、传感器、摄像头等多种测量设备，人们可能以各种不同的方法去收集数据，这样导致的结果是样本本身或者某个特征值会包含一定的误差、缺失或者错误，这种现象称为数据里含有“噪声”(noise)。另一个问题是不同输入来源收集到的数据在数据结构、特征值的单位、表示精度等方面都存在不一致，这就要求我们对数据进行“规范化”(normalization)处理，以保证它们在结构上一致，如去除数据的单位限制，将其转化为无量纲的纯数值，便于不同单位或量级的指标能够进行比较和加权。

机器学习中的数据清洗与传统数据挖掘中的清洗并没有什么不同，根据需要，大致会进行以下操作，以解决原始数据中不完整、含有噪声、不一致的问题，只有高质量的数据才能带来更高质量的预测和决策结果。

(1) 数据集成。将多个数据源中获得的数据结合起来，形成一致的结构，存放在一个一致的数据存储中。

(2) 基础清洗操作。如对数据进行基本的去重过滤。

(3) 分层采样。对于样本数据较多，各样本之间差异较大的情况，会通过不同的办法保证采样平衡，抽出具有代表性的调查样本，增大各类型样本间的共同性。

(4) 数据分配。将数据集按照一定比例，分割为训练集、验证集、测试集等几个部分。

(5) 数据规范化。例如将量纲表达式转化为纯量表达式(可简单理解成把数据“去掉单位”，如 10cm 和 1dm，归一化之后是一样的)，然后缩放到同一数量级(典型的如 0 到 1 之间)，提升指标之间的可比较性。

(6) 平滑化。缩小数据在统计下的噪声差异，典型的一种平滑化操作是分箱。分箱实际上就是按照属性值把样本划分到不同的子区间，如果一个属性值处于某个子区间，就把该属性值放进这个子区间所代表的“箱子”内。在处理数据时采用特定方法分别对各个箱子中的数据进行处理。

(7) 数据填补。典型的如 ID 生成、使用统计算法替换缺失的观察值等。

……

以上这些数据清洗的具体操作方法，在数据挖掘方面的书籍中有详细的介绍，本书不再详细阐述。预处理过程中与机器学习关系比较密切的步骤是“特征选择”。所谓特征选择，是指我们应该放弃对结果影响轻微的特征，挑选出对结果有决定性影响的关键特征，提供给建模阶段作为模型输入使用。

为什么不能采用样本所有的属性参与模型建造呢？如果实际情况和我们的实战案例类似，只有三五个特征的话，那么不做特征选择也是可行的。但是，现实中收集到的数据拥有几十个乃至更多的特征项，因此特征选择是必不可少的。如果一个模型需要用到几十个特征作为参数，就意味着往往需要数十亿乃至更大规模的样本才有可能训练出理想的结果，这个比例看上去非常惊人，可只要按照简单的情况测算一下，便可得出类似的结论：假如样本有 30 个特征项，即使每项特征值都是最简单的布尔类型，那样本空间中不同的向量就有 2^{30} 个，这已经超过 10 亿种取值的可能性，我们需要多少训练数据才能在这样的样本空间中描绘出样本的分布特点呢？

从更一般化的角度来看，模型的输入每增加一个特征，便给模型的决策函数引入一个新的参数项，这会让决策函数所处的问题空间相应地提升一个维度。训练集数据量相同的情况下，在越高维空间中，数据就越稀疏，空间的维度提升太快，可用数据就变得过于稀疏，而过于稀疏的数据，会使其从大多数角度都看不出相似性，因而平常使用的数据组织策略就变得极其低效，这个现象在机器学习中称为“维度灾难”。

图 7-8 反映了当样本空间从一维提升到三维，相同数据量的训练测试数据占整个空间的比重，可见这个比重会迅速下降，这就是训练数据变得稀疏的过程。

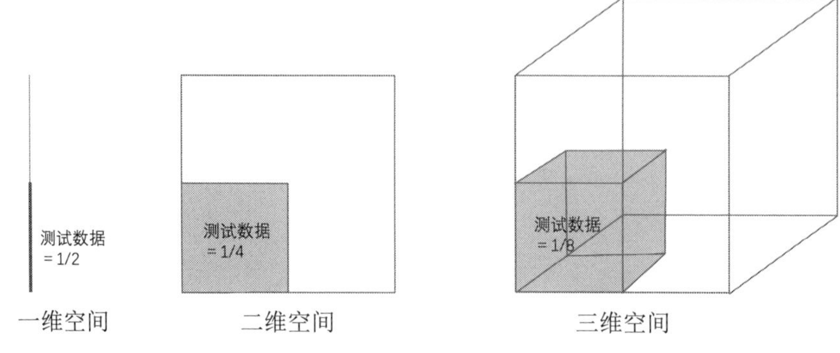

图 7-8　维度灾难示意

为了获得在统计学上正确并且稳定的结果，用来支撑这一结果所需要的数据量，通常随着维数的提高呈指数级增长。单纯从算法角度来说，如果通过穷举方式，增加特征带来的算法时间和复杂度增长也是指数级的，因此，特征选择一方面涉及可行性问题——我们通常没有足够多的训练数据支持那么多的特征，另一方面还涉及执行效率的问题，即使我们有足够的数据，但是其中许多特征对结果的影响微乎其微，甚至根本没有意义，不经筛选的话就平白浪费了许多训练时间，徒增模型计算的复杂度。

特征选择是“数据降维”的一种主要方法，还有一种主要降维方法称为“特征提取”(feature extraction)，它与特征选择的区别是：特征选择只是在原有特征中选取最有用的特征，一般并不会对特征值进行变换。而特征提取是在原有特征的基础之上凝练出一些新的特征。如果创建一个新的特征项，该特征项的变化规律能够反映出原来几个特征项的共同变化，那使用这个新特征项代替原来多个特征项，就实现了降维的目的。

那应该以什么准则或方法去挑选“有用”(即对结果有主要影响)的关键特征呢？依靠人类经验甚至直觉去判断确实是一个办法，虽然这里的问题不能完全依靠人工来解决。但如前文所言，机器学习目前对人类先验知识还是非常依赖的，尽管稍后会提到一些自动降维的算法，但人工的经验判断还是处于举足轻重的位置。

通常来说，人至少会从以下两个方面来考虑如何进行特征选择。

(1) 考虑特征的离散度。如果一个特征不发散，比如说方差趋近于 0，即各个样本在这个特征上基本没有差异，该特征对于样本的区分就没有什么意义。

(2) 考虑特征与目标的相关性。与目标相关性高的特征，更能作为分类决策的依据，肯定就应当优先选择，这里的关键是解决如何能判断出特征与目标的相关性。

从这两个维度出发，总结出常用的人工特征选择方法，大致有以下几种。

(1) 按照发散性或者相关性对各个特征进行评分，通过设定阈值或待选择特征的个数上限来选择特征。

(2) 通过试错来选择特征，具体做法是：每次选择若干特征，或者每次排除若干特征，然后通过模型的性能进行评分，多次选择后留下能使得模型性能达到最高的特征。

(3) 通过本身具备对特征相关性评分能力的模型和策略算法来选择特征，具体做法是：先嵌入某个小规模的机器学习的算法和模型进行训练，例如随机森林和逻辑回归算法等都能对样本的特征权值进行打分，得到各个特征的权值系数，根据系数从大到小选择特征。

(4) 通过 L_1 正则项来选择特征。L_1 正则方法本身具有稀疏解的特性，因此天然具备特征选择能力，但应注意，没有被 L_1 选择到的特征不代表不重要，原因可能是两个具有高相关性的特征只需保留一个。

数据降维严格来说并不是机器学习中的问题，它本身属于数学的范畴，在数学上也已经有很多成熟的自动降维算法了，如奇异值分解(singular value decomposition，SVD)、主成分分析(principal component analysis，PCA)等，此类算法能够把数据中相似性高的、信息含量少的特征剔除。采用这些算法也可以实现数据降维，不过实际中要解决问题，往往必须考虑到具体模型的目标和这个领域中的先验知识，此时采用自动降维算法和人工筛选特征相互配合才是比较合适的方案。

例 7-2 实战中我们还会借助 L_1 正则项来自动选择特征，但是这个方法的原理介绍要以模型与现实的拟合程度为基础，不经过建模阶段，没有讲清楚欠拟合、过拟合这些问题是怎么回事的话，无法解释清楚这个方法的原理。为了实战能够顺利进行，不妨先假设：我们已经知道了决定一封邮件是否属于垃圾邮件的最关键属性是哪几项，如表 7-3 所示。

表 7-3　邮件过滤实战样例中用到的关键特征和特征值

收件人数量	邮件长度	发件国家	信用等级	判别结果
1	2KB	英国	中	垃圾邮件
1	4KB	美国	低	垃圾邮件
5	2KB	德国	高	非垃圾邮件
2	4KB	意大利	低	非垃圾邮件
3	1KB	波兰	中	垃圾邮件
2	2KB	俄罗斯	高	垃圾邮件
4	2KB	荷兰	中	非垃圾邮件
……	……	……	……	……

数据预处理阶段虽然是建模的准备阶段，是为建模服务的，但实际上在机器学习处理问题的过程中，这部分工作量往往要占去总工作量的一半甚至更多。而且它与建模和其他阶段并不是严格的先后顺序关系，而是贯穿整个模型训练的全过程。许多人认为：数据和特征决定了机器学习的上限，而模型和算法只是逼近这个上限而已。由此可见，数据预处理，尤其是特征选择在机器学习中是占有相当重要的地位的。

7.4.5　损失函数

对数据预处理之后，便开始了电子邮件过滤系统的建模阶段。我们可以从最简单的单一属性来进行垃圾邮件判别开始，构造一个最简单的模型。假设我们选择“收件人数量”这个特征为依据，对训练集中 110 封电子邮件样例按照该特征进行统计，得到不同收件人数的邮件样例分布，如图 7-9 所示。

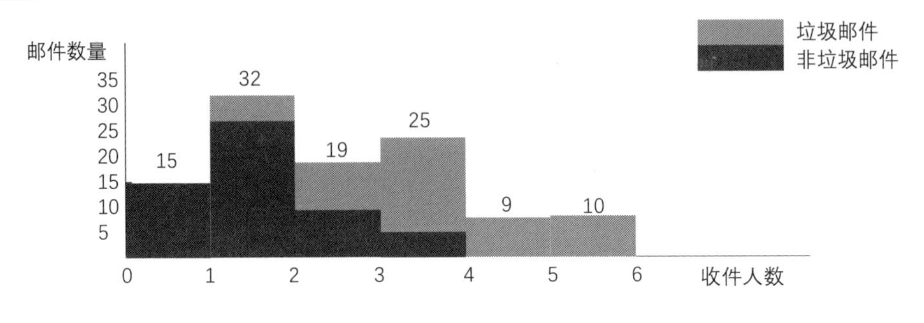

图 7-9　以收件人数统计的分布情况

从样例分布图中可以看出，只有收件人数量为 1 人的邮件完全不包含垃圾邮件，如果我们以“收件人是否多于 1 人”来划分是否是垃圾邮件，也可以构造出一个最简单的垃圾邮件分类判别模型，形式如图 7-10 所示。

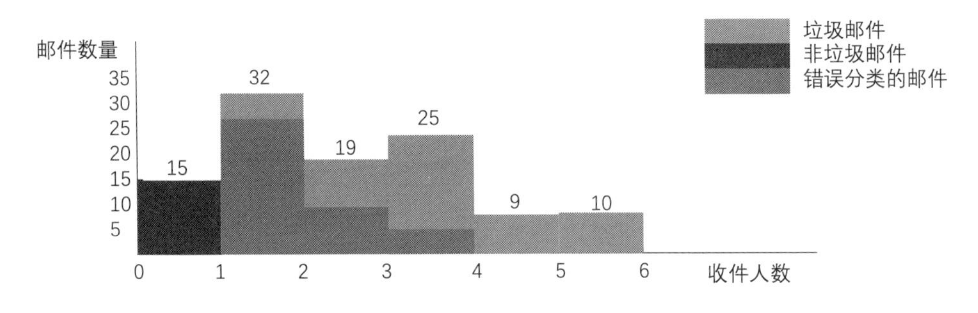

图 7-10　以收件人是否多于 1 人来划分垃圾邮件的结果

显然，即使仅简单地凭肉眼观察，用户也应该可以得知这个结果肯定不是最优的，因为它虽然正确区分出了一部分垃圾邮件和有意义的邮件，但是同时也存在非常大量的误判(图中深灰色部分表示被误判的邮件)，100 封邮件中足足有 40 封邮件被模型误判了。

我们再稍微调整一下判定标准中收件人的数量，以“收件人数是否超过 2 人”来划分垃圾邮件，效果就有所改善，虽然还是有一部分垃圾邮件成为漏网之鱼，被认定为是有意义的邮件，但这个时候 110 封邮件样例就大幅缩减至只有 20 封邮件被误判，如图 7-11 所示。

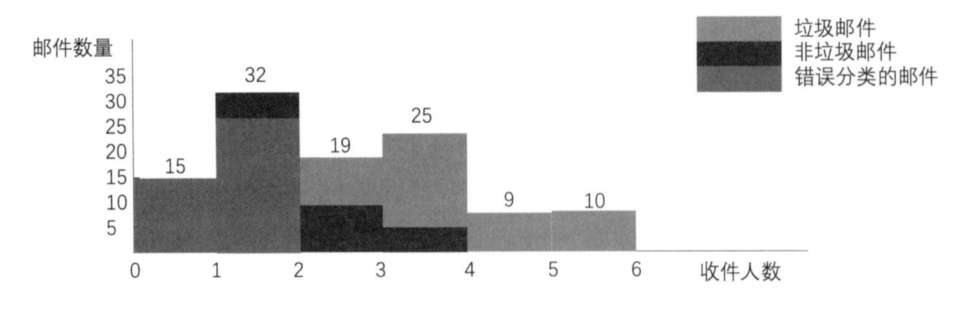

图 7-11　以收件人是否多于 2 人来划分垃圾邮件的结果

从收件人由 1 人到 2 人的简单调整所带来的结果变化来看，选取哪些属性以及选取什么属性值作为标准才是合适的，应该由模型的工作效率决定，而对于如何衡量机器学习模型的工作效果这个问题，最容易想到的指标是以正确分辨率或者错判的样本数占样本总数的比例，即“正确率”(accuracy)或“错误率”(error rate)作为度量标准。实际上，正确率是一个比较常用的度量标准，具体采用什么度量标准还取决于具体的任务需求。此外，有一些情况会选择其他指标，如精确率、召回率、F1 度量分数作为评估性能的度量标准。

收件人数量从 1 到 2 影响的结果变化是显而易见的，这样的建模过程已经揭示出选择机器学习建模的最基本的目标思路了：通过各种方法，包括但不限于选定适当的策略、根据训练集中蕴含的信息优化算法、找出最相关的属性和合理的模型结构与参数等，实现让模型的输出结果与实际结果差异最小。

我们将简单的邮件分类器的特例，向所有监督学习解决问题的思路推广，会得到以下更具有普适性的结论：使用符号 f 代表模型的决策函数，这个模型接受真实世界的输入 x，将 $f(x)$的输出记作 y'。由于模型毕竟只是对真实世界的模拟，所以输出值 y'很可能与真实世界中的实际值 y 是存在差异的，而机器学习中的所谓性能高低的度量，就是追求这个差异值在测试集或新的输入数据的最小化，模型输出与真实值差距越小，模型性能就越好。我们把衡量实际值 y 与模型输出值 y'间差距大小的计算过程称作“损失函数”(有些资料中也称为“成本函数”或“代价函数”，cost function)，计算 y 与 y'差异大小的损失函数就记作 $L(y, y')$或者直接用 $f(x)$代替 y'，把损失函数记作 $L(y, f(x))$。

损失函数这个知识点很重要，它既是机器学习中最基本的入门概念，又是整个机器学习的核心和精髓，现在机器学习的研究中，很大一部分都是围绕着如何找到合适的损失函数、如何最优化损失函数来进行的。

机器学习中各种常见模型和算法，从线性回归、逻辑回归到支持向量机、Boost 算法，再到神经网络等，其本质上都是基于不同的损失函数建立起来的，尽管这些算法都有各自的思想和依据，但从数学角度看，它们不但显得形似，而且内在也极为神似。

此外，关于过拟合的处理，以及预处理中讨论如何用 L_1 正则项做特征提取等问题，所涉及的正则项(惩罚函数)也是作为损失函数修正项的形式存在的，这些知识同样需要基于损失函数去理解。

要判断 y 与 y'之间的误差，直接把它们两者相减看看结果大小不就行了吗？就算是向量也有加减法的，为何还要专门搞个函数来衡量误差？这里需要注意，此处进行的并非简单两个数值之间的对比，而是在连续多个输入 x 下得到的多个 y 与 y'差多维向量之间的对比，是按照不同的差异度量指标来比较。例如，假设 y 与 y'的结构都是最简单的二维向量，我们在二维的欧氏(欧几里得)平面中把实际输出 y 用点表示，模型的输出值 y'用线表示，由于实际样本来源于传感器或者数据库收集的数据，是离散的，而模型输出值是决策函数的计算结果，它可以是连续的。两者放在同一个坐标系中，形成的结果如图 7-12 所示。

那么有什么依据可以用来判定图 7-12 中就是与所有点差异最小？换句话说，线是否是最能拟合所有点的直线？将线上下稍微偏移一点，或者角度稍微旋转 3°或者 5°，与实际值的差距有没有可能会更小？

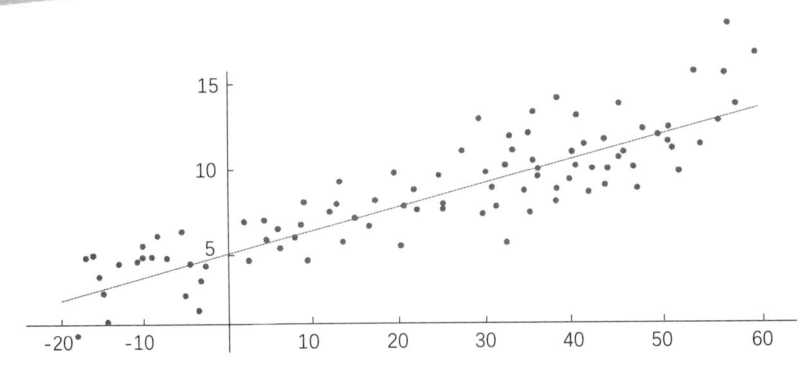

图 7-12　二维平面中实际值 y 与模型输出值 y'的对比

要解答这个问题，就必须确定“差距”是如何定义的。其中一种比较直观的衡量差距大小的方法是，把 y 与 y'之间的差距理解为它们在欧氏空间中位置的距离，即可以看作是两个向量之间的欧氏几何距离(在数学中，欧氏几何距离或欧几里得度量是欧几里得空间中两点间的距离)。我们要使 y 与 y'的误差最小，就要使得它们的欧氏距离最短，其背后等价的意义就是在这一群点中画一条线，让所有点到直线的距离之和最小。

我们将图 7-12 中一个小局部区域放大，如图 7-13 所示。

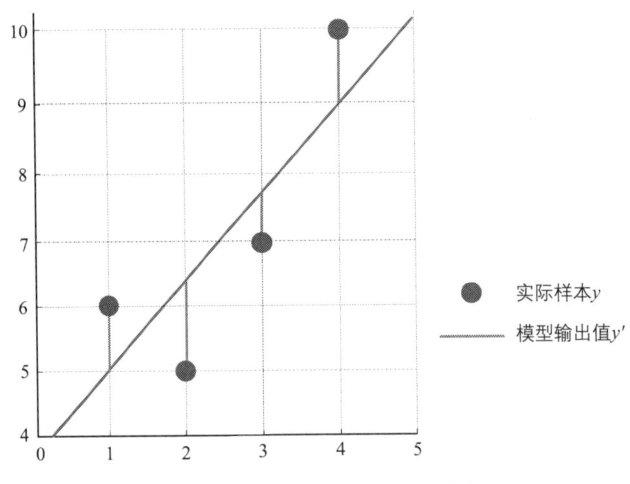

图 7-13　几何差距的局部放大

实际值与模型输出值之间的空间差距以线条表示。这种采用 y 与 y'的欧几里得几何距离作为度量误差的标准，在统计学中称为“均方误差”(mean squared error，MSE)。以使得均方误差最小化作为目标的损失函数，我们称为“平方损失函数”(squared loss function)，两个名词中都带有 squared 这个单词，这体现了欧几里得空间中，欧氏距离的数学公式定义就是两个向量值的平方，所以，平方损失函数的函数表达式为：

$$L(y, y') = (y - f(x))^2$$

选定了平方损失函数作为损失函数的机器学习问题，也就等同于求解一条线距离所有样本点的欧氏距离最短(即值最小)，如果选择的是线性模型，即例子中的直线，或者更高维的超平面，在数学上可以采用“最小二乘法”(ordinary least squares)来解决平方损失函数的最小化求解问题，所谓“二乘法”就是中国古代算平方的说法，“最小二乘法”其实就是求解平方最小值的意思。而如果所选择的模型并不是线性的，即是曲线或者超曲面，那模型就不会有解析解，需要用优化算法逐步逼近去求解模型。

使用欧氏距离最小来作为差距衡量标准也只是众多误差评估标准中的一种，任何一种评估标准都不可能适合全部场景。除了平方损失函数以外，常见的损失函数还有“0—1损失函数”“绝对值损失函数”“log 对数损失函数(主要用于逻辑回归)”“指数损失函数(主要用于 Boost 算法)”“Hinge 损失函数(主要用于支持向量机)”等。与平方损失函数代表欧氏空间距离的含义类似，以上每一种损失函数，都有各自在数学(几何或者概率)中的具体含义。所谓学习某一种机器学习算法，很大程度上就是去学习理解其损失函数的意义，然后学习如何去求解或者优化，得到满足损失函数最小值的模型结果。

7.4.6 模型选择

如果只使用“收件人数量”这单个特征，最优的结果也仅是在 110 封样本邮件中把错误归类的邮件下降到 20 封，显然这样的效果基本上没有什么实用价值，这就说明了只靠单个特征作为模型参数不足以建造出性能足够好的模型，因此我们至少还需要再引入一个或多个新特征参与到模型构造之中，建造一个更高复杂度的模型，使得其性能满足需要。

这里仍然先把如何自动、合理地选择特征的问题放一放，假设我们选择“邮件长度”作为第二个特征，用两个特征共同构造一个判别模型，那么以邮件长度作为统计维度，得出 110 封邮件长度分布结果如图 7-14 所示。

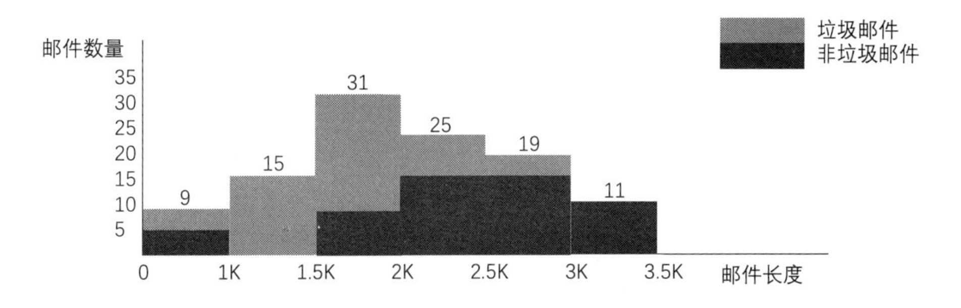

图 7-14　按邮件长度统计的分布结果

图 7-14 反映了单独采用“邮件长度”作为判断是否为垃圾邮件的依据得到的分布结果，这个统计结果本身并没有什么可取之处，很明显单独使用某个邮件长度值作为判别依据，也不能得到性能足够好的模型。不过，如果我们将邮件长度与之前以收件人数量为判别依据的统计结果联合起来看，同时使用两个样本属性作为判别依据的话，可以得到一个与图 7-15 类似的统计图形，这个结果分类特征看起来似乎就豁然开朗了。

图 7-15 所示的二维坐标系其实表达了不止两个维度的信息：以收件人数量为横坐标，以邮件长度为纵坐标，以灰黑点表示结果(圆点表示垃圾邮件，三角形表示非垃圾邮件)。引入了第二个判别属性之后，原本分布在一维坐标轴上的邮件柱状统计图，变成了分布在

二维平面上的点，此时，可以发现在一维坐标轴上犬牙交错、难以直接划分开的垃圾邮件和非垃圾邮件在二维平面中居然是泾渭分明的，区分得非常完美(当然，这个分布是为了讲解处理过的数据，实际情况中两个属性肯定仍是不足以完美区分出垃圾邮件和非垃圾邮件的)。

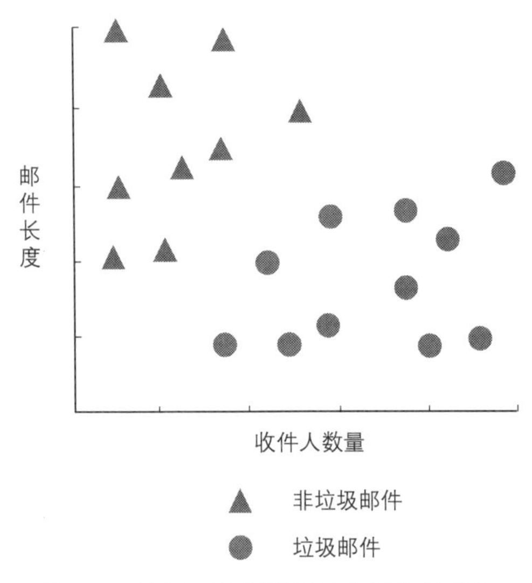

图 7-15　使用两个判别属性分辨垃圾邮件

假如两个属性足以将是否是垃圾邮件完美区分，只需要在该二维平面中沿着两类邮件的中间划出一条分界线，将平面分成两部分，当有一封邮件输入时，将其按照收件人数量和邮件长度投影到该平面中，例如图 7-16 中的五角星。如果五角星分布在属于垃圾邮件一边的空间，就将其识别为垃圾邮件，否则识别为非垃圾邮件。

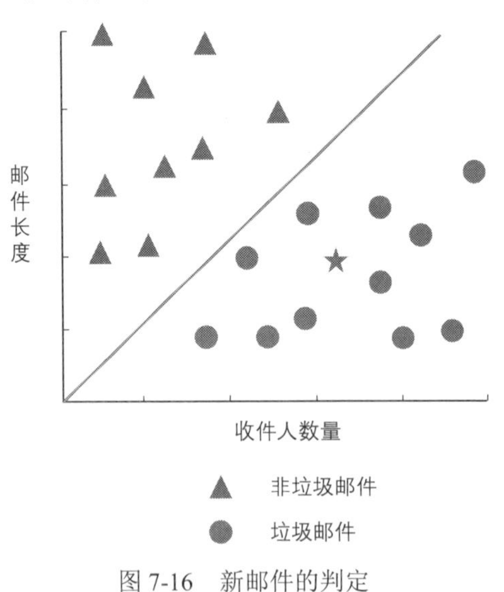

图 7-16　新邮件的判定

这两个分类器的思路很符合人们正常的逻辑思维习惯，而事实上也确实行之有效。机器学习中把这种分类方法称为“线性分类器”，它是一种很基础但在机器学习中极为常见的应用方式。不过，思路虽然想明白了，但在具体操作层面上我们仍有一个问题没有解决：并没有定义清楚二维平面中的分界线是如何画出的。

如图 7-17 所示，在图 7-16 的基础上随意画了三条可以分割两类邮件的直线。

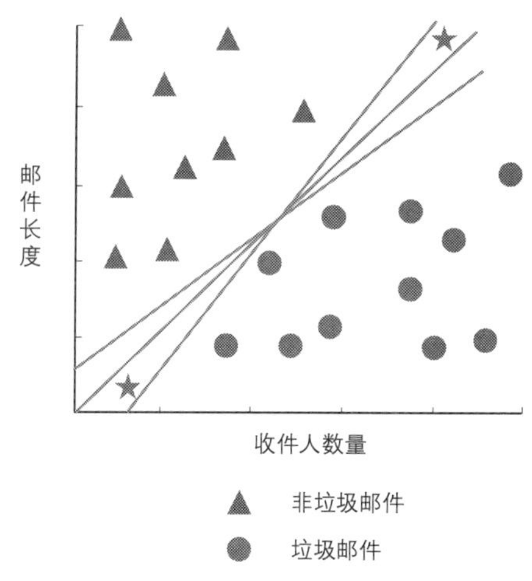

图 7-17　多种平面划分的方式对判定结果的影响

这些分割线到底应该以哪条线为准呢？图 7-17 右上角和左下角分别有一颗代表新邮件的五角星，它们到底是属于垃圾邮件还是非垃圾邮件，就完全取决于我们选择哪条线作为空间的分割线。可见分割线的选定对模型判定的结果是有直接影响的，不可能在满足训练集样例的约束下，随意选定的一条线都能符合需要。

要解决这个问题，首先应该想办法去增加训练集中的数据量，越多的样例在平面中形成越密集的点，对空间分割线的约束会越有力，如果周围分布满了密密麻麻的点，那分割线可以随意移动的空间就很小了，不过，即使分割线可以移动的范围被约束得越来越小，只要它仍然是一块空间，就还是能容纳无数条直线，仍然有无限种分割线方案可供选择。

实际上，如何确定这条直线的位置，是由我们选择怎样的决策算法来作线性分类器所决定的，基于不同方式构造的线性分类器，对这个问题可能会有不同角度的解决方案。例如，我们可以考虑采用下面的方法来解决这个问题：不再使用“直线”来把平面分割成两个区域，因为直线没有宽度，在一块很小的空间中都能放置下无数条直线。而改为使用一根有宽度的“棍子”代替“直线”，当有了宽度之后，就不可能在两类邮件样本之间再塞入无数根“棍子”了。然后，我们再进一步把“棍子”的宽度慢慢增大，空间中能塞入的“棍子”的数量会变得越来越少，直至只有唯一的一根“棍子”能够塞进去为止，这根“棍子”的边缘已经触碰到两边最接近它的点了，它就无法再被挪动。最后，我们重新拿出要分割空间的那条直线，放置在棍子的正中间，这个位置是唯一的，如图 7-18 所示。

采用这种方法来解决最佳空间分割问题的线性分类器，其实是“支持向量机”(support vector machine)中的一种最简化情况，称为“线性支持向量机”(linear SVM，LSVM)，“棍子的宽度”在支持向量机中被称为“边距”(margin)，接触到“棍子”边缘的向量，就被称为“支持向量”(support vector)。

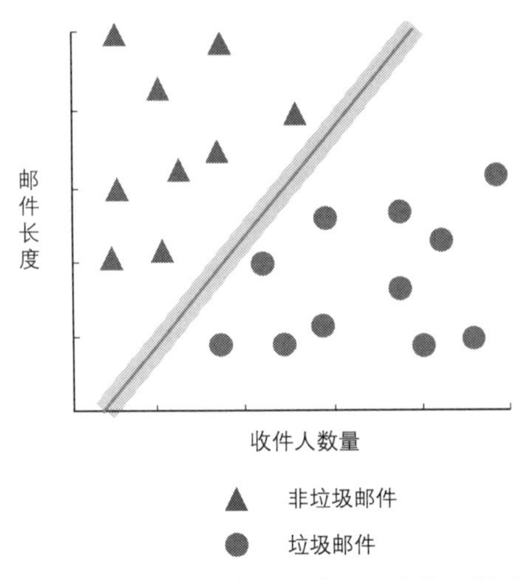

图 7-18　加入宽度的概念后形成的“棍子”

线性支持向量机是分割样本空间的一种方法，而这句话所说的“分割样本空间的方法”，在机器学习中表述得更加具体：我们找到了一种关于垃圾邮件的判别决策方法，一旦输入了邮件的“邮件长度”和“收件人数量”两项信息后，该方法就能无“歧义”地确定代表判定结果的点所在的位置和颜色灰度，换言之，得到这封邮件的分类结果。这个决策方法，就是我们通过机器学习得到的一个能解决问题的模型。

一个能解决实际问题的机器学习模型，最起码必须要符合该学习过程中训练集中的已知样例数据，通常来说满足这个条件的模型应该会有无穷多个。在机器学习的定义中介绍到，模型是机器学习过程最终所要产出的结果，它一般会以一个可被计算的条件概率分布或决策函数形式存在。那么，既然有无穷多个可能的模型，就有无穷多个可能被选择的决策函数，所有这些可能被选择到的决策函数的全集，就被称为是该模型的“假设空间”(hypothesis space)。选择模型，便是采取一种适当的学习策略(如例子中的支持向量机就是一种策略)，再在大量数据的支持下，从假设空间中筛选出一个最佳的模型。

至于如何确定最佳的模型标准、用何种方法来学习得到这个最佳的模型，就绕回到上一节中各个学习策略对应的损失函数，该损失函数的意义和如何解决、优化损失函数这个问题上了。本节所举例的“在空间中插入一个棍子然后扩大其宽度直至碰触到两侧的支持向量”，只是一种形象化的思路介绍，但如何使其在数学中可计算、在计算机上可执行，还是必须要转化为找到一个优化算法，即使得分割线距离两侧支持向量边距最大的寻优问题，这其实就是支持向量机的 Hinge 损失函数的几何意义，一旦优化得到了 Hinge 损失函数的数值解，便得到了那个“最佳的模型”。

7.4.7　泛化、误差及拟合

在上一节中，我们似乎已经找到了一个可以分类是否为垃圾邮件的模型，但是这个模型仅仅是排除了许许多多必须考虑的情况之后的最理想状态。接下来，我们要把邮件过滤器从实战案例向现实稍微推进一步：前面的例子中仅使用“邮件长度”和“收件人数量”

两个属性就把垃圾邮件和非垃圾邮件在所有训练集的邮件中划分出来了。但实际上，这是精心安排的训练数据，现实中的邮件分类问题肯定不可能是如此简单就能解决的，否则大家就不会受到垃圾邮件的骚扰了。

1. 泛化

一种经常出现的现实情况是大多数样本与模型判定结果的分布一致，但是有少数样本“特立独行”，并不遵循模型的分布规律。例如图 7-19 所示左边部分，有一个三角形和一个圆点“跑到”对方一侧的空间中，这样我们就没有办法用简单、线性的分类把所有样本都完美划分开了。

如果要将所有数据都 100%划分清楚，那么图 7-19 右图所示就是一种可能的划分方式。我们现在可以思考一个问题：图 7-19 左图采用简单的线性划分方式，但在训练集中有 2 个错误的样本，相比而言，右图的图形相对复杂，采用非线性的分割，但是在训练集中可以达到 100%的正确率。那么，左右两种模型哪种模型的性能更好呢？

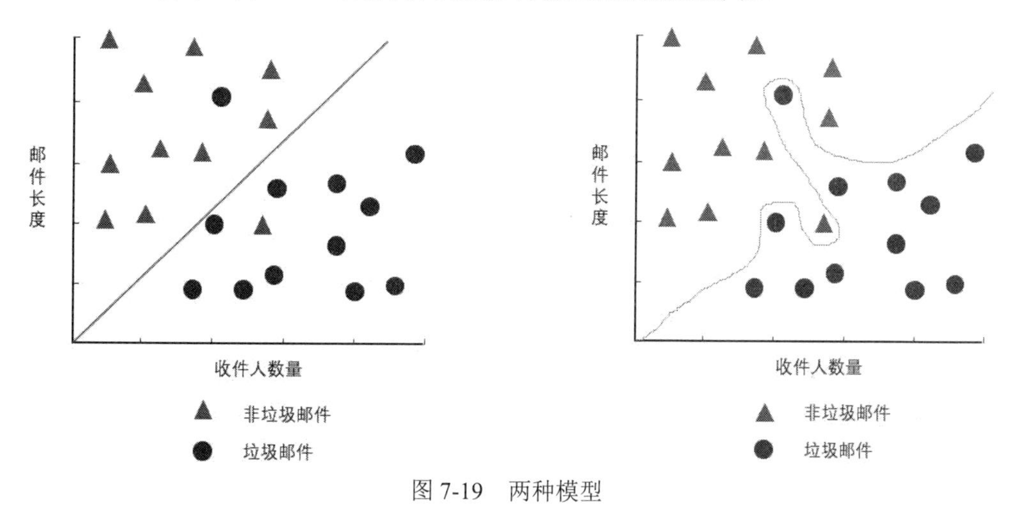

图 7-19　两种模型

对于训练集中的数据，侧重准确性的话，毫无疑问是图 7-19 右图的模型性能更好，因为在这个语境中的性能，是指分类正确率，达到了 100%，肯定是最高的。但是一般来说，兼顾准确性和模型复杂度较低的话，我们应该选择图 7-19 左图所示的模型。度量机器学习性能的最主要的指标就是在测试集或新输入数据上得出的模型输出值与实际值的差距，这里需要特别强调，能度量的对象应该是“测试集或新输入数据”而不是“训练集”。模型对训练集拟合得再好，但对新鲜样本适应效果不好，那也是毫无意义的。

我们将“泛化能力”(generalization ability)，就是机器学习算法对新鲜样本的适应能力，作为衡量机器学习模型的最关键的性能指标之一。性能良好的模型，就意味着对满足相同分布规律的、训练集以外的数据也会具有良好的适应能力。

有了“泛化能力”的概念之后，我们再回过头，更精确地去定义前文提到的“模型输出值与实际值的差距”中的“差距”和“对新鲜样本的适应能力”中的“适应能力”这两个概念的确切含义。它们对我们稍后要详细讨论的“如何判断某个模型是否合适”这个问题的解决是非常关键的。

2. 误差

我们前面所说的“差距多少”或者“适应能力高低”，是指模型输出值与实际值之间的“误差”(error)的大小，“误差”是一个在统计学中被精确定义的概念，它在机器学习这个语境更加强调泛化，因此这里它被称为“期望泛化误差”。误差通常有三个来源：偏差(bias)、方差(variance)和噪声(noise)，误差就是这三者的总和，它可以使用以下公式来表达：

$$误差=偏差+方差+噪声$$

上述公式可以应用通俗的语言来解读：误差的存在，就意味着模型输出值与实际值不相同，这有可能是因为模型无法表示实际数据的复杂度而造成了“偏差”过大，或者因为模型对训练所用的有限的数据过度敏感而造成的“方差”过大，又或者是因为训练集中存在部分样例数据的标记值与真实结果有差别(即训练数据自身的错误)，产生的“噪声”过多。要降低误差获得更好的性能，也就是要降低这三个误差的来源因素。

一般而言，噪声不可避免，如何找出、消除噪声数据在实际应用中很重要，误差体现了该学习问题本身的实现难度，但是噪声是学习问题本身和样本数据来源的局限，无法人为控制。在给定了训练集的数据之后，我们只能从偏差和方差的角度来尽可能减少误差。因此，在例 7-2 这个实战中，始终都是把噪声因素排除出去，假设样本数据是完全符合真实结果的分布规律的，仅仅关注偏差和方差对误差的影响，接下来，我们就分别取偏差和方差各自的定义。

偏差是指根据训练集数据拟合出来的模型输出结果与样本真实标记的差距。通俗地说，就是模型在训练集上拟合得好不好。偏差大小的本质就是描述了模型本身在训练集上的拟合能力。模型越复杂，引入的参数越多，偏差就可以做得越低。单就偏差而言，图 7-19 右图非线性复杂的模型，它的偏差肯定是要比图 7-19 左图线性划分的模型低。但是为什么我们认为左边的模型性能更好一些的概率较大呢？那是因为我们还必须要考虑到方差大小的因素。

方差是指给出同样的数量，但内容发生了变动后的样本数据所导致的模型性能变化。方差大小的本质是描述数据扰动对模型输出结果所造成的影响。如果我们想要获得较小的方差，那就应该去简化模型，缩减模型参数，降低模型的复杂度，这样才能控制住因为样本数据变化而带来的扰动幅度，越是精密复杂的模型，对输入数据的抗扰动能力就相对越差。

例如，用设计比赛来类比偏差和方差对结果的影响。假设射击运动员在 10 环靶中只打到 7 环，产生 3 环的差距就是期望目标与实际目标的差距，也就是误差，这个误差既可能是因为没有瞄准好，本来就是朝着 7 环去打的，也可能是因为瞄准的确实是 10 环的靶心，但是由于持枪不够稳定，打在了 7 环上。这里“瞄不准，持枪稳”的情况就相当于偏差大、方差小所造成的误差，而“瞄得准，持枪不稳”的情况就相当于偏差小、方差大所造成的误差。这个例子中，偏差和方差对结果的影响，可以通过图 7-20 所示直观地看出来。

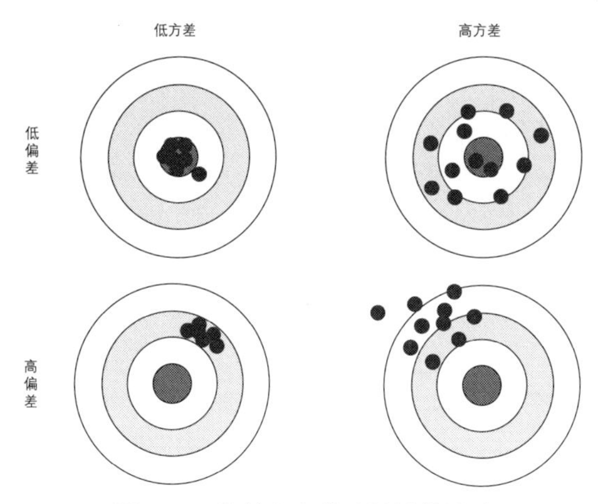

图 7-20　偏差和方差对结果的影响

3. 拟合

从偏差和方差的含义中，我们可以感觉到他们本身是有潜在冲突的，其表现为：给定一个学习任务，假设我们能够通过不同的训练程序来控制模型复杂程度，在模型过于简单时，它的拟合能力不够强，训练数据的变化不足以使得模型结果产生显著变化，无法通过样本的特征变化得到正确的学习结果，此时偏差主导了期望泛化误差，机器学习中将这种情况称为“欠拟合”(underfitting)，在某些资料中也称为“高偏差”(high bias)。

而随着训练程度的慢慢加深，模型变得越来越复杂，参数也越来越多，它对训练集的拟合能力在逐渐加强，训练数据发生扰动时就渐渐能被模型学习到了，这时方差在期望泛化误差中占的比例逐渐加大，偏差的比例在逐渐变小。

当训练程度刚好充足时，模型的拟合能力就处于一个在训练集数据支撑下可达到的最佳状态了，如果这时还在进一步训练，继续把模型复杂化，那方差就会继续增大，逐步主导期望泛化误差，一旦训练数据发生轻微的扰动，就会导致模型的输出结果发生显著的相应的变化。这样，那些属于训练数据自身的，而并非是所有数据共有的特性也都被模型学到，这时候就会发生“过拟合”(overfitting)现象，在某些资料中也称为“高方差”(high variance)。由此可见，选择最优模型复杂度的一个最基本的准则就是偏差和方差之和最小，即要同时避免训练过少导致模型复杂度过低而欠拟合和训练过度导致模型复杂度太高而过拟合的情况发生。此原则中的最优模型复杂度，可以使用图 7-21 来体现。

理解了误差、偏差和方差的定义，我们就可以使用泛化期望误差来理解为什么本节开头会说“一般情况下，图 7-19 左图简单的模型性能会更好”。从有限的训练样本(110 封邮件)来看，虽然非线性模型在训练集上做到了偏差为零，但这种规模的训练集是支撑不起复杂的非线性模型的。按照图 7-21 的最优模型复杂度与误差的关系也可以解释这个现象，案例中非线性分类器模型很可能发生了过拟合现象，而线性分类器模型则更可能处于图 7-21 的中间部分，更有可能接近于最佳的模型复杂度。

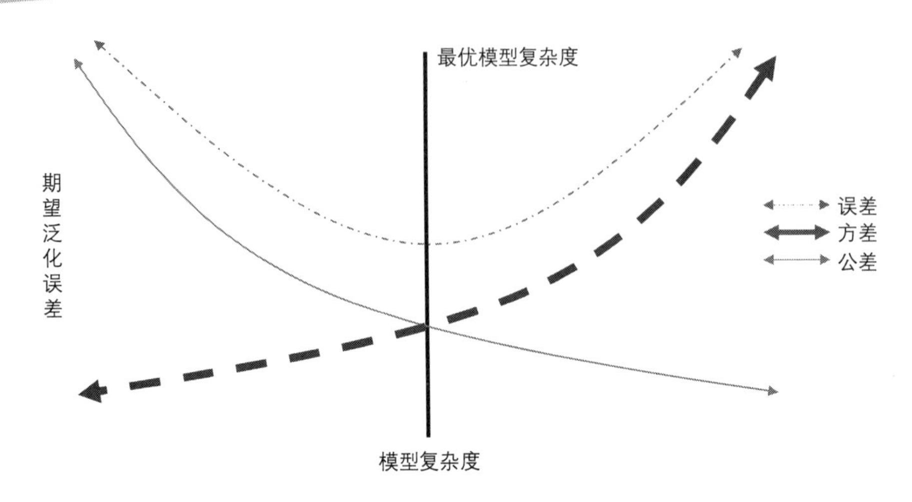

图 7-21　最优模型复杂度的权衡

在机器学习中，欠拟合是相对容易解决的，通过增加样本、增加训练次数一般就可以，但是对过拟合的控制就相对困难了。在这里我们采用偏差和方差之间的关系去解释拟合程度只是一种比较常用、直观的理解方式，在机器学习中还有“可近似正确学习理论”(probably approximate correct/pac learnability)、“贝叶斯先验概率”(bayes prior probability)等方式来解释或者理解模型拟合程度对最终效果的影响。思路方法不一样，但结果是殊途同归的。

7.4.8　正则化

偏差和方差告诉我们，模型复杂度是高还是低，哪个更好不能一概而论，这是一个需要权衡取舍的问题。我们在评估选择模型复杂度时，常常采用“奥卡姆剃刀”法则(occam's razor)作为指导决策的经验法则。通俗地说，这条法则应用在机器学习领域中的含义是指：如果有多个模型可以产生相同性能的预测结果，那选择较简单的那个会更好。

“奥卡姆剃刀”法则可以作为一条“指导性”的经验原则使用，但是有没有更具体的，可以依照一步一步操作来量化地确定模型复杂度的方法呢？答案也是有的。为了讲解如何找到合适的模型复杂度，需要再调整一下我们电子邮件训练集的统计特征，令其更趋于现实的情况，现实中常常是不能用简单的线性分类器就把垃圾邮件和非垃圾邮件完美地区分开的。

调整后的数据分布如图 7-22 所示。在这个过程中还额外给出了三种复杂度不同的可供候选的模型，那么在图 7-22 中的数据分布下，采用哪一种模型最合理？

图 7-22 中包括了线性的、规则圆形的、不规则曲线的三种模型，为了便于定量地讨论这个问题，我们将三个模型的函数表达式也罗列出来，具体如下。

$$f(x) = w_0 + w_1x_1 + w_2x_2$$

$$f(x) = w_0 + w_1x_1 + w_2x_2 + w_3x_1^2 + w_4x_2^2$$

$$f(x) = w_0 + w_1x_1 + w_2x_2 + w_3x_1^2 + w_4x_2^2 + w_5x_1x_2 + w_6x_1^2x_2 + w_7x_1x_2^2 + w_8x_1^3 + w_9x_2^3$$

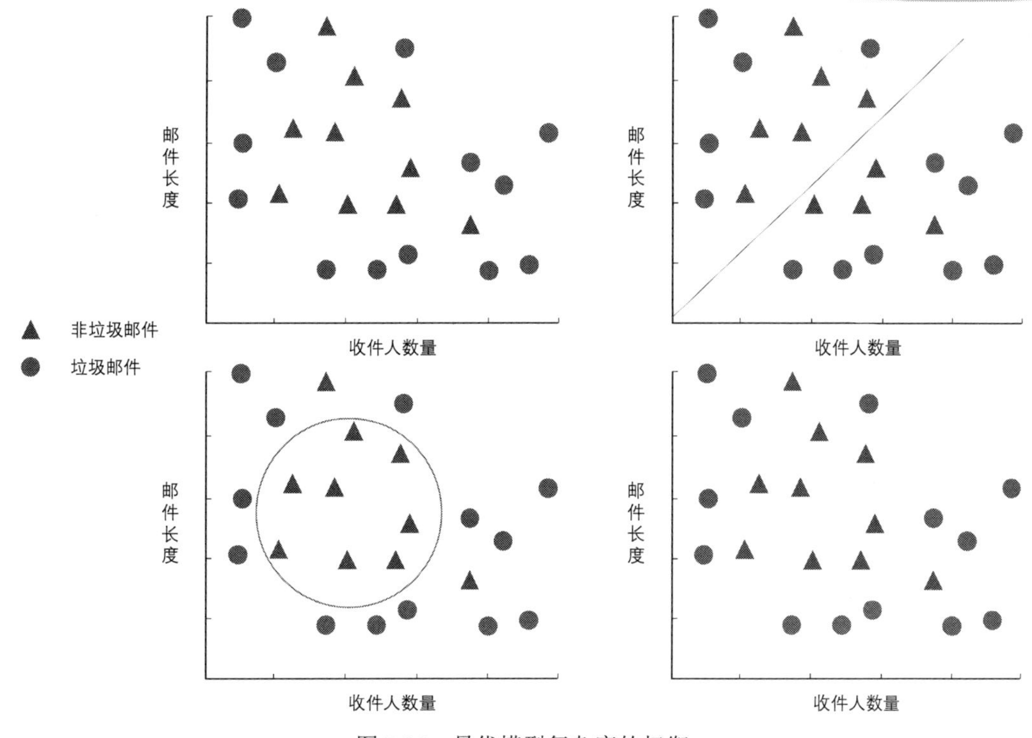

图 7-22 最优模型复杂度的权衡

有些人在这里可能会有疑问，上面第 1、2 条表达式可以说是中学解析几何中直线和圆的标准方程形式，但对于第 3 条表达式，函数可能使用到的数学工具有很多，例如 e^x、log*x*、1n*x*、1/*x* 这些都是很常见的。为什么一条这样复杂的曲线模型，它的函数就都必须是简单多项式的形式呢？这个问题的答案说起来既复杂也简单，如果读者已经记不清高等数学讲过的泰勒多项式展开，那就先直接记住这个结论：所有光滑的函数图像都可以使用泰勒公式以任意精度去逼近模拟，展开成泰勒多项式的形式。所以，不论现实中决策函数是由 e^x、log*x*、1n*x*、1/*x* 或其他任何形式的可导复杂项构成，都可以使用简单多项式形式，以任意要求的精度模拟出来。

对上述三种不同模型的函数表达式，$f(x)$表示模型的输出结果，x_1、x_2表示向模型输入的特征参数，也就是我们实战中的“邮件长度”和“收件人数量”两个特征。模型训练过程中要求解的内容是找出 w_0，w_1，w_2，…，这些多项式的系数，它们才是模型中的未知项，也就是我们在机器学习过程中要获得的信息。

之前我们已经反复多次提及“模型复杂度”这个名词概念，但它一直缺少一个严谨精确的定义，所谓“简单”或“复杂”都只是一个定性的概念，上面几个模型中，肯定是圆形模型要比直线模型复杂，不规则曲线模型又要比圆形模型复杂。但是究竟是“复杂”了多少呢？这个定量的问题就没有办法解释清楚。有了统一用多项式表示的模型决策函数后，某个模型的“复杂程度”就可以借助这种形式来定量地比较了。在把模型进行泰勒多项式展开之后，它的复杂程度可以看作由两个因素决定。

(1) 模型多项式系数数量的多少，系数越少，相应地多项式项数就越少，意味着模型函数图像的曲线形状越简单。

(2) 模型多项式系数数值的大小，系数越小，意味着该多项式项对结果影响越轻微，模型函数图像的曲线越平滑。

那么，如何选择适当的系数数量多少和数值大小，其实就等同于权衡模型复杂度，也就是在欠拟合和过拟合之间、偏差与方差之间的权衡取舍。只有恰当地做好这个权衡决策，才能既令模型正确地识别样本，又不至于过度复杂，进而学习到属于训练集本身的特征。“控制模型复杂度”可以视为机器学习中除了“让模型的输出结果与实际结果差异最小”之外的第二重要目标。这样，如果我们的机器学习目标做出一点小调整，兼顾第二目标，不仅仅要关注损失函数本身的最小化，还要关注模型中系数的数量和大小。接下来，我们将按照这个修正后的目标去训练模型。

根据前面对损失函数的介绍，机器学习的目标就是找到损失函数达到最小时的参数值，机器学习所谓的“模型训练过程”，就是求解其损失函数最小化参数解的过程。数学中对这种最小化求解运算专门定义有一个符号 argmin(arg 是变元的意思，即自变量 argument 的英文缩写)，它表示“使得函数达到最小值时的变量取值”。我们现在引入这个符号，用数学和文字语言互相映照，来找出监督学习的目标通式。

① 我们有一组样例数据作为训练集，集合中样本的个数以 i 来表示，这个训练集中有 $\{(x_i, y_i)\}$ 个样例。

② 我们要做的事情是统计损失函数 $L(y, f(x))$在所有样本上的损失总和的最小值，即追求 $\sum_i L\left(y_i, f\left(x_i\right)\right)$ 的最小化。

③ 对于训练集中每一个样例而言，x 和 y 是特征和标记，这些 x 和 y 在训练阶段是已知的信息，未知的反而是函数的系统向量 w(因为多项式有多个系数，所以必须是系数向量)，我们为了表示在决策函数中未知参数 w 对结果会产生的影响，可以将 $f(x_i)$改写为 $f(x_i,x)$的形式，这样就明确了机器学习训练过程中，所求的解是损失函数达到最小值时系数向量 w 的值。

④ 用数学的语言来综合上面的文字描述，监督学习的目标可以表述成最小化以下的损失函数，求解系数向量 w 的过程：

$$w^* = \underset{w}{\operatorname{argmin}} \sum_i L\left(y_i, f\left(x_i, w\right)\right)$$

到这步只体现了机器学习的主要目标，如果仅仅以此损失函数最小化作为全部目标，当它达到最小值时，其结果一定会陷入过拟合的泥潭之中，因为如果只是把最优的模型衡量标准定义为在训练集上损失函数总和最小的话，那得到的肯定是一个精密复杂但极为脆弱的模型，能完全适应所有样本数据的模型在训练集的表现上肯定会优于一个鲁棒性强的简单模型，显然这样的模型并非我们想要的结果。

因此，我们的最终目标，在追求损失函数最小化之外，还要再添加另外一个用于避免过拟合的第二目标，这个第二目标一般是以被称为“正则化项”(regularized term)或者“罚函项函数”(penalty term function，一般用 $\Omega(w)$表示该函数，下文简称罚函数)的额外算子形式来体现的，这个算子的具体函数表达式我们稍后再介绍，现在把它看作一个抽象的函数符号，将它与损失函数联合相加，这样不仅仅是损失函数最小化，而且追求与罚函数一起的总和最小，这才构成机器学习建模的完整目标。我们把形成的新函数称为训练模型的“目标函数”(objective function)，即下面通式所示：

$$w^* = \underset{w}{\operatorname{argmin}} \sum_i \mathrm{L}\left(y_i, f\left(x_i, w\right)\right) + \Omega(w)$$

这条通式就是所有监督学习算法的通用形式，对于不同的学习算法而言，其差别只是选择的损失函数 $\mathrm{L}(x)$、罚函数 $\Omega(w)$不同而已。

接下来我们要进一步清理函数 $\Omega(w)$的表达式形式。“正则化项”或者“罚函数”这样的名词听起来似乎挺专业、抽象，但只要抓住它们的作用去理解其含义就并不困难：罚函数存在的意义就是为了避免目标函数变得过于复杂，进而导致模型陷入过拟合。根据前面关于模型函数表达式系数多少和大小的知识可知，一个模型是复杂还是简单，取决于其表达式系数数量的多少和系数数值的大小。由此可知，罚函数的目的是限制系数多少和大小的，它的形式通俗地讲就是：一个参数数量越多、参数值越大，它的输出结果就越大的函数。如何把参数数量多少和数值大小与函数计算结果的大小联系起来呢？这就要先解决向量大小度量的问题，我们可以先看看以下两个参数向量 w_1 和 w_2 到底谁大谁小？

$$w_1 = (1, -4, 3, 10, \ -9, 11, 0)$$
$$w_2 = (2, 3, \ -5, 7, \ -9, \ -11, 13)$$

这并不容易比较出结果。要解决这个问题，数学上已经有了成熟又严谨的办法可以参考。在机器学习领域，也使用了数学中“范数”(norm)的概念(范数是数学中的一种基本概念，它常常用来度量某个向量空间或矩阵中的每个向量的长度或大小)来解决如何衡量系数向量的大小，这直接关系到采用何种实现方式来实现罚函数。

“范数”是一种具有“长度”概念的函数，广泛应用于线性代数、泛函分析等领域，它的作用是度量某个向量空间或矩阵中的每个向量的长度或大小。范数必须满足非负性、齐次性和三角不等式，这方面的数学知识读者可以不去研究，只需要把它当作是一种用于衡量向量大小的工具，知道我们要用它来度量参数向量即可。

L_0 范数、L_1 范数、L_2 范数、迹范数、Frobenius 范数和核范数等这些不同类型的范数，都是数学和人工智能领域中可能使用到的，其中的三个“p 范数”特例，即 L_0 范数、L_1 范数、L_2 范数在机器学习领域最为常用，这里以这三个范数来介绍罚函数的内容。

L_0 范数、L_1 范数、L_2 范数都是派生自“p 范数”的特例，为了后面能够在解释“正则化为什么能做特征选择”这个问题的时候有必要的知识储备，这里我们须从几何意义的角度去了解 p 范数的含义：p 范数的本质当然也是长度的度量，对于不同 p 值的 p 范数，其几何含义可理解为是描绘了该取值下空间中单位球(unit ball，表示在空间中半径为 1 的单位球面)形状。最典型的、符合初等数学认知的是 p 取值为 2 时的情况，在二维平面上单位球是一个圆形，在三维空间上单位球就是一个正球体，p 等于 2 时的距离称为欧几里得距离，在 p 为其他取值的时候，单位球的变化如图 7-23 所示(记住 p 取值为 1 和 2 时单位球的形状：菱形和圆形)。

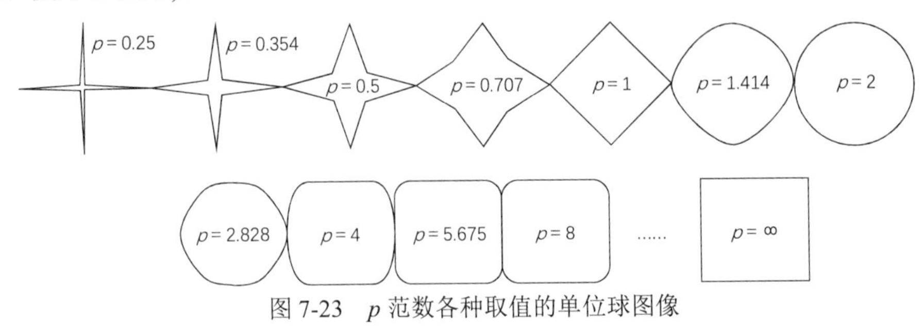

图 7-23　p 范数各种取值的单位球图像

除了最符合我们日常空间几何观念的 $p = 2$ 表达的欧几里得距离之外，还有当 $p = 0$ 时表达的汉明距离，当 $p = 1$ 时表达的曼哈顿距离等。虽然这些距离都是特例，都有各自的意义，然而 p 范数的公式却是统一而简洁的，其公式如下：

$$\|x\|_p = (|x_1|^p + |x_2|^p + |x_n|^p)^{1/p}$$

式子中“$\|\ \|$”是范数符号。L_0 范数、L_1 范数、L_2 范数就是 p 范数在 p 取值为 0、1、2 时的特例情况，L_0 范数、L_1 范数、L_2 范数的定义，按照 p 取值替换后便得出以下三种范数的公式：

L_0 范数：$\|x\|_0 = \#(i)$，其中 $x_i \neq 0$
L_1 范数：$\|x\|_1 = |x_1| + |x_2| + \cdots + |x_n|$
L_2 范数：$\|x\|_2 = (|x_1|^2 + |x_2|^2 + \cdots + |x_n|^2)^{1/2}$

从公式上看，L_1 范数等于向量中各个元素绝对值之和，L_2 范数就是向量中所有元素的平方之和再开方。如果把 L_0 范数的公式写出来，会发现由于 p 出现在分母部分，零值是无意义的，而 L_0 范数的真实含义是向量中非零元素的数量之和。

根据 L_0 范数、L_1 范数、L_2 范数的公式，无论是非零计数、绝对值还是开平方，每一个参与到公式计算的参数，无论其数值大小、正负，都只会对计算结果产生非负的贡献，只是影响程度不同的差别，所以这三个公式都符合“参数数量越多、参数数值越大，其函数输出的结果就越大”这个特征，我们只要令罚函数 $\Omega(w) = \|w\|_0$、$\Omega(w) = \|w\|_1$ 或者 $\Omega(w) = \|w\|_2$，都可以达到限制模型复杂度过高的目的。

不过，既然 L_0 范数、L_1 范数、L_2 范数以及其他形式的范数是共存的，那说明它们在某些地方有自己的特长。有各自的特性才有共存的意义，这也从侧面说明罚函数使用不同的范数来实现，效果一定是不一样的。下面我们继续来看看三个范数的使用场景和含义。

L_1 范数的作用是“参数稀疏化”，由于这个特性，L_1 范数还有个别名叫作“稀疏正则算子”(lasso regularization)。首先我们来解释什么叫“参数稀疏化”，数学上说一个向量是“稀疏”的，就是指它所包含的零参数的数量很多。L_0 范数的意义是计算不为零参数的个数，所以它的稀疏性是最直接的，把 L_0 范数作为目标函数的一部分，最小化目标函数的过程中，其目标就自然带有尽可能获得零参数的倾向，但是由于最小化 L_0 范数已经被证明是一个 NP 完全问题，要付出极大代价才有可能优化好，所以实践中并不适用。如果特别注重模型参数数量多少的话，都是用 L_1 范数代替 L_0 范数来实现稀疏化。L_0 范数的稀疏性是从它的定义公式中就显而易见的，至于 L_1 范数为什么也会有稀疏性，这个我们在讲解稀疏特性的意义之后，就会从几何意义的角度给出解释。

稀疏性在机器学习中是很令人向往的特性，因为它自然地解决了机器学习中一对很大的难题："自动特征选择"(auto feature selection)和模型的"可解释性"(interpretability)问题。前面我们一直就遗留了"如何自动做特征选择"这个问题没有回答。特征选择之所以重要，是因为一般来说样本的大部分特征都是和最终的输出没有什么关系的，即不对结果提供任何信息或者只提供极少量的信息。在最小化目标函数的时候考虑这些额外的特征，虽然可以获得更小的训练误差，但在预测新的样本时，这些没用的信息反而会干扰对结果的正确评价。稀疏正则化算子能自然地将模型中对结果影响小的参数权值置为零，这样就能去掉这些没有提供信息的特征，自动完成特征选择。另一个青睐于稀疏的理由是，将无关的特征置零后得到的简单模型会更容易解释。这点也很容易理解，例如，假设患某种疾病的概率是 y，我们收集到的数据样本有 1000 个特征，换句话说，就是我们需要寻找这 1000 种因素到底是怎么导致病人患上这种疾病的。但是如果通过 L_1 范数正则化之后，最后学习到的模型只有很少的非零元素，例如只有 5 个非零的系数，那么我们就有理由相信，这些对应的特征在患病分析上提供的信息是巨大的，是决定性的。也就是说，患不患这种病基本只和这 5 个因素有关，那医生就好分析多了。但如果 1000 个参数都不为零，医生面对 1000 种致病因素是无法通过模型来寻找和解释致病原因的。

L_0 范数的定义本来就是零值越多，函数值越小，它参与到目标函数之后，模型有稀疏性是很好理解的。而 L_1 范数稀疏性的来源，需要专门从几何角度去探讨。

我们先把前面的目标函数稍微改写一下，不直接加入罚函数，而是把"计算损失函数和罚函数总和极小值的最优解作为优化目标"，改写为"在罚函数不超过单位常量值 C 的前提下，将求损失函数极小值的最优解作为优化目标"，即把损失函数和罚函数独立约束，形成如下形式。

$$w^* = \arg\min_w \sum_i \mathrm{L}\left(y_i, f\left(x_i, w\right)\right),\ \text{约束}:\Omega(w) \leqslant \mathrm{C}$$

以只有两个参数的简单情况为例，图7-24 所示的曲线是损失函数优化过程中的等值线，我们可以将这里的"等值线"想象为地图中的"等高线"，这种等高线是把函数值相等的损失函数对应的参数 w_1、w_2 组成的点连接起来。

假设没有罚函数的结果不能大于 C 这个约束，损失函数的极小值就是等值线中最小的那一个或者多个点，就是图 7-24 中函数图像中间的低谷，但是受限于 $\Omega(w) \leqslant \mathrm{C}$ 这个约束，损失函数就不能取到最小值，而必须在符合罚函数约束的范围内，找到损失函数能达到最小的那个点。回想一下对 p 范数单位球图像的介绍，当 $p=1$ 时，p 范数的图像，即 L_1 范数的图像——在平面中是边长为C 的菱形。显而易见地，在多数情况下(极值点在单位球之外)，有约束下的极小值会出现在罚函数边缘与损失函数等值线的交点处，而且这个交点就是菱形的一个角，如图 7-24 所示。

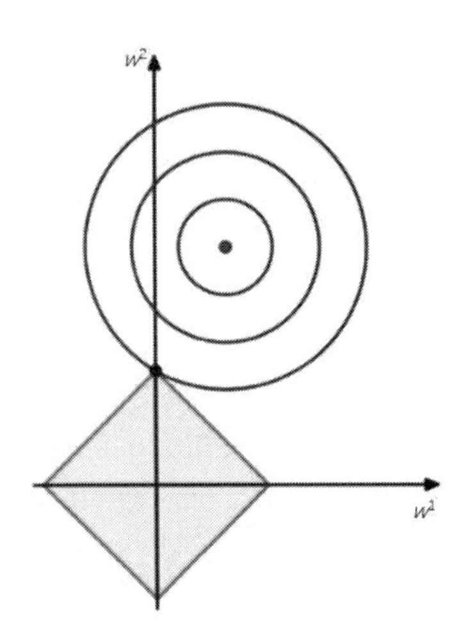

图 7-24　L_1 范数与损失函数等值线相交点

在角上相交就意味着其中一个参数为零，这就是 L_1 范数稀疏性的来源，而在更高维的情况下，除了角点之外，还有很多边上都会发生与等值线的第一次相交，产生稀疏性。相比之下，L_2 范数就没有这样的性质了，因为 $p=2$ 时，p 范数的单位球图像是个圆形，如图 7-25 所示。

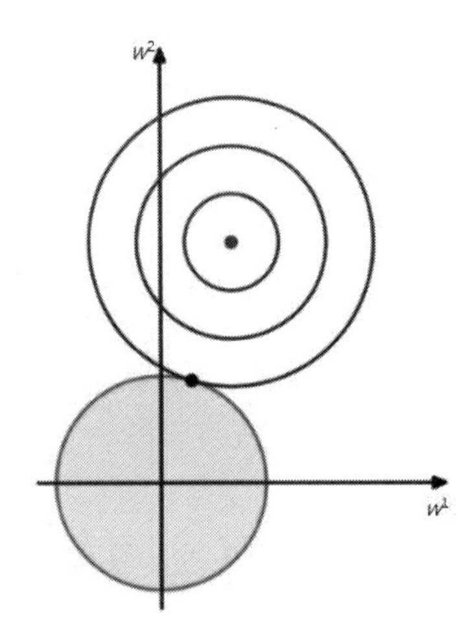

图 7-25　L_2 范数与损失函数等值线相交点

由于没有棱角存在，所以第一次相交的地方出现在具有稀疏性的位置的概率就变得非常小，这也就从几何角度，直观地解释了为什么 L_1 正则化能产生稀疏性，而 L_2 不行的原因。

L_2 范数是指向量各元素的平方和，然后求平方根，虽然它没有稀疏性，但却是一个比 L_1 范数应用范围更广的函数，其应用不仅限于机器学习，在各种科学领域都能看到它的身影。

在机器学习中，L_2 范数也有两个别称，有的资料中把用它的回归算法称作“岭回归”(ridge regression)，有的资料也称其为“权值衰减”(weight decay)。L_2 范数是用来解决机器学习中过拟合问题的主要手段之一，虽然 L_1 范数也有一定防止过拟合的作用，但如果以控制过拟合为目的，L_2 范数的效果要比 L_1 范数好，因为 L_2 范数相对于 L_1 范数具有更为平滑的特性，通俗地说，它更“温和”一些。在模型预测中，L_2 范数往往比 L_1 范数具有更好的预测特性，当遇到两个对预测有帮助的特征时，L_1 范数倾向于选择一个更大的特征，而 L_2 范数更倾向于把两者结合起来。

总结本节内容，L_1 范数、L_2 范数或者其他范数形式的正则化都是通过增加惩罚项，使得结果在偏差与方差之间取得平衡，通过让目标函数最小化来实现防止过拟合的。正则化是一种典型的、具有通用性的防止过拟合的方法，不过防止过拟合并不只有正则化一种途径，不同的模型、策略中还有其他可行的办法。

7.4.9 优化算法

目标函数一旦确定，就已经定了采取何种模型的学习策略，机器学习到这一步，剩下就是要把模型中所有涉及的参数计算出来，归结为一个最优化的问题——求使得目标函数达到最小值时的参数数值解。机器学习中的优化算法就是为了求解出这些参数数值解的算法。由于实践应用中，绝大多数情况下最优化模型都不存在解析解(解析解为方程的解析式，是方程的精确解，能在任意精度下满足方程)，也只能使用逐步逼近的计算方式来求数值解(数值解是在一定条件下通过某种近似计算得出来的一个数值，能在给定的精度条件下满足方程)。由于机器学习总是面对大量的训练样本，所以必须选择恰当的优化算法，才能确保能够找到全局的最优解，并且使得求解的过程足够高效。

在机器学习领域使用面最广的优化算法是“梯度下降”(gradient descent)算法，它不仅在传统的统计机器学习中有广泛的应用，在神经网络和深度学习中也是一种极为常见的优化算法。在本节中，我们将以梯度下降算法为例，来学习机器学习优化算法的原理和过程。

例 7-5 的电子邮件过滤器实战，实际做的是一个分类应用，在前面介绍损失函数时，我们提到了常用的平方损失函数，结合机器学习通式，要求解的目标函数如下：

$$w* = \arg\min_{w}\frac{1}{n}\sum_{n}^{i=1}\left(y_i - f\left(x_i\right)\right)^2$$

其他形式的损失函数还有很多种，无论选择何种损失函数，模型训练最终都要解决如何求得损失函数达到最小值时的系数向量这个共同的问题。梯度下降算法是迭代求解算法中最常用的。“梯度”一词是微积分中的概念，在数学中，对多元函数的参数求偏导数，把求得的各个参数的偏导数以向量的形式写出来就是梯度。为了照顾部分读者，这里把微积分中导数、偏导数和梯度的概念简单学习一下：当函数定义域和取值都在实数域中时，导数可以表示函数曲线上的切线斜率，这是导数的几何意义，同时也代表了函数在该点的瞬时变化率，这是导数的物理意义，如图 7-26 所示。对于一元函数，P 点的导数是当 x 变化一段很小的距离$\triangle x$ 后，y 的变化量$\triangle y$ 与$\triangle x$ 的比值。

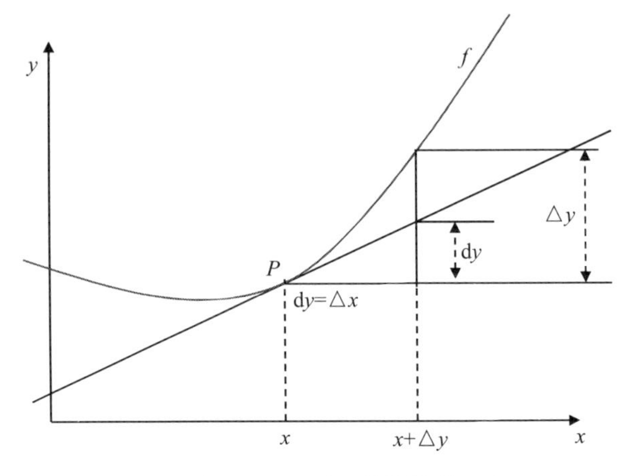

图 7-26 一元函数导数的含义

而对于多元函数，就至少涉及两个自变量，也就是从曲线来到了曲面。曲线上的一点，其切线只有一条。但是曲面的一点，切线有无数条。偏导数指的是多元函数沿坐标轴的变化率，如图 7-27 所示，在点(x_0, y_0)上对 x 的偏导数，就是指曲面被平面 $y=y_0$ 所截得的曲面 T_x 在点 M 处的切线对 x 轴的斜率。

偏导数指的是多元函数沿坐标轴的变化率，如果考虑多元函数沿任意方向的变化率，也可以使用相应偏导数的三角变换来求得，这称为在点$(x_0，y_0)$的某个方向上的方向导数。方向导数代表了函数沿这个方向变化的快慢，所有方向导数中最大的那一个，即函数值下降最快的那个，就被称为“梯度”，负梯度方向就是函数值上升最快的方向。

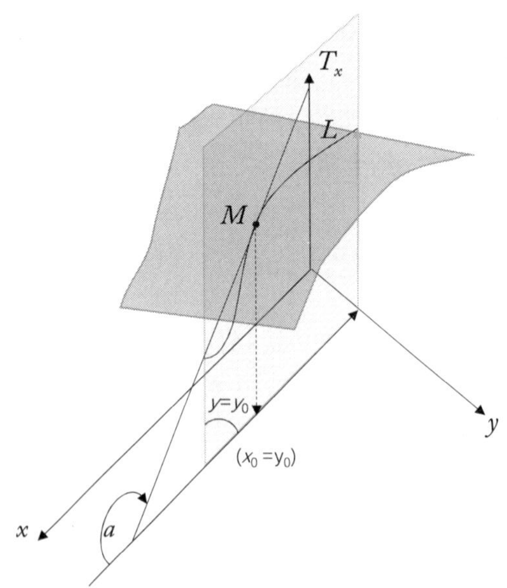

图 7-27 多元函数偏导数的含义

梯度有大小有方向，它自然也是一个向量。依照梯度的定义可知，沿着梯度的正、负方向，是最容易找到函数的最大值或者最小值的，因为这个方向的函数值变化最快。前面的例子是一个简单的二维平面上的函数，对于三维或者更高维的超平面，道理也是一样的。

图 7-28 所示为三维空间下探索函数极小值问题的示意图。假如函数是定义在三维坐标系中，构成坐标轴的分别是参数 θ0、θ1 以及函数 J(θ0, θ1)，这会更贴合我们日常身处三维现实世界的空间观。此时，函数 J(θ0, θ1)在点(θ0, θ1)处沿着正负梯度向量的方向分别是函数值增加或者减少最快的地方，函数图像如图 7-28 所示。要寻找函数的最小值，就是要在一片凹凸不平的延绵山地中寻找那个地势最低的深谷谷底。

梯度下降算法就好比把我们随机传送到了这片大山中的某一处位置，我们的目的地是山下的深谷，由于我们并不知道下山的道路，于是决定走一步算一步，每走到一个新位置，先求得当前位置的梯度，再以此作为行进的指导，沿着梯度的方向——这是当前位置最陡峭的方向，向下踏出下一步，到达下一个位置后再继续求解这个新位置的梯度，再继续沿着最陡峭的方向踏出下一步。这样，保持固定的步长幅度，一步步地走下去，一直走到梯度为零，又或者从任何方向再踏出一步都会比现在的位置更高的地方为止，这时就说明我们已经到达山脚谷底了，其过程可以用图 7-29 来直观表示。

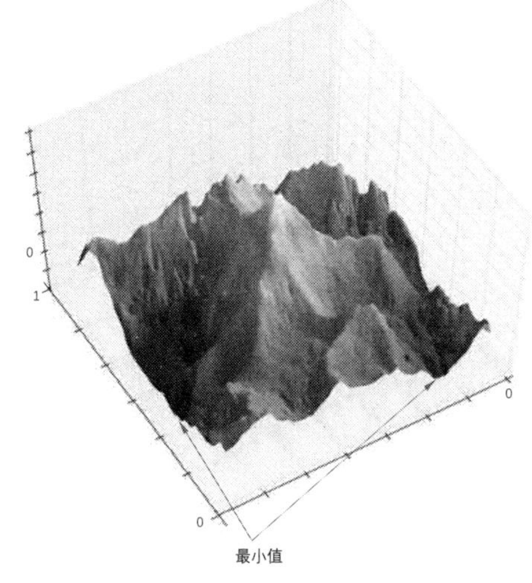

图 7-28　三维空间下的函数极小值

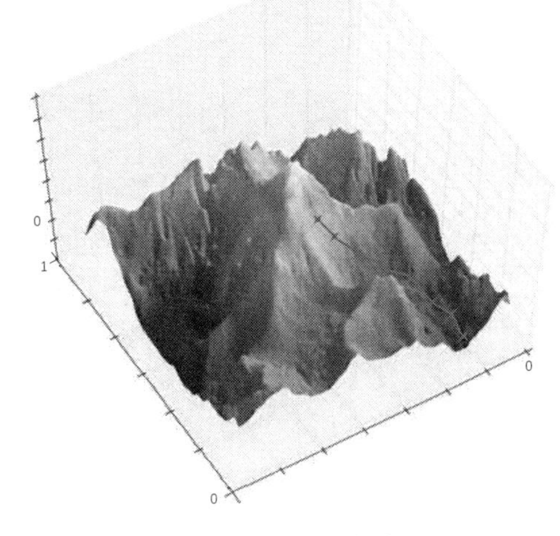

图 7-29　梯度下降的步骤

向山脚前进的方向由梯度所决定，而每步行走的长度一般是人为选定的值，这个步长幅度称为“学习效率”。行进中选择一个合理的学习效率也很重要，如果学习效率过低，则会导致优化过程收敛速度很慢，需要踏出很多步、重复很多次梯度计算的过程；如果学习效率过高，则也有可能会阻碍收敛，由于过大的步长，跨过了最低点，在低谷附近会反复振荡。

能够通过梯度下降的方法走到一个全局极小值点仅是一种最理想的情况，这里的“一个全局的极小值”这点就已经是一种简化，现实中，既不能保证算法走到的是“全局”极小值点，也不能保证全局只有“一个”极小值点。

试想一下，如果我们把随机传送的起始点稍微调整一下位置，如图 7-29 所示的另外一个起始点，根据相同的梯度下降算法，就可能会有不止一个极小值的结果，具体路径如图 7-30 所示。

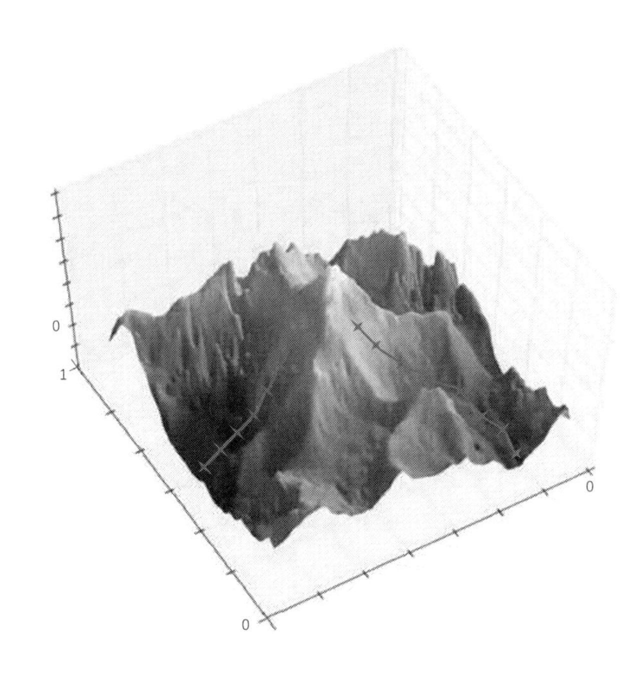

图 7-30　不同起点、路径达到不同的极小值

在理论上，全局有不止一个极小值这完全是可能的。所幸对多数的实际问题来说，情况都是相对简单的，往往只有一个全局极小值。

还有一种需要考虑的场景，可能确实存在一个全局的极小值，但是同时存有大量的局部极小值，形象地说就是函数图像可能是“坑坑洼洼”的，这会导致我们可能无法顺利走到山脚，而是到了某一个局部的洼地处徘徊，此时由于所有的方向都会令函数值增加，所以梯度下降的方法不能再继续前进了。

从上面的例子可以看出，纯粹的梯度下降算法并不保证一定能够找到全局的最优解，得到的有可能只是一个局部最优解，不过由于实际问题中，许多目标函数天然被精心设计成凸函数，只要损失函数是凸函数，局部最优解即为全局最优解，梯度下降法得到的解就一定是全局最优解，所以如何将目标函数设计为凸函数，以及基于凸函数的优化技术一直是机器学习的优化算法、策略算法中关注的焦点之一。

梯度下降算法本身存在一些运算层面上的限制，虽然理论上求解函数图像特定点的梯度仅是计算一阶方向导数，但现在的工作毕竟不是简单地对一个已知的光滑连续函数求导，已知的数据是由一堆训练样本构成的不连续的采样点。如果每一次求解梯度的操作，都是通过样本代入，这样当样本数量很庞大，且选定的学习效率值相对比较小时，就需要很多次求解梯度的操作，因此所有样本都参与运算是相当耗费计算资源的。实践中常常都只随机挑选一个样本来计算梯度，这种做法是梯度下降算法的一种改进形式，称为“随机梯度下降”(stochastic gradient descent，SGD)算法，而把之前使用全部样本进行训练的原始形式称为“批量梯度下降”(batch gradient descent，BGD)算法。这两种算法各自的优缺点都非常明显，按训练速度来说，随机梯度下降法由于每次仅采用一个样本来迭代，虽然迭代次数会多一些，但训练速度很快，解决了批量梯度下降算法在大数量样本下的计算效率问题。但对于准确度来说，随机梯度下降法由于仅拿一个样本决定梯度方向，由于迭代方向变化很大，不一定能很快地收敛到局部最优解，可能会不断在最优解附近振荡，导致解很有可能不是全局最优的。为了平衡这些优缺点，日常应用会在这两种算法中折衷，每次随机选择一小批样本来进行训练，这种形式就称为"小批量梯度下降"(mini-batch gradient descent，MBGD)算法，该算法使得训练过程比较快，而且也保证最终参数训练的准确率。

梯度下降算法只是机器学习中常用优化算法中的一种，适用于无约束优化的场景，除了梯度下降以外，其他常见的优化算法还有最小二乘法、牛顿法和拟牛顿法等。从运算角度来看，它们是各有优势的。梯度下降法与最小二乘法相比，最小二乘法是求误差的最小平方和，如果求解目标是线性问题，本质上就是解线性方程组，是有全局最优的解析解的，但是如果样本量很大，用最小二乘法就要对一个很大的矩阵求逆，这就很难或者很慢才能求得解析解了，此时反而不如梯度下降快速收敛来得有效。梯度下降法和牛顿法、拟牛顿法相比，它们都是迭代求解，不过梯度下降法依赖的是梯度，而牛顿法、拟牛顿法是用二阶的海森矩阵的逆矩阵或伪逆矩阵求解。相对而言，使用牛顿法、拟牛顿法收敛更快，但是每次迭代的时间比梯度下降法更长。

7.4.10 评估验证

在机器学习领域，模型完成训练后，还有最后一个必要步骤：要对建立的模型进行性能评估(evaluation)，得到该模型的性能指标，有量化的标准，才好去衡量我们选择的模型和训练的过程是否正确。而如何评估模型性能，这个其实已经不是什么新知识，传统统计学上早已有了很成熟的方法。

1. 性能度量

在之前介绍损失函数时，我们已经初步涉及模型性能度量的问题，评价一个机器学习模型的性能指标，根据其解决问题的类型是分类还是回归，前人已经总结出许多指标可供选择。与分类问题相关的指标有：正确率(accuracy，它和错误率是同一个指标，即"1-错误率")、精确率(precision)、召回率(recall)和F1度量分数(F1-measure)等，而与回归问题相关的指标，有各种类型的误差指标，如平均绝对误差(mean absolute error)、均方误差(mean squared error)、标准差(standard deviation)等，还有分数类型的指标，如F2度量分数(F2-measure)、可释放差分数(explained variance score)等。常用的大部分度量指标如表7-4所示。

表7-4 性能度量指标

分类问题					回归问题					
					误差指标			分数指标		
正确率	精确率	召回率	F1度量分数	……	平均绝对误差	均方误差	……	F2度量分数	可释放差分数	……

这里并没有将上面所有指标的概念和用途逐一解释，依然是把我们实战解决邮件分类器过程中遇到过的指标作为范例讲解。这里首先要弄清楚“正确率”“精确率”和“召回率”这三个指标的意义。现在，先假定一个具体场景作为后续讨论的基础。

假设测试集中包含有意义的邮件 8000 封，垃圾邮件 2000 封，共计 10 000 封邮件，我们的目标是找出所有的垃圾邮件。现在使用某个模型从中一共挑选出 5000 封垃圾邮件，经核实，模型挑选的邮件中有 2000 封确实是垃圾邮件，另外还错误地把 3000 封非垃圾邮件也当作垃圾邮件挑选出来了。

作为评估者，我们采用不同的指标来评估该模型的性能。首先我们知道垃圾邮件的识别模型是一个典型的 0—1 二分类的分类器，它可能输出的结果有以下四种。

(1) 将垃圾邮件识别为垃圾邮件，这种 0—1 分类器将正面结果识别为真的称为“真正”(true positive，TP)。

(2) 将垃圾邮件识别为非垃圾邮件，这种 0—1 分类器将正面结果识别为假的称为“假正”(false positive，FP)。

(3) 将非垃圾邮件识别为垃圾邮件，这种 0—1 分类器将负面结果识别为假的称为“假反”(false negative，FN)。

(4) 将非垃圾邮件识别为非垃圾邮件，这种 0—1 分类器将负面结果识别为真的称为“真反”(true negative，TN)。

以上四种结果所包含的预测值和实际值的关系，可以通过图 7-31 所示直观地反映出来。

图 7-31　预测结果定义

有了“真正 TP”“假正 FP”“假反 FN”和“真反 TN”这四个概念，就可以给出“正确率”“精确率”和“召回率”的定义了。

正确率的含义是对于给定的测试数据集，分类器正确分类的样本数与总样本数之比。即：

$$\text{正确率} = \frac{\mathrm{TN} + \mathrm{TP}}{\mathrm{TN} + \mathrm{FN} + \mathrm{TP} + \mathrm{FP}}$$

具体体现到我们预设的讨论场景中，正确率得到的是此模型分辨正确的邮件占总邮件数量的比例，我们可知该模型判断正确的邮件是 7000 封(2000 封垃圾邮件、5000 封有意义的邮件)，而总邮件数量是 10 000 封，所以模型的正确率就是 70%。或者换句话说，模型的错误率是 30%。

正确率是模型非常常用的指标之一，它很直观地反映了人们对模型能够“正确工作”的需求，对某些问题它能够衡量模型的性能，但是另外一些场景中，它却会陷入“正确率悖论”(accuracy paradox)的尴尬之中。现在修改一下我们讨论背景中的数据，以便为读者展示什么是“正确率悖论”：假设测试集的 10 000 封电子邮件，其中只包含 150 封垃圾邮件，其余都是非垃圾邮件。在这个数据基础下，提供以下两个模型供读者择优选择。

第一个模型从 10 000 封邮件中识别出了 250 封垃圾邮件，而这 250 封被标记的垃圾邮件中，又有 100 封确实是垃圾邮件，另外 150 封是被错误标记的非垃圾邮件，如表 7-5 所示。

表 7-5 “正确率悖论”示例 1

	预测的非垃圾邮件	预测的垃圾邮件
真实的非垃圾邮件	9700	150
真实的垃圾邮件	50	100

根据正确率的定义，易知在此测试集下，该模型的正确率是 98%，其计算过程为：

$$正确率=\frac{9700+100}{9700+50+150+100}=98\%$$

这里给出第二个模型，是一个根本就不能工作的“坏模型”，在 10 000 封邮件中完全没有找出任何垃圾邮件，如表 7-6 所示。

表 7-6 “正确率悖论”示例 2

	预测的非垃圾邮件	预测的垃圾邮件
真实的非垃圾邮件	9850	0
真实的垃圾邮件	150	0

显然，第二个不能工作的模型对我们是没有任何价值的，该场景下正确率就不能正确反映模型的性能了，即我们所说的“正确率悖论”。这也是另外一个从侧面说明我们做机器学习必须先理解问题，因地制宜地选取指标，不能抱着特定方法僵化操作的例子。

现在我们需要采用另外的评价指标来对这个测试机进行度量，“精确率”是一个比较适合的选择。精确率是针对模型预测结果而言的，它表达的意思是所有“被模型正确标记的正例样本”占所有“被模型检索到的所有样本”的比例，通俗点说，就是“预测为正的样本中有多少是真正的正例样本”。再通俗点说，就是“你的预测有多少是对的”。精确率度量反映出来的是模型的“查准比例”，它的计算公式如下：

$$精确率=\frac{TP}{TP+FP}$$

根据这个公式，可以算出前面两个模型的精确率，模型一的精确率是：100/(100+150)=

40%，而模型二并没有工作，不论正确与否，它都没有检索出任何一个样本，即公式中分母部分为零，因此精确率对模型二是毫无意义的，这也可以算是如实反映了一个无法工作的模型没有意义这个事实。精确率评估这两个模型的预测结果要比正确率更为合适。

最后一个指标“召回率”是针对测试集中被正确检索的样本而言的，它表示的是样本中的正例有多少被模型正确预测了。“正确预测”有两种可能，一种是把实际中的正例预测成真正例(TP)，另一种就是把实际中的反例预测为假反例(FN)，即以下公式：

$$\text{召回率}=\frac{\text{TP}}{\text{TP}+\text{FN}}$$

召回率通俗地解释就是“样本的正例里面，有多少正例被正确预测了”，它度量的是模型的“查全比例”，因此也叫“查全率”。根据公式，模型一的召回率是 100/(100+50) = 66.7%，而模型二的召回率为 0%，那看来我们讨论的这个场景里，召回率是最佳的衡量指标。

我们还需要注意，类似于偏差和方差的关系，精确率和召回率其实也是一对互相影响、需要权衡的指标，这点在直观上倒是比偏差和方差容易理解：过分精确就难以全面，过分追求全面可能就容易损失精确性，理想情况下肯定是希望模型能够做到两者都高，但是在模型性能是固定的前提下，精确率高、召回率就偏低，召回率高、精确率就会偏低，所以偏向精确还是偏向全面，也是需要根据实际情况做出权衡。

例如，在做自然灾害预测时，就应该更注重召回率。我们发出 100 次警报，把 10 次真正发生的自然灾害都预报到了，也不要只发布 10 次警报，对了其中 8 次而漏掉了 2 次灾害。又如在给犯罪嫌疑人定罪的时候，我们就必须把精确率放在最优先的位置，必须坚持“疑罪从无”原则，查准优先于查全，不能错怪一个好人。

如果模型的这两个指标都偏低，那肯定就有什么地方出问题了。当我们需要综合衡量精确率和召回率时，通常会以一个名为“F1 度量分数”的新指标作为度量，“F1 度量分数”并没有什么特殊含义，它就是精确率和召回率的调和平均值，如果模型的 F1 度量分数还不错，那说明它的精确率和召回率都不会过于难看，F1 度量分数的计算公式如下：

$$\text{F1度量分数}=\frac{2*\text{精确率}*\text{召回率}}{\text{精确率}+\text{召回率}}=\frac{2\text{TP}}{2\text{TP}+\text{FP}+\text{FN}}$$

对于分类问题，主要度量指标就是以上介绍的这些，而对于回归问题，是直接用误差(有多种误差的计算方式，如绝对平均误差、均方误差等)来衡量的。除此之外，还有 ROC 曲线、PR 曲线和 AUC 等度量指标可以评价机器学习模型的性能。由于篇幅的限制，这里不再详细阐述。

2. 交叉验证

无论我们选中何种性能度量的指标来评价模型性能，都需要谨记一点：这个指标一定不能是训练集中测定出来的，原因在讲解过拟合的时候已经讲过。通常，在建模之后要专门在独立的测试集中进行性能验证，所以我们一般不会将全部数据用于训练模型，否则就没有测试集对该模型进行验证，以评估我们模型的预测效果了。为了解决这个问题，得到可用的测试集，有以下两个常用的方法。

第一个方法比较简单，把供训练的数据按照一定比例分为两个部分，一部分用于训练，一部分用于测试，这样自然就得到训练集和测试集了。但这个简单的方法存有两个很明显的缺陷。

第一个缺陷是，测得的模型的性能，将受到测试集和训练集划分方式的影响。这个影响往往还很可能是非常显著乃至是决定性的，随着测试集和训练集划分的不同将导致模型从特征参数的选取，到模型决策函数形式的选定，再到训练策略和优化算法都有可能做出不一样的权衡决定。

在划分训练集和测试集时，需要特别强调均匀取样。均匀取样的目的是希望减少训练集、测试集与完整集合之间的统计偏差。不过，均匀二字听起来简单，其实却不容易做到。一般的做法是随机取样，当样本数量足够时，便可以达到均匀取样的效果，然而随机也正是此作法的盲点，也是实验中可以在数据上做手脚以控制实验结果的漏洞。如果我们要做一个文字识别的模型，当辨识率不理想时，便重新取样划分出一组新的训练集和测试集，直到测试集的识别率令人满意为止，即使每次取样划分确实是随机的，但严格来说，这样其实可以算在作弊了。

第二个缺陷是，划分了训练集、测试集之后，就只能采用部分数据进行模拟训练了。显而易见，用于模型训练的数据越大，训练出来的模型效果通常会越好。所以训练集和测试集的划分意味着我们无法充分利用手头上所有的已知数据，得到的模型训练效果也会受到一定程度的影响。

由于以上两个缺陷，这种在数据集上简单划分的方法，我们用来理解性能度量和验证是没有问题的，但在实际场景中用途就比较有限了。为解决这两个缺陷，有一种改进过的验证方法被提出，它被命名为“交叉验证”(cross validation)。

交叉验证方法现在已经有很多种变种形式，前面提到基于划分训练集和测试集的方法在许多资料中也被纳入为交叉验证中的一种最基础形式，被称为“Hold-Out 方法”。目前较为常见的、具有实用价值的交叉验证形式叫作“留一验证”或者“LOOCV 方法”(leave one out cross validation)。如之前 Hold-Out 方法的训练集和测试集划分一样，LOOCV 方法也有把数据集划分为训练集和测试集这一步骤。LOOCV 方法只采用单个样例数据作为测试集，所有其他的样例都作为训练集使用，然后将此步骤重复 N 次(N 为数据集的数据总量)，直至集合中每一个样例都当过一次测试集为止，具体操作如图 7-32 所示。

假设我们现在有 N 个数据组成的数据集，那么 LOOCV 方法就会每次取出一个数据作为测试集的唯一元素，而其余的 $N-1$ 个数据都作为训练集用于训练模型和调参。这样训练 N 次之后，我们最终会得到 N 个不同的模型，假设还是用均方误差作为模型的性能度量指标，那每个模型都能在测试集上计算得到一个均方误差值，而最终的均方误差则是将这 N 个均方误差值取平均，具体如下式所示：

$$\mathrm{MSE}_{\mathrm{TOTAL}}=\frac{1}{N}\sum_{i=1}^{N}\mathrm{MSE}_i$$

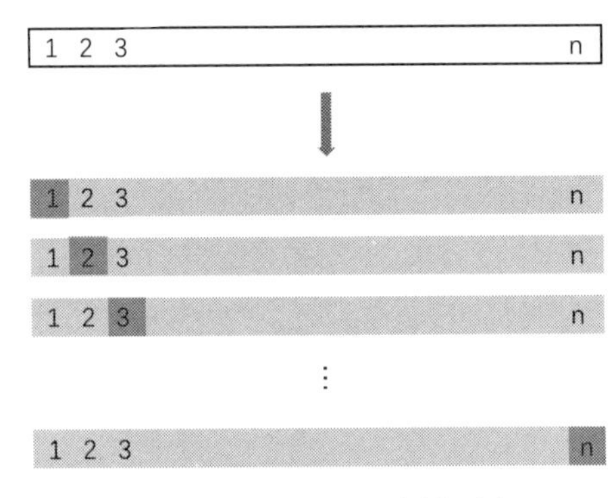

图 7-32　LOOCV 方法示意

LOOCV 方法完美解决了 Hold-Out 方法的两大缺陷：第一是每一轮次中几乎所有的样本皆用于训练模型，因此是最接近原始样本分布的，这样评估所得的结果比较可靠。第二是实验过程中没有任何随机因素会影响实验数据，确保实验过程是完全可以被重视的。

但 LOOCV 方法也有很明显的缺陷：它的计算成本非常高。由于需要建立的模型数量与原始数据样本数量相同，训练样本数量越多，就要经历越多次的建模过程，这是极为耗时的，因此在实际操作中完全遵循 LOOCV 方法是非常困难的，除非每次训练分类器得到的模型的速度很快，或者可以用并行化计算减少计算所需的时间，否则它的适用范围就将受到极大的局限。

为了解决 LOOCV 方法计算成本过高的缺陷，需要继续改进验证方法，最终形成一种名为“*K* 折交叉验证”(k-fold cross validation)的新方法，这种交叉验证的形式也是一种折衷，可以使得验证过程的计算成本变得可控。

K 折交叉验证方法和 LOOCV 方法的不同之处在于每次选取的测试集不再只包含一个样本数据，而是一组多个样本，具体数目将根据 *K* 值的大小选取决定。例如，假设 *K* 等于 5，那么我们进行的验证就是“五折交叉验证”，如图 7-33 所示，它的具体步骤如下。

(1) 将所有数据集平均拆分成 5 份。

(2) 不重复地每次取其中一份作测试集，用其他四份作训练集训练模型，之后计算该模型在测试集上的均方误差(假设仍然是采用均方误差来度量性能)，记作 MSE_i。

(3) 将 5 次的 MSE_i 取平均值作为最后整个模型的 MSE。

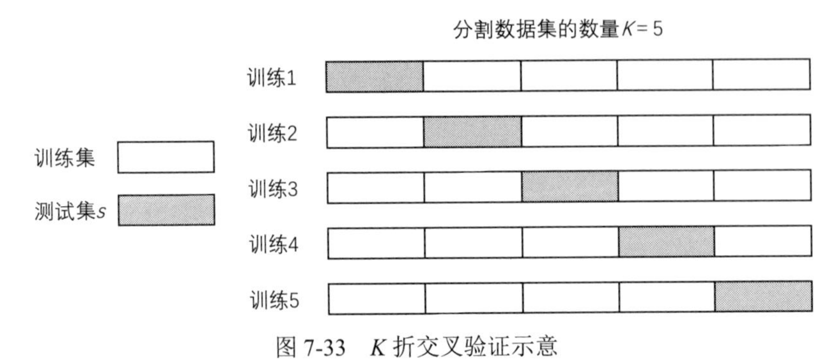

图 7-33　*K* 折交叉验证示意

K 折交叉验证的公式与 LOOCV 方法的计算在形式上是一致的，只是不再硬性地与集合样本数量相关，其计算公式如下：

$$\mathrm{MSE}_{\mathrm{TOTAL}}=\frac{1}{K}\sum_{K}^{i=1}\mathrm{MSE}_i$$

从操作步骤可以看出，*K* 折交叉验证其实是介于 Hold-Out 方法和 LOOCV 方法之间的一种折衷方法，它同时具有两者的优点和缺陷，*K* 值的选取本身就是一种计算成本和结果精度之间的取舍权衡。*K* 越大，每次投入训练集的数据就会越多，而当 *K* 达到 *N* 时，*K* 折交叉验证也就等同于 LOOCV 方法了。一般来说，*K* 值选取 5～10 之间的值是比较常见的方法。

7.5 习题

1. 什么是学习和机器学习？为什么要研究机器学习？
2. 简述机器学习系统的基本结构，并说明各部分的作用。
3. 查阅文献，尝试列出几个机器学习的范式。
4. 为什么反馈对强化学习很重要？
5. 简述聚类的基本原理和优缺点。